통일 한국군의 문화통합과 가치교육

통일 한국군의 문화통합과 가치교육

박 균 열

한국학술정보㈜

책머리에

학부에서 국민윤리교육을 전공한 지 벌써 20년이 되었다. 박사학위를 취득한 지도 6년이 다 되어 간다. 앞뒤 없이 서둘러 무엇인가 해야만 한다는 지나친 욕심으로 인해 그동안 수권의 습작을 낸 바 있다. 주변의 많은 분들로부터 격려와 조언이 있었지만 한편으로 호된 꾸중을 해주시는 분들도 많이 계실 줄 믿는다. 하지만 본인의 학문적 기본소산을 학문세계에 외람되이 소개해 드림으로 해서 더 많은 비판과 평가를 얻고자 하는 이유가 있기에, 이제 또 한번의 욕심을 부리게 되었다.

필자는 주로 국가 공동체 속에서 그 구성원들이 어떠한 가치의식을 가져야 하는지 또는 국가 자체가 어떤 모습으로 바람직한 방향을 잡아가야 하는지 등 국가와 관련된 규범적인 연구를 해왔다. 돌이켜보면 필자의 박사학위논문 또한 그 언저리에 위치하고 있다고 본다. 하지만 '통일 한국의 군 통합과 군대문화'라는 제하의 필자의 박사학위논문이 어떻게 교육학 박사의 정체성에 부합되느냐는 냉철한 비판을 접할 때면, 필자로서는 그 설명에 상당히 많은 어려움을 겪었다. 사실 군 통합 자체를 문화적인 맥락에서 보려고 했던 시도가 논문의 핵심이라고 점을 설명하면, 어느 정도는 공감하시는 분들도 있었다. 그럼에도 불구하고 이 점은 여전히 필자의 치명적인 약점이다. 이후 이 주제를 어떻게 그동안 학문적 정체성으로 삼아왔던 국민윤리교육과 연계해야 하는지에 대해 많은 고민을 하였다. 역시 군 장병을 대상으로 하는 정신교육, 즉 가치교육과의 연계를 도모하는 것이 그 해답이 되지 않을까 하는 자기합리화에 이르렀다. 그리하여 이후 이 분야에 대한 작은 연구 노력의 결실을 얻기도 했다.

졸저는 이와 같은 고민의 산물이다. 기본적인 바탕은 필자의 박사학위논문이 되고, 여기에 군 장병의 가치교육에 대한 최근의 논문을 부가하는 형식으로 취했다. 더불어 이 주제와 관련된 필자의 부수적인 연구활동 결과를 보론으로 삽입하였고, 몇 개의 신문 칼럼도 포함하였다.

본 책자는 통일 이후 남북한의 군사통합을 이룩하는 데 필요한 군대문화에 기본적인 초점이 두고 있다. 통일 한국의 군사통합이 이상적으로 이루어지기 위해서는 제도적이고, 구조적인 측면의 외적 통합뿐만 아니라 규범적이고 이념적인 영역의 내적 통합도 동시에 성취하여야 한다. 다시 말해서, 군사통합은 군대 내의 모든 생활 영역을 포괄하는 군대문화의 통합을 뜻하며, 남북한의 군대문화가 하나의 통일문화를 형성할 때, 비로소 우리는 군사통합이 완성된 것으로 간주할 수 있다. 그러므로 군사통합의 실현이나 연구는 공히 문화적 접근을 필요로 한다.

이러한 문제의식에서 본 연구는 다음과 같은 작업을 하였다. 1) 분단국의 군사통합에 대한 선행연구를 분석하고, 2) 남북한 통일의 환경과 군사통합의 실제에 대하여 검토하며, 3) 일차 자료의 분석, 질문지법 및 면접법에 의하여 남북한 군대문화의 시대적 흐름에 대해 고찰하고자 한다. 그리고 4) 질문지 분석을 바탕으로 통일 한국의 군대문화 형성의 방향을 제시하고자 한다.

이런 연구내용들을 개략적으로 제시하면 다음과 같다. 첫째, 현재까지 남북한 군사통합에 대한 선행연구들은 대부분 남북한의 군대가 통일을 성취해가는 과정에 있어서 지속적인 군사작전을 유지할 수 있는지에 대한 연구에 집중되었다. 다시 말해서 이런 연구들은 주로 외형적인 제도적, 구조적 통합에 초점을 맞추었기 때문에 내적 통합의 중요성을 제대로 인식하지 못하였다.

따라서 통합과정의 상황과 여기에서 발생할 수 있는 문제점들을 명확히 분석하기 위해서는 새로운 접근이 필요한데, 그것은 보다 포괄적인 안목에서 출발한다. 예컨대 군사통합의 유형에는 의사소통의 형태에 따라 일방형 군사통합과 쌍방형 군사통합이 있고, 군대자산의 형태에 따라 유형적이고 경직한 외적 자산의 통합을 뜻하는 외적 군사통합과 무형적이고 연성적인 내적 자산의 통합을 뜻하는 내적 군사통합으로 구분된다. 본 연구는 포괄적 접근을 위해 후자 즉 자산통합의 접근에 더 큰 비중을 두었다.

둘째, 일반적으로 통일환경이라고 하면, 정치·경제적, 사회·문화적 환경과 남북한 주민의 가치관 및 상호인식을 포함한다. 이러한 통일환경의 맥락에서 볼 때, 군사통합의 유형은 군과 일반사회의 관계, 외적 영역의 군사통합과 내적 영역의 군사통합으로 나누어진다.

셋째, 군사통합을 추진함에 있어서 군대문화는 매우 중요한 역할을 한다. 그리고 이러한 군대문화를 좀 더 명확히 파악하기 위해서는 남북한의 과거 및 현재의 군대문화를 살펴보아야 한다.

먼저 남한의 군대문화는 몇 가지 특징이 있는데, 미국식 민주주의를 도입하는 과정과 관련한 군대문화의 상대적 위치로서의 주관적 문민통제, 이념문화 지향, 그리고 군대의 정치참여와 국가발전 계획에 대한 참여로 인해 병영 내부의 문화를 충분히 발전시키지 못한 점 등이 그것이다. 반면, 북한의 군대문화는 군대를 앞세우는 선군주의(先軍主義), 정치성, 간부중심주의, 정의성, 규범성 등의 특징을 보인다.

남북한의 군대문화를 비교할 때는 이질성의 극복, 동질성의 회복이라는 단일선적인 관점은 재고(再考)되어야 한다. 가령 어떤 기준을 세우고 평균 이상의 수준에서 나타나는 이질성은 이질적 차이로서보다는 문화적 다양성으로 해석하여 오히려 긍정적인 것으로 인식할 필요가 있다. 같은 논리로 보통 이하의 수준에서 나타나는 것이면 동질성도 반드시 바람직하다고 볼 수가 없다. 왜냐하면 이와 같은 요소는 통일 군대문화를 형성하는 데 있어서 취약점이 될 수 있으므로 지양되어야 할 성질의 것이기 때문이다.

이와 같은 남북한 군대문화의 연구에는 자료의 제약이 항상 따른다. 따라서 본 연구에서는 수량적 실증적 방법과 질적인 접근들을 혼용하였다. 특히 북한의 군대문화의 실상을 파악하기 위해 필요한 관련 자료는 입수하기가 극히 어렵기 때문에, 본 연구에서는 1990년대 탈북 귀순한 북한이탈자들을 심층 면접하는 방식과 그들에 관련된 모든 자료들을 활용하였다.

넷째, 본 연구는 질문지 분석을 이용해서 통일 한국의 군대문화를 형성하는 방향을 제시하는 데 기여할 만한 자료를 수집하였다. 거기에 입각하여 제시한 개략적인 방안은 통일 군대문화 형성의 원리, 쟁점 및 실천과제 등의 차원에서 시사하고자 하였다.

본 연구는 통일 한국의 완전한 군사통합을 위해서는 단일군대문화의 형성이 필수적이라는 점을 밝히려 하였다. 본 연구의 결과는 앞으로 군사통합에 대한 국방정책을 수립하고, 군사통합을 실질적으로 준비하는 데 있어서 중요한 이론적 관점을 제공하고, 또한 참고할 만한 자료들을 공급하는 역할을 할 것으로 기대된다.

통일 한국군의 하나된 군대문화를 완성하기 위해서는 무엇보다도 지금부터 군 장병을 대상으로 한 정신교육에 만반이 준비를 해야 할 것이다. 그 일환으로 현재 북한군을 주적으로 하는 국방정책에 대한 냉철한 진단을 통해 임무 중심의 대적관 확립의 방향을 제시하였다. 세부적으로는 교육계획 수립을 위한 제언, 교육시행 간의 효율성 제고를 위한 제언, 교육성과 확산을 위한 제언으로 구분하여 현재의 군 가치교육을 위한 발전방향을 제시하였다.

끝으로 이 책을 펴내면서 그간 저자에게 많은 후원을 해 주신 소중한 분들께 감사의 말씀을 드리고 싶다. 우선 선친과 어머님, 장인·장모님, 3형제와 여동생의 깊은 사랑, 그리고 손위 동서이신 두 분 형님들의 후원에 감사드린다. 또한 좋은 책으로 만들어 주신 한국학술정보(주)의 편집진에도 감사드린다. 이제 사랑하는 아내 소영, 기선·기훈 두 아들과 함께 새로운 책 출판의 기쁨을 나누고 싶다.

2006년 2월

저자 박균열 사룀

목 차

표 목차

그림 목차

제1장

서 론

제1장 서 론

1. 연구목적

　군사통합(military integration)은 분단국의 통일·통합 논의에 있어서 군의 통합 문제를 말한다. 일반적으로 군사통합은 사회통합의 한 부분으로 간주된다.[1] 남북한 간의 군사통합 문제는 분단의 원인 및 고착화와 관련하여 군대가 가지는 부정적 상징 때문에 다른 분야의 통합보다도 상당한 어려움이 있는 것으로 인식되고 있다.[2] 또한 남북한 군대는 통합 이후에도 지속적으로 그 군사력이 현재 상태 이상으로 유지되어야 한다는 당위성이 작용하고 있다.

　이런 이유들로 인해 기존의 남북한 군사통합 논의는 주로 외형적인 측면, 즉 무기체계와 통신시설, 교리 및 전술체계, 군정 및 군령체계, 통합 이후 병력의 감축에 따른 예산소요, 과잉방산업체의 민수화, 잉여군사시설의 처리, 그리고 군사분계선 지역에 투자된 위험시설 처리 등의 문제점들에 주된 관심이 모아졌다. 반면 각각의 체제 속에서 그 군대가

---

1) 남북한의 지칭에 대해서는 국내법과 국제법, 그리고 남북한 간의 관계에 따라 각기 달리 표현되고 있다. 본 연구에서는 연구목적상 대한민국을 남한이라고 하고, '조선민주주의인민공화국'은 북한이라고 하고, '통일된 한국'은 통일 한국(Unified Korea)이라고 표기한다. '통일 한국군'은 통일 한국의 군대를 말한다. '통일 한국 군대의 문화'는 가상의 통일 한국군이 가지는 군대문화를 의미한다.
2) 여기서 말하는 부정적 상징이란 남북한이 한국전쟁을 거치면서 갖게 된 부정적 이미지의 대표격으로서 상호 인식되는 경향을 말한다. 즉 전쟁과 함께 군대라고 하는 상징적 요소가 동시에 고려되면, 군대로 인해 피해를 입게 되었다는 원성의 대상이 될 수도 있다는 것을 의미한다.

차지하는 고유한 위상의 정립과 같은 내적 통일(innere Einheit)의 문제
는 매우 중요한 사안임에도 불구하고 그 중요성은 과소평가 되었다.[3]

독일 통일의 경우 통일 후 10년이 지난 현 시점에서 내적 통합의 문
제점이 심각하게 제기되고 있다. 독일은 통일 이전부터 쌍방의 합의하
에 실질적이고, 지속적인 교류・협력이 있었음에도 불구하고 현 단계에
서 내적 통합의 문제점이 제기되고 있는 점은 내적 통합의 문제가 외
적 통합의 문제만큼이나 중요하다는 반증이라고 볼 수 있다.

남북한의 경우 이러한 내적 통합의 문제는 독일보다 더 심각한 문제점
으로 제기될 가능성이 높다. 왜냐하면 독일의 군사통합은 남북한의 군사
통합과는 상당한 차이점이 있기 때문이다. 우선 서독은 시민교육프로그
램이 잘 정착되어 있었다. 즉 군사통합 과정에서 일반사회와의 유기적인
협조체제 속에서 군인은 '제복입은 시민(Staatsbürger in Uniform)'이라는
슬로건하에 국민의 지원과 사랑 속에서 적극적으로 추진될 수 있었던 요
인이 될 수 있었다는 점이다.[4] 또한 동독의 경우 사회주의 체제를 유지
하고 있었음에도 불구하고 보편적인 종교가 존재하고 있었다는 점이 특
징적이다.[5] 이와 같이 통일 이전의 동서독은 내적 통합의 문제가 현재의

---

3) 내적 통일에 대해서는 카르스텐 푈(1994: 326-344); Kaase(1993: 372), 김
   학성(1999: 509-544); Genosko(1999: 3-27); 손기웅(1997a: 289)의 연구
   에서 찾아볼 수 있다.: 통일・통합의 용어 정의에 대해서는 〈표 6〉을 참
   조. 본 연구에서는 대체로 군사통합이 가지는 범위의 한정으로 인해 이하
   논의에 있어서 내적 통일은 내적 통합이라는 의미로 사용할 것임.
4) Schoenbohm(1994: 88): 제복입은 시민은 민주 시민사회에 대한 군인의
   위상을 정의한 것으로, 군인은 국민 속의 제복을 입은 시민으로서 그 권
   리와 의무가 임무수행을 위한 특수제한 사항 외에는 전적으로 일반시민의
   그것과 동일함을 말한다. 이는 이념적 지휘의 핵심 개념이다.
5) 통독 당시 서독의 경우 신교가 48%, 구교가 43%의 분포율을 보였고, 동
   독은 신교가 26%, 구교가 4%의 분포를 보였다(한국국방연구원, 1995:
   93). 또한 통독 당시 동독의 국방장관인 에펠만(Rainer Eppelmann)이 목
   사출신이었던 점은 동독에서의 종교적 위상을 가늠할 수 있는 한 예라고
   할 수 있다(정재호, 1996: 123: 하정열, 1996: 146).

남북한 상황보다 더 심각한 수준이 아니었음을 알 수 있다.

그러나 남북한의 경우 상대적으로 상당히 좋지 못한 환경에 처해 있다. 남북한의 군사통합 논의가 독일의 통합방식으로 전개된다면, 남북한 간에 전제되어야 할 적어도 통일 수준에 걸맞는 통일 이전의 내적 통합 조건이 형성되어야만 한다.

본 연구는 현재까지의 남북한 군사통합이 외적인 통합 일변도로 논의되어진 것에 대한 문제점을 지적하고, 남북한의 완전한 군사통합을 이루어내기 위한 보다 포괄적인 이론을 제시하면서, 이를 토대로 통일 한국군의 완전한 군사통합을 위한 방향을 모색하는 데 그 목적을 두고 있다.

이러한 연구목적을 구현하기 위해 본 연구는 다음과 같은 점에 중점을 두었다. 첫째, 군사통합을 문화적 측면에서 고찰하고자 한다. 문화란 공동체 내의 구성원들이 공유하는 생활양식의 총체이기 때문에 남북한의 군사통합은 남북한 군대문화의 통합이라고 할 수 있다.

이와 같이 단일한 통일 군대문화를 형성하기 위해서는 과거 및 현재의 남북한 군대가 가지고 있는 군대문화에 대한 분석을 하고자 한다. 북한의 군대에 대해서는 군사력, 군사편제 등의 외형적 군대자산을 중심으로 주로 알려져 왔고, 또한 주된 논의도 이러한 범주 속에서 이루어져왔다. 이 내용도 북한의 1차 자료를 중심으로 재검토하면서, 동시에 1990년 이후 북한 군인신분으로 탈북 귀순한 자들을 대상으로 한 사례연구를 통해 실제의 병영생활 및 규범문화에 대한 심층분석을 병행하여 분석하고자 한다.6)

─────────────

6) '탈북 귀순자'라는 용어는 신중히 사용되어져야 할 용어이다. 이들에 대한 호칭은 '월남 용사', '월남 귀순자' 등의 용어에서부터 '탈북자', '귀순자', '탈북 동포'라는 용어에 이르기까지 그 용도에 따라 매우 다양하게 사용되어져왔다. 하지만 본 연구의 과정에서 면담한 '탈북 귀순자'들은 이러한 용어의 사용에 대해 선호 경향이 높지 못했다. 반면 정부에서는 1996년 12월 제정된 〈북한이탈 주민의 정착 및 지원에 관한 법률〉(1997년 7월 시행)에

둘째, 군사통합에 대한 기존 유형분류의 한계점을 극복하기 위해 그 대안적 유형분류를 시도하고자 한다. 기존의 군사통합 논의는 대체로 통일방안에 따라 사회통합의 한 분과로서 군사통합이 결정되는 것으로 인식되고 있다. 또한 군사력의 지속적인 유지의 당위성에 입각한 군사력 중심의 통합방안이 논의되어졌다. 그러나 진정한 군사통합의 통합은 대상인 군대가 하나의 생활양식을 가지는 단일 군대문화를 형성하는 것이다. 그러므로 이를 포괄적으로 설명할 수 있는 방안을 강구하고자 하는 것이다.

셋째, 남북한의 군사통합을 설명할 수 있는 적합한 모형을 설정하고자 한다. 즉 단일한 통일 군대문화 형성이 곧 완전한 군사통합을 이루어 내는 것이라는 전제하에 기존의 군사통합 논의에서 주로 다루어졌던 전제조건에 해당되는 내용 또는 외적 군사통합을 바탕으로 하고, 내적인 군사통합의 중요성을 동시에 강조하고자 한다.

마지막으로, 통일 한국의 군대문화 형성을 위한 원리를 문화철학적인 관점에서 탐색해 보고, 통일 군대문화 형성과정에서 예상되는 쟁점은 어떤 것이 있는지, 그리고 통일 군대문화를 형성하기 위한 실천상의 과제는 어떤 것이 있는지 살펴보고자 한다.

본 연구는 남북한의 군사통합을 완성할 수 있는 단초를 통일 한국의 단일 군대문화를 형성하는 데서부터 찾고, 이를 달성할 수 있는 구체적인 절차와 방법을 상정하고, 이에 대한 적실성을 검토하고자 한다.

서 그 용어를 '북한 이탈 주민'이라고 명명함으로써 같은 동포라는 점을 강조하고 있다. 하지만 이 용어 또한 남한과의 관련 없는 이탈 북한주민에 대한 고려가 없는 것으로 인식될 수 있기 때문에 본 연구에서는 가치중립적인 '탈북 귀순자'라는 용어를 사용하고자 한다. 탈북 귀순자에 관련한 법·제도관련 내용은 박종철 외(1996) 참조.

2. 연구방법

본 연구의 방법론은 주로 실용적인 사회연구의 하나로 사용되고 있는 '쟁점지향적 접근법(issue oriented approach)'을 바탕으로 하였다. 이는 어떤 연구활동이든 그것이 사회의 근본적인 쟁점들을 파헤쳐서 사회적 변혁을 가져오는 데 유관 적합한 기여를 해야만 한다는 생각이 지배적인 경우로서 여기에는 다시 두 가지 다른 입장이 있다. 하나는 연구를 실천적 사회운동의 수단으로 직결시키려는 것이고, 다른 하나는 연구내용이 실천적 의도를 내포하고 있더라도 사회과학자는 단지 지식 또는 이론을 제공하는 구실을 하는 데 그칠 뿐 실제운동은 스스로 하지 않는 경우이다(김경동·이온죽, 1998: 14-15). 여기서 본 연구는 후자의 입장을 따른다.

통일상황과 군대통합의 상황이라고 하는 거대한 환경의 변화를 고려할 때, 세부사항을 구체적으로 진단하여 대안을 제시한다는 것은 쉬운 일이 아니다. 그러나 남북한의 사회통합 과정에서 군사통합의 문제가 쟁점으로 부각될 개연성은 충분히 있음을 감안한다면, 군사통합의 영역 내에서 예상되는 문제점을 해결하려는 노력조차 하지 않는 것은 도덕적 책임회피이다.

완전한 군사통합은 쟁점으로 제기되는 요소들이 완전히 해소된 상태 또는 통일 군대가 하나의 군대조직으로 작동되는 것을 말하는 것이다. 즉 군대의 내적인 요소와 외적인 요소가 통합을 이룰 때, 군사통합은 완성된다고 하겠다. 그런데 통합이란 그 대상이 각기 가지고 있는 고유한 문화가 하나의 문화로서 생명력을 가질 때 완전히 이루어지게 되는 것이라고 할 수 있다. 그렇기 때문에 앞서 언급한 군대의 내적인 요소는 내적인 군대문화라고 할 수 있고, 반면 군대의 외적인 요소는 외적인 군대문화의 다른 표현임을 알 수 있다.

　　바로 이 점은 군사통합이 군대문화의 측면에서 분석되어질 수 있음을 시사해주고 있다. 그렇기 때문에 본 연구는 그 주제 면에 있어서 '문화적 접근법(cultural approach)'을 취하고자 한다. 문화적 접근은 카이어(Elizabeth Kier, 1995: 65-93; E. Kier, 1996: 186-215)에서부터 비롯된다. 그는 제2차세계대전 이전의 프랑스의 군사전략의 변화과정을 분석하면서 '문화적 시각(cultural perspective)'이라는 용어를 사용하였다.

　　한편 존스턴(Alastair Iain Johnston, 1996: 265)은 모택동 통치하의 중국사회를 분석하면서 '전략적 문화(strategic culture)'라는 용어를 사용하였다. 이들은 문화적 시각에서 대외관계 및 군 내부의 전략변화과정을 설명하고 있다는 점에서 본 연구가 취하고 있는 문화적 접근법과 공통점을 가지고 있다.

　　이와 같은 문화적 접근법은 문화마다 하나의 독특한 체계를 이루고 있고, 각각 고유한 형태가 있다는 신념하에 그것들을 일관하는 어떤 관념을 찾아보려는 것으로 생각될 수 있다.

　　본 연구에서는 비교의 대상으로서 구획화된 문화를 지칭하는 것이 아니라 본질적으로 고유한 특성을 가지고 있다고 하는 점을 강조하는 데 초점을 두고 자 한다. 그러므로 문화적 상대주의를 부정하지는 않지만, 그렇다고 그 상대주의를 강조하고자 하는 것도 아니다. 다만 그 문화가 가지는 본질에 더 관심을 두고자 하는 것이다.

　　기존 남북한의 통합에 있어서 문화통합이라는 주제는 대체로 두 가지 범주 속에서 논의되어졌다. 첫째, 하위문화 요소 간의 통합을 말하는 부류이다. 이는 기존의 연구에서 통합의 영역을 설정함에 있어서 경제통합, 정치통합, 그리고 사회통합 등과 함께 문화통합이라고 하는 영역을 설정하는 것과 같은 논리로서 이러한 논리는 경제·정치·사회 등의 제요소가 일종의 문화요소 내지는 영역임을 간과하고 있는 데서 비롯된 것이다. 또한 정부 부서 중 '문화관광부'에서 추진하는 '남북한 문화통합' 정도로 인식되는 것을 말한다.

둘째, 정치제도적인 통일논의에 대한 한계를 지적하면서, 그 대안으로 생활세계의 문화를 강조하는 부류이다. 즉 사회적 분화가 가속되는 현대 사회에서 사회통합이나 갈등 문제 등을 제도적으로 해결하는 데는 한계가 있다고 지적하는 부류이다(Eisenstadt, 1968: 140).

이와 같이 기존의 문화통합론은 문화에 대한 총체론적인 접근을 간과하고 있다. 문화통합을 말할 때는 문화의 제일성(齊一性), 상대성, 총체성 등 문화의 제 개념을 고려해야 하며(전경수, 1995: 311-313), 문화의 구성요소에 있어서도 내적인 문화뿐만 아니라 외적인 문화도 동시에 고려되어져야 한다. 그래서 본 연구에서는 타일러(E. B. Tylor, 1871)의 총체론적 문화관을 따른다.

본 연구는 또한 학문의 대상으로서의 군대라고 하는 소재 면에 있어서 '학제 간 접근(interdisciplinary or multidisciplinary approach)'을 취하였다. 그 이유는 군대의 구성요소의 복합성 때문이다. 그것은 군대를 소재로 하는 군사학(military science)이 하나의 학문 분과로 정립될 수 있다고 가정해본다면, 여기에는 다양한 학문적 바탕이 필요하기 때문에, 이와 같은 유추는 가능하다.[7] 군사학이란 미래의 전쟁에 대비한 군사력의 발전·운용, 지원, 사용이라는 단일 주제의 범위에서 제반 관련 학문들을 서로 연합시킨 것이며, 과학기술의 발전에 따른 무기기술의 변화와 정치·경제, 사회문화적 변화에 따라 그 영역이 넓어질 수밖에 없다(Department of Army, 1978: 68).

그리고 자료의 조사방법 면에서 볼 때, 보다 객관적인 분석을 하기 위해 문헌자료의 분석과 실증조사 분석을 병행하였다. 문헌분석은 주로 선행연구 분석 및 남북한의 과거 및 현재의 군대문화에 대한 진단, 그

---

7) 군사학이 학문분과로서 정체성을 가질 수 있다고 하는 주장에 대해서는 육사 화랑대연구소(1999)를 참조.

리고 통일 한국의 군대문화 형성원리의 상정 등에 이용하였고, 실증조사 분석은 통일예비세대들이라고 할 수 있는 일반대학생, 예비장교, 훈련병, 그리고 탈북 귀순자들을 대상으로 한 질문지를 통하여 실시하였다. 여기에 특정한 주제(북한 군대문화 등)에 대해서는 문헌분석과 실증조사 분석의 단점을 보완하기 위해 면담을 통한 사례연구법을 사용하였다.[8]

이와 같이 본 연구에서는 다양한 방법을 동원하여 연구의 객관성을 제고하려고 하였다. 자료의 조사방법에 따른 구체적인 내용은 다음과 같다.

가. 문헌분석

본 연구에서의 문헌조사 분석은 대체로 다음과 같은 영역에 대한 내용의 전개를 위해 실시하였다. 첫째, 군사통합에 대한 선행연구 분석이다. 일반 학계의 자료 및 군관련 자료를 주로 인용하였다.

둘째, 남북한의 통일환경과 군사통합에 대한 내용분석이다. 남북한의 통일환경은 국내·외적인 여러 가지 요인들이 상호작용을 통해서 구성된다. 본 연구에서는 남북한 내부의 통일환경에 국한해서 고찰하였다. 여기서는 주로 정부 산하기관의 공식적인 자료를 참고하였다.

셋째, 남북한의 군대문화에 대한 내용분석이다. 남한의 군대문화에 대해서는 선행연구를 토대로 내용분석을 하였고, 북한의 군대문화에 대해서는 대체로 북한의 원전을 중심으로 분석하였다. 특히 북한 군대문화의 생활문화에 대한 전반적인 경향을 파악하기 위한 1차 자료로 국군정보사령부의 자료집을 참고로 활용하였다. 이 자료집에 실린 현황은 다음〈표

---

8) 사회과학에 있어서의 양적·질적 연구의 융통성 있는 상보성에 대해서는 Robert B. Smith & Peter K. Manning(1982: xⅲ~xⅴ) 참조.

1〉에서 보는 바와 같다. 이들은 모두 1990년 이후 군인신분으로 탈북 귀
순한 자들이다.[9]

〈표 1〉 탈북 귀순자 '신문종합자료집' 참고인 현황

구 분	당시 연령	성 별	출생지	당시 계급	근무제대 특성
D-1	40대 중	남	함 북	상 좌	경계부대
D-2	30대 중	남	함 남	상 사	전투부대
D-3	30대 중	남	평 양	부사장	비전투부대(외화벌이)
D-4	30대 말	남	황 남	대 위	비전투부대
D-5	30대 초	남	평 양	지도원	비전투부대(외화벌이)
D-6	20대 말	남	평 양	중 위	정책부서 경계임무
D-7	20대 말	남	황 북	상 위	전투부대

주: D는 국군정보사령부(1992: 1993a: 1994: 1995a: 1996: 1997)에 게재된 탈북 귀순
   자를 의미함.

  마지막으로 통일 한국의 군대문화 형성원리에 대한 탐색이다. 여기서
는 문화철학적인 접근을 바탕으로 하여 구심적인 원리와 원심적인 원
리로 구분하여 상정하였다.[10] 문화의 개념은 다양하고 또한 그 쓰임새
도 다양하다. 이러한 문화에 대한 철학적 조명은 통일 한국의 군대문화

---

 9) 1990년 이후, 군인신분으로 탈북 귀순한 북한이탈자들의 진술내용을 정리
    한 국군정보사령부(1992: 1993a: 1994: 1995a: 1996: 1997)는 매우 유용
    하다. 여기에 포함된 인물들은 D-1, D-2, D-3……식으로 표기하였다. 그
    외 자신의 명의로 책자나 신문 등에 기고한 경우와 같이 일반인에게 많이
    알려진 인물은 실명을 언급할 것이다. 이후에 언급할 C계열과 M계열의
    탈북 귀순자들과 최대한 중복되지 않게 하려고 하였다(〈표 5〉 주) 참조).
10) 문화철학에 대해서는 한국철학자 대회(1994. 5. 28, 고대 인촌기념관)에서
    발표된 논문들을 모은 한국철학회 편(1996)을 참조하였다. 한편 통일 군대
    문화 형성원리로 제시한 원심적·구심적 원리는 김팔곤(1997)을 참조하여
    재구성하였다.

를 정립하는 데 있어서 이론적인 기초를 정립하기 위한 틀이 될 것으로 본다.

나. 실증분석

본 연구에서의 실증조사는 다음 몇 단계로 구분하여 이루어졌다. 즉 문항작성을 위한 예비조사, 분석을 위한 틀, 표본추출 방법, 질문지 발송 및 접수, 조사의 도구, 그리고 분석방법 및 통계적 절차로 구분하여 실시하였다.

(1) 질문지법

1) 예비조사

본 연구를 위한 조사 문항 작성에는 많은 자료를 참고하였다. 본 연구의 주제는 기본적으로 통일·통합, 남북한 주민·청소년의 가치관, 그리고 군대 및 군대문화 등의 복합적인 요소를 충족시켜줄 수 있는 데에 초점을 두고 자료 색인을 하였다.

문항의 추출에 참고한 자료는 [부록 Ⅰ]과 같다.

이러한 선행연구 자료는 질문지의 내용 타당도를 제고하는 데 참고하였으며, 신뢰도 제고를 위해 육군 제3사관학교 생도, 대구효성카돌릭대학교 학생, 그리고 탈북 귀순자를 대상으로 예비 설문조사를 각각 1회씩 실시하여 문항의 모호함과 측정항목수, 그리고 용어를 일부 수정하였다.

예비조사는 제3사관학교 생도(30명) 및 대구효성카돌릭교 대학생(50명)들을 대상으로 실시하였다. 3사관생도 및 대구효성카돌릭대 학생은 1999년 7월중에 실시하였고, 탈북 귀순자(1명)는 동년 8월 중에 실시하였다. 양자 모두 타 문화에 대한 평가 시 정확한 진단을 하기 어렵다는 점, 용어의 이해가 어려운 점, 그리고 군사 전문용어의 이해가 어렵다는 등의 의견이 있어 이를 반영하였다. 특히 탈북 귀순자의 경우 동일한 질문지를 배포하되 용어의 이해가 어려운 부분에 대해서는 별도로 설명을 할 계획을 수립하여, 직접 설명 또는 전화로 설명하였다.

이와 같이 문항의 조정을 통해, Cronbach α 계수는 통일이전 단계의 문항이 0.7888, 통일과도기 단계의 문항이 0.6678의 신뢰도를 보였으며, 통일 후 내적 통합단계에 해당되는 문항은 0.4583의 신뢰도를 보였다. 전체적으로 0.7940의 신뢰도를 보이고 있어, 질문지의 신뢰도는 상당히 높다.

2) 질문지 구성

질문지는 통일이 예상되는 진행과정에 따라 구성되었다. 통일 진행과정은 통일이전의 단계, 통일과정 및 통일 직후 단계, 그리고 통일 후 내적 통합단계로 나누어서 상정하였다.

질문지의 전체적인 구성은 다음 〈표 2〉와 같다.

〈표 2〉 질문지 내용 구성

단 계	주 제	하 위 내 용
통일 이전 단계	군과 일반사회의 관계	남한체제, 북한체제
	남북한 주민 성향	가족의 안녕, 관용, 예절바른 태도, 용기, 자립정신, 자제력, 전쟁없는 평화, 정직과 성실, 책임성, 평등, 행복
	남북한 군대의 성향	개인주의, 권위주의, 단기성과주의, 명예주의, 무사안일주의, 물질만능주의, 보수주의, 실적주의, 연고주의, 완전무결주의, 진취성, 집단책임성, 출세지향주의, 특권의식, 합리주의, 향락주의, 형식주의, 획일성, 효율성, 희생·봉사정신
통일과정 및 통일 직후 과도기 단계	통일과정 및 통일 직후 군대 내의 문제점	북한지역 핵처리 문제, 생화학무기 파기 문제, 주한 미군의 문제, 주한 유엔사 해체 문제, 북한출신 장병의 재교육 문제, '군 교범 및 교리' 등의 통합 문제, 군 전문용어 및 속어의 상호 이해부족의 문제, 전쟁 영웅 등 국가 및 군의 상징 재평가 문제, 군대 내 생활풍습의 차이, 남북한 군인들의 가치관의 차이, 지휘통솔상의 문제
	북한지역 및 북한출신자에 대한 선호도	북한지역 근무 발령 선호도
		북한 출신 배우자감과의 결혼 선호도
통일 후 내적 통합 단계	군 내부의 단합	개인자질(지휘관 및 장병 등), 병영문화(진중놀이, 군가 등), 원만한 군과 일반사회의 관계, 국가정책적 지원
	통일단계별 난이도	통일이전 단계, 통일과도기 단계, 내적 통합단계
	통일 군대문화 형성요소	지휘통솔, 정신교육, 군종, 진중놀이, 군가, 군 공보, 군대용어
	통일 군대문화 형성주체	개인(통일군대의 군인), 군 조직(통일군대), 국가(통일국가)

설문 응답자의 인구사회학적 배경을 알아보기 위한 배경변인은 다음 〈표 3〉과 같다.

〈표 3〉 질문지 응답자 배경변인

구 분	내　　　　　용
성 별	남, 여
출신지역	서울·경기, 강원, 부산·경남, 대구·경북, 광주·전남, 전북, 대전·충남, 충북, 제주, 기타
	평양, 강원, 함경, 양강, 자강, 평안, 황해
종 교	기독교, 천주교, 불교, 기타 종교, 무종교
신 분	일반 대학생, 사관생도, 장교후보생, 병사, 탈북 귀순자
병역관계별	군필, 미필, 면제, 복무 중, 예비장교
병역필 종류	병사, 하사관, 준사관, 장교
성장배경	읍·면 단위, 중소도시, 대도시, 외국
부모학력	초등학교(인민학교), 중학교, 고등학교(고등중학교), 2~3년제 대학(1~3년제 대학), 4년제 대학(4~5년제 대학), 대학원(6년제 대학 이상)

주: (　) 안은 탈북 귀순자들에 해당되는 사항임.

이렇게 하여 작성한 질문지는 [부록 Ⅱ]와 같다.

3) 표본추출 및 설문과정

본 연구는 통일 이후 군의 통합을 위한 군대문화 형성에 대한 연구이기 때문에, 시간적으로는 통일이라고 하는 미래의 상황, 공간적으로는 군대라고 하는 상황, 그 군대의 구성원으로서 당장 충원될 예비자원과 시간적인 여유를 가지고 충원될 자원 등을 동시에 고려하였다. 또한 북한사회와 북한의 군대에 대한 객관적인 의견을 비교 검증하기 위해 탈북 귀순자들의 의견도 반영하였다.

이와 같은 요구조건을 충족시키기 위해 남한의 현재 일반대학생과 군의 예비장병들(사관생도, 장교후보생, 훈련병), 그리고 탈북 귀순자를 대상으로 지역별, 전공별(문·이과), 성별로 구분하여 제한표본추출에 의한 유층군집(流層群集) 방식으로 표본을 추출하였다.

34

설문대상은 일반과 군대로 구분하여 선정하였다. 일반대학생은 각 도별 1개 학교씩 선정하였고, 군대의 경우 계층별 대표성을 기준으로 선정하였다. 일반대학생은 각 대학의 특정학과에 의뢰하여, 문·이과의 비율, 남녀학생의 성비, 학년의 비율 등을 균등하게 하도록 협조하여 실시하였다. 군대의 경우 특히 사관생도는 학년별, 문·이과별로 균등한 비율이 되도록 협조하여 실시하였다. 사관후보생 및 훈련병들은 큰 문제점이 없을 것으로 보고 단지 해당 교육기관의 교육과정만을 고려하여, 교육기간의 종료에 임박해서 그들의 자율의지를 최대한 표출할 수 있도록 시기를 선정하였다. 사관후보생(남·여)은 총 교육기간의 3분의 2선에서, 훈련병의 경우 5분의 4선에서 실시되었다.

또한 탈북 귀순자들에 대해서는 앞에서 언급한 바와 같이 북한 군대에 대한 최신의 현황을 알고 있을 것으로 추정되는 1990년 이후 군인 신분으로 탈북 귀순한 자들을 그 대상으로 선정하였다.

구체적인 설문과정은 [부록 Ⅲ]에서 보는 바와 같다. 이렇게 하여 수거된 질문지는 총 1,247명에게 발송하여 984명이 응답하여, 회수율은 약 80%이다. 이 중에서 분석이 곤란한 결손자료 등은 제외하였다. 실제 통계에 활용한 대상자 수는 861명이다.

응답자의 인구통계학적 자료는 [부록 Ⅳ]에서 보는 바와 같다.

4) 분석방법 및 통계적 절차

자료의 분석에는 SPSS-WIN 프로그램을 사용하였다. 주요 통계치는 백분율(%)과 평균값(M)이며, T-test와 ANOVA 등의 분석도구를 사용하였다.

여기서 평균값은 가중치를 부여하였다. 5점 척도는 강도와 심도가 높은 순으로 100점, 75점, 50점, 25점, 0점을 부여하였고, 4점 척도는 100점, 100×⅔, 100×⅓, 0점을 각각 부여하였다.

(2) 사례연구법

사례연구법은 탈북 귀순자들과 면접을 통한 것과 그들의 진술내용을 토대로 한 것으로 나누어진다. 주로 북한의 간행물 및 북한관련 기록물의 내용에 대한 확인, 특히 북한의 최근 군대문화에 대한 질문지법의 제한점을 보완하기 위한 목적으로 실시하였다.

면접조사를 위해 우선 먼저 관계기관과의 충분한 사전 협의를 거쳤다. 그리고 탈북 귀순자들이 안고 있는 심리적인 부담을 덜어주기 위해 가벼운 주제에서부터 연구에 부합된 질문으로 진행하였다.

면담의 주제는 기본적으로 앞의 설문내용에 대한 것과 북한의 문헌 및 남한 사람들이 잘못 이해하고 있는 북한 군대의 최근 생활문화에 대한 관한 것이었다.

면담 대상자는 1990년 이후 북한의 군인출신 탈북 귀순자들이다. 대상자 선정은 다양한 의견을 들을 수 있도록 탈북 직전 근무지별, 직책별, 계급별로 연구목적에 부합되는 인물로 선정하였다.

1990년 이후 탈북 귀순자 현황은 다음 〈표 4〉에서 보는 바와 같다.

〈표 4〉 1990년 이후 연도별 탈북 귀순자 현황

기준: 민간인(1999. 2), 군인(1999. 8)

구 분	1990	1991	1992	1993	1994	1995	1996	1997	1998	1999	계
전 체	9	9	8	8	52	41	55	86	69	20	357
군인출신	3	·	·	1	3	6	6	1	4	·	24

주: 최근 통일부 발간자료에 의하면, 북한이탈주민의 국내입국 현황이 다소 바뀌었는데, 1996년 56명, 1997년 85명, 1998년 72명이었고, 기준일 이후 경우는 1999년 148명, 2000년 312명, 2001년 583명, 2002년 1,139명, 2003년 1,281명, 2004년 1,894명임(2004. 12. 31 현재) (통일부, 「통일백서」, 2005: 171).
자료: 이미숙(1999: 235): 국방부 및 통일부 관계관 확인결과를 종합하여 재구성.

통계적으로 10명은 큰 의미가 없지만, 북한 군대에 대한 비교적 최신 내용을 많이 알고 있을 것으로 예상되는 1990년 이후의 탈북 귀순자가 위의 〈표 4〉에서 보는 바와 같이 총 24명인 점을 감안할 때, 의미가 있다고 하겠다. 이들 중에서 면담 가능자의 선정은 크게 현재 민간인 신분인 자와 현역 복무중인자로 구분하여 실시하였다.

이렇게 하여 선정된 면담 대상자는 다음 〈표 5〉와 같다.11)

〈표 5〉 면담한 탈북 귀순자 현황

구 분		현재 연령	성 별	출생지	당시 계급	근무제대 특성
민간인	C-1	30대 중	남	자강	장교	비전투부대
	C-2	20대 초	남	평북	사병	경계부대
	C-3	30대 중	여	평양	장교	전투부대
	C-4	40대 초	남	평양	하사관	정책부서(외화벌이)
현 역	M-1	30대 중	남	평남	장교	전투부대
	M-2	30대 중	남	평북	장교	경계부대
	M-3	30대 말	남	함북	장교	전투부대(특수임무)

주: 'C, M'식의 표기는 신분보호 목적상 표시한 것으로, C는 탈북 귀순자로서 현재 민간인 신분인 자를 의미하며, 한편 M은 현재 군복무자(군인 또는 군무원)를 의미한다.

이들 면담 대상자들과의 세부 면담계획 및 실시 현황은 [부록 V]에서 보는 바와 같다.

---

11) 북한의 실제적인 병영생활문화에 대한 내용을 언급하기 위한 참고자료로 활용하기 위해 1990년 이후 탈북 귀순자 중에서 이전 신분이 군인이었던 자들을 그 대상으로 하였다. 대면 접촉은 관계기관(국방부·국정원·경찰청)의 협조를 얻어 4명을 실시했으며, 전화 면담은 현재 현역(군인 및 군무원)으로 근무하고 있는 탈북 귀순자 3명을 대상으로 하였다.

제2장

군사통합의 이론적 기초와 유형

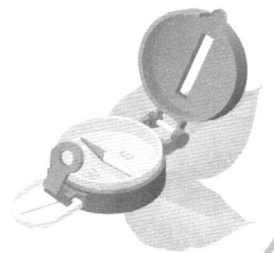

제2장 군사통합의 이론적 기초와 유형

본 장에서는 분단국의 군사통합에 대한 이론적인 배경을 고찰할 것이다. 지금까지 논의된 군사통합 전반에 대한 이론적인 기초를 살펴보고, 군사통합의 유형을 분류해보고자 한다. 그리하여 군사통합에 대한 제 유형분류를 토대로 남북한 군사통합의 모형을 설정하고자 한다.

1. 군사통합의 이론적 기초

가. 군사통합의 개념

군사통합이란 국가적인 통합의 전반적인 맥락 속에서 군대 간의 통합을 의미한다. 즉 군사 분야의 제반 기능 및 조직 체제를 하나의 공동기능 및 조직체제로 변환시키는 작업이라고 할 수 있다. 군사통합은 일반적인 사회통합에 비해 상대적으로 제한적이며, 따라서 군대조직 내의 문제가 다루어진다. 그러나 그 통합의 방법론은 일반적인 통합논의선상에서 기본적인 고려가 되어야 한다.

통합이라는 개념은 학문 분과, 연구목적, 그리고 연구소재 등에 따라 통합이라는 개념과 혼용되거나 다른 의미로 사용되어지기도 한다.

통일(unification)이란 어원상 기본적으로 외적 요소의 일치를 말한다. 반면 통합은 두 개 이상의 체제가 하나의 체제인 것처럼 잘 기능하는 것을 의미한다. 본 연구에서는 통일 및 통합의 용어 사용 범주를 다음 〈표 6〉과 같은 범주 속에서 사용하고자 한다.

〈표 6〉 통일·통합의 용어 사용 범주

구 분	어 원	범 위	단 계	특 징
통 일 (unification)	Lat. unus, to one + Lat. facere, to make	거시적 (macro)	상대적 선행	· 이질적인 요소에 대해 잠정적으로 외형적 구조가 하나의 모습을 갖춤
통 합 (integration)	Lat. integer, to complete	미시적 (micro)	상대적 후행	· 하나의 구조 내에서의 '완전성' 추구. 하나의 체계로서 작동되어짐.

자료: Simpson(1975)의 라틴어 어원을 토대로 구성.

군사통합은 국가·사회적인 통합의 완성도를 결정해 주는 결정적인 판별기준이다. 그러나 통합단계 이전에 이를 위한 사전 조치는 다른 분야에 비해 상당히 미약하다고 볼 수 있다. 물론 군비통제(Arms Control)의 차원에서 신뢰구축(CBM: Confidence Building Measures)을 위한 조치가 있기는 하다. 그러나 이는 분단상황을 극복하기 위한 통합논의가 아니라, 주어진 여건 속에서 평화상태를 확보하기 위한 조치로 평가된다.

탈냉전 후 국가안보에 대한 인식이 생존차원뿐만 아니라 국가번영 차원으로 확대되어, 국가안보 이익의 범위가 종전의 정치·군사적 영역은 물론 무역, 금융, 자원, 기술, 정보, 환경, 복지, 문화 등 경제·사회적 영역까지도 포함하게 되어 있어, 종래의 군사 위주의 전통적인 안보개념이 정치·군사·경제 영역까지 포괄하는 '포괄적 안보(comprehensive security)' 개념으로 바뀌고 있다(국방부, 1998: 19).

이와 같이 안보 문제가 사회의 분화 속도에 맞추어 군사일변도에서 사회저변으로 확대되고 있음은 일종의 세계적 추세라고 할 수 있다. 즉 군사문제에 대한 해답을 구할 때 이제는 철저한 군사중심만이 아니라, 주변환경과의 관계 속에서 고려되어져야 함을 의미한다.

그러나 본 연구에서는 이러한 포괄적인 의미의 군사통합보다는 군대

의 통합이라고 하는 자구적인 의미가 시사하는 바대로 좁은 의미의 군
대통합을 말한다. 즉 작은 조직과 작은 체제 자체가 생명력이 있어야
큰 조직에 보탬이 될 수 있다는 논리에 바탕을 둔다. 군사문제는 우선
군대에 국한된 소재에서 출발하고, 여기서 해답을 찾을 때 전반적인 안
보의 문제까지도 해결될 수 있다.

나. 군사통합의 범위

군사통합은 분단 당사국 군대 간의 통합이다. 그렇기 때문에 그 통합
의 범위도 군대 공동체에 국한된다. 군대는 무력을 관리하는 집단이므로
그 집단의 구성원과 소속된 각종 구조적·기능적 요소들이 포함된다.

군사통합은 이러한 군대가 구성·유지되는 제반 요소의 통합을 말하
는 것이므로, 그 문제는 구조와 기능의 다양성의 측면에서 복잡한 성격
을 띠고 있다. 인원의 선발, 고유과업의 수행(전투, 교육훈련 등), 부수
적인 조직운영(각종 의전, 의식주의 생활원리 등), 그리고 내면적 가치
관 및 문화의 정체성 확보 등의 복잡한 요인들이 군의 조직을 운영·
유지하는 데 필요하다.

도이치(Karl Deutsch, 1968)는 통합을 권력에 비유하여 한 행위자가
권력이 없으면, 권력이 있을 때와는 다른 행동방식을 취하게 되는 것과
같이 정치적 통합은 개인, 집단, 자치구, 지역 혹은 국가들과 같은 정치행
위자들이나 정치단위들이 정치적 과제를 해결하는 정치과정을 의미한다
고 하면서 통합 목표로 다음 네 가지를 제시하고 있다. 첫째, 평화의 달
성과 유지이다. 둘째, 현재보다 큰 다목적 능력의 달성이다. 셋째, 특정과
제의 성취이다. 넷째, 새로운 자아상(self-image)과 역할 정체성(role
identity) 등이다(이혁섭, 1987: 205-209).

도이치가 상정한 통합의 개념은 일정한 현상유지 기능을 하고 있는

비교적 안정된 집단을 모델로 하고 있다. 그러므로 분단국 상황에는 적절하다고 볼 수는 없다. 하지만 그가 제시한 내용은 통합의 목표이기는 하지만, 통합이 가장 이상적으로 이루어질 때의 군사통합의 역할 범위라고 할 수 있다.

군사통합은 이러한 논의에 근거하여 다음 몇 가지의 역할 범위를 가진다. 첫째, 국가통합의 목표인 평화의 달성과 유지를 위한 조건을 제공해 준다. 둘째, 국가·사회적으로 변화된 환경에 걸맞는 군대의 능력 구비이다. 셋째, 국가 통합과정에서 예기치 못하게 발생한 안보상황에 대한 문제해결의 임무수행이다. 마지막으로 통합되는 군대로서의 자기정체성을 확보하는 것이다.

다. 사회통합과 군사통합

사회통합은 그것이 목표로 하는 가상의 공동체 내에서 일어나는 가장 큰 규모의 통합을 말한다. 일반적으로 사회통합은 분단국의 통합 상황에 국한된 말이 아니다. 분단국의 통합은 사회 전반에 걸쳐서 일어나기 때문에 흔히 이러한 통합을 가장 큰 규모의 통합 즉, 사회통합이라고 말한다.

여기서 군사통합은 사회통합의 한 부분으로 볼 수 있기 때문에 일반적인 사회통합의 범주 속에서 논의되어질 수 있다. 하지만 군사통합은 군대가 갖는 여러 가지의 특성 때문에 다른 사회조직과는 다소 상이한 다음 몇 가지의 특징이 있다. 첫째, 군사통합은 대상이 정해져 있다. 유무형의 군대자산이 여기에 해당된다. 일반사회의 경우 유동인원이 대단히 불규칙적이고, 그 조직도 변화가능성이 높은 반면에 군대는 상대적으로 정형화되어 있고, 변화의 가능성도 낮다. 그렇기 때문에 일반적인 사회통합보다는 더욱 구체적인 통합을 추진할 수가 있다.

둘째, 군사통합은 이념적 보수성을 갖고 있다. 군대는 무력의 관리집단이다. 무력의 행사는 국가의 정체성과 관련이 있어서 '국가수호의 최후보루'라고 하는 말은 이러한 군대의 특징을 잘 반영해주고 있다. 단 여기서 중요한 것은 분단의 원인이 내부에 있을 때 해당된다. 역사상 분단국의 상황은 이를 잘 대변해 주고 있다. 설령 외부적인 요인이 있었다고 하더라도 이것이 장기화될 경우 분단의 원인이 구체화되어 이것이 국가이데올로기로 반영되면 역시 내부적인 원인에 의한 분단과 같은 특징을 가진다.

셋째, 군사통합은 개인의 의사보다는 집단의 의사에 의해 많은 영향을 받는다. 군대는 공공조직주의의 입장에서건 전문직업주의 입장에서건 무력관리를 위한 집단행동이 불가피하다. 간혹 특수한 임무완수를 위해 소수 정예요원에 의한 전술적 임무수행이 있기는 해도 보다 큰 작전을 위한 수단이기 때문에 이 또한 집단적 행동의 연장선상에서 이해될 수 있다.

넷째, 군사통합은 일반사회 조직과는 달리 군대조직 내에 의·식·주 등 일상적 모든 생활이 포함되어 있다는 점이다. 그러므로 군사(military affairs)의 통합이란 군대와 관련된 유무형의 모든 것들 간의 통합을 말한다. 즉 군사통합은 사회통합의 축소판이라고 볼 수 있는 것이다. 반면 다른 분야의 경제통합이나 정치통합 등은 해당 분야의 제도적이면서 생활적인 면의 통합이 주된 고려의 대상이라고 볼 수 있다.

끝으로, 군사통합의 성공여부는 사회통합의 성공여부와 직결된다. 예멘의 1차 통일은 이를 잘 대변해준다. 전반적인 사회운영이 군대 중심으로 이루어지는 체제가 아니라 하더라도 공동체의 안위를 결정해주는 최후의 안보집단인 군대 간의 통합이 이루어지지 않고서는 완전한 사회통합을 이루었다고 볼 수는 없을 것이다.

이상에서와 같이 군사통합은 사회통합의 한 부분이기도 하면서, 사회통합의 성공을 보장해주는 중요한 문제이다. 즉 사회통합이 달성될 수 있도록 해 주는 전제조건으로서, 공동체 성원들의 생존을 보장해주는 역할을 한다고 할 수 있다.

2. 군사통합의 유형

가. 유형분류의 기준

군사통합에 대한 이론적 연구에 있어서 군대는 그것이 가지는 외형적인 체제의 특성과 그 조직의 운영원리에 따라 통합에는 큰 문제가 없는 것으로 생각될 수 있다. 즉 부대의 규모, 그 구성원 등의 요소들이 정해져 있고, 또한 부여된 임무는 반드시 완수되어야 하는 상명하복(上命下服)의 조직 특성을 가지고 있기 때문이다.

그래서 군사통합에 대한 유형은 다른 통합방안보다도 이론적 연구가 부족하다. 남북한 군사통합에 대한 기존 연구는 크게 두 가지로 요약할 수 있다. 첫째, 일반적인 통일 접근법에 따라 논의되어지는 유형이다. 수렴론적·구조주의적·(신)기능주의적 군사통합이 여기에 해당된다. 가장 간편하면서도 사회통합과의 연계성 있는 통합추진이 가능하다는 장점이 있다. 하지만 군사통합에 맞는 하위 영역의 적절한 요구사항을 충족시킬 만큼 설득력이 있지 않다. 예를 들면 현재 남한의 대북 통일정책은 (신)기능주의의 연장선상에서 이해할 수 있다. 이 접근법의 핵심은 비정치적이면서 작은 분야로부터의 교류와 협력의 실천이 나아가서는 정치적인 문제의 통합을 가져오게 한다는 것인데, 군사통합에는 적용 가능성이 낮다. 왜냐하면 군사문제가 파급이나 정치적 결단의 전(前)단계에 해당되는 것이 아니라 그 문제 자체가 항상 정치적인 사안이기 때문이다. 설령 비정치·비군사적인 분야에 있어서의 가벼운 주제의 군사통합의 노력이 있다고 하더라도 그것은 소극적인 대안이 될 수밖에 없다. 그것은 "군사력의 구조와 운용체제를 통제함으로 남북간의 군비통제를 도모"하는 정도이다(국방부, 1999: 75-76). 결국 일반적인 통일논의의 방법을 토대로 군사통합의 접근법으로 그대로 적용하는 데는 한계가 있다.

이 (신)기능주의가 가지는 실패확률의 최소화의 장점에도 불구하고 많은 비판이 제기되고 있다. 임혁백(1992: 48)은 기능주의적 통합에 있어서 통일이 공공악(公共惡)으로 인식될 때 행위자들은 상호협력의 공약을 철회하고 이전의 분단상태로 회귀하려 할 것이라면서, 거래와 커뮤니케이션의 증대가 통일로 파급되는 것은 몇 개의 가능한 결과 중의 하나일 뿐이며, 역류의 가능성은 항상 존재하고 있다고 지적하고 있다.

그러나 이러한 논리는 대체로 '웃는 얼굴에 침뱉지 못한다'고 하는 접촉의 강변론자들에게는 설득력이 없어 보인다. 또한 '안 하느니만 못하다'고 하는 회의론자나 '해봤자 우리가 손해다.'라고 하는 회피론자들에게 있어서도 거부될 것이 자명하기 때문이다. 결국 양자 모두에게 있어서 롤즈(John Rawls, 1985)식의 '무지의 베일(veil of ignorance)'을 쓰고 있는 거래 당사자들은 이러한 측면에서 최소한 객관적인 입장을 전제해야만 한다는 점을 인정해야 할 것이다.

그러므로 굳이 기능주의적 입장을 취하지 않는다고 하더라도 파급 효과의 긍정적 면을 부정한다거나 역류 가능성을 적극적으로 고집할 수만은 없을 것이다. 여기서도 무지의 베일을 쓰게 되는 시점이 최초 단계에서는 통합의 시작 단계가 되겠지만 그 과정이 계속된다면 매 단계를 지속적으로 설정해야 되기 때문에 이 문제는 별도의 논의가 필요하다.

둘째, 분단국의 군사통합 사례를 중심으로 한 유형분류이다. 강제적·합의적·흡수적·대등적 통합 등의 유형분류가 여기에 해당된다. 하정열(1996: 285-291)은 ① 북한의 급변사태에 따른 흡수통합, ② 남북한

합의에 의한 통합, 그리고 ③ 무력통일로 구분하고 있고, 황진환(1997 : 148)은 대등통합과 흡수통합으로 나눈다. 박주현 외(1999 : 182)는 강제적·합의적·대등적 통합으로 구분하고 있다. 이 또한 경험적인 한계선 상에서 논의되어지는 것이고, 남북한 간의 특수한 환경과 돌발상황의 발생에 대한 무제한적 범위의 확대에는 유형적용의 가능성이 낮아진다.

본 연구에서는 선행연구를 토대로 그 한계점을 극복하면서 군사통합에 대해 공통적으로 적용될 수 있는 유형분류를 시도하고자 한다. 즉 첫째, 의사소통 형태에 의한 유형, 둘째, 군대자산의 형태에 의한 유형의 분류이다.

나. 의사소통 형태에 의한 유형

사회는 정보와 의사소통을 통하여 작동되며 유지된다. 특히 정보의 적절한 공급에 따라 지탱되기 때문에 정보를 전달하는 의사소통망은 그 사회의 신경조직에 비유되기도 한다(Deutsch, 1983).

이와 같은 의사소통은 일방과 타방이 어떤 목적하에서 의미 있는 영향을 상호 주고받는 과정이라고 할 수 있다. 이 용어는 신문방송학은 물론 경제학, 정치학, 사회학 등의 사회과학 전반에 보편적으로 사용되고 있다. 대체로 여기서 말하는 과정이라고 함은 일종의 의사소통의 흐름을 말한다.

즉 의사소통은 무엇의 흐름이냐에 따라 경제학에서는 '돈'을 강조하고, 정치학에서는 '권력'을 강조하기도 하며, 신문방송학에서는 '정보'를 말하기도 한다. 또한 사회학에서는 그 주체의 문제와 관련하여 상징적 상호작용(symbolic interaction)론에서는 '개인이 사회와 어떻게 의사소통을 하느냐'를 다루고 있다.

이러한 의사소통론은 군사통합에 있어서도 적용되어질 수 있다. 군사통합의 당사자들이 어느 정도의 정보를 갖고 있으며, 이러한 요인이 군사통합 과정에서 어떻게 서로 영향을 주고받느냐에 따라 그 통합의 성공여부가 결정되어진다.

라스웰(H. D. Lasswell, 1948)은 의사소통을 설명하기 위해 '5W 모형' 즉 "Who, What, Which channel, to Whom, and What Effect"을 제시했는데, 이를 군사통합의 모형에 원용해 보면 다음 〈표 7〉과 같이 정리할 수 있다.

〈표 7〉 라스웰의 의사소통론에 입각한 군사통합 모델

구 분	군 사 통 합 적 용
통제 (누가)	·군사통합의 주체
내용 (무엇을)	·군사통합의 소재: 무기체제, 군정·군령체제, 군대 구성원의 가치관 통합 등
매체 (어떤 통로로)	·군사통합의 방법: 무력, 평화적 수단 등
수용자 (누구에게)	·군사통합의 대상: 특정 계급 또는 직위 배제 등
효과 (어떤 효과를 갖고)	·군사통합의 효과: 사회통합에 영향을 주는지 등

자료: Lasswell(1948): Lasswell et al.(1952: 12)의 틀을 원용하여 재구성.

따라서 군사통합의 주제에 적용해 보면, 그 영역은 주체, 소재, 방법, 대상, 그리고 효과 등으로 보다 구체화된다. 본 연구에서는 이와 같이 구체화된 군사통합이 어떤 흐름을 가지느냐에 관심을 갖고, '일방형 의사소통(one-way communication)'과 '쌍방형 의사소통(two-way communication)'의 개념을 토대로 군사통합의 유형을 분류해보았다(Lasswell, 1948: 42).

(1) 일방형 군사통합

라스웰이 말한 일방형 의사소통은 그가 분석도구로 제시한 '5W 모형'에서의 다섯 가지의 요소가 한쪽 방향으로 흐르는 것을 말한다. 다시 말하자면 통합을 행하는 주체, 통합의 소재, 통합의 방법, 통합의 대상, 그리고 통합의 효과 등 모든 군사통합의 과정이 일방적인 의사결정에 의해 논의되는 것을 말한다.

여기에는 다시 두 가지로 나눌 수가 있다. 먼저 평화적 절차에 의한 일방형이 있고, 두 번째로 강제에 의한 일방형이 있다. 전자는 통합의 초기에 의사 표현권을 가진 쪽에서 주도적으로 행하는 것을 말한다. 강제에 의한 후자의 경우는 다시 평화적 강제와 폭력적 강제로 구분할 수 있다. 평화적 강제는 독일의 통일선언 이후 본격적인 군사통합 과정의 경우이다. 목적이 평화적으로 설정되면, 그 과정은 일방적으로 강제 집행되는 것을 말한다. 다음으로 폭력적 강제는 예멘의 2차 통일 시의 군사통합으로 무력에 의한 일방적 군사통합의 집행을 말한다.

이러한 구분을 도표로 나타내면 다음 〈표 8〉과 같이 정리할 수 있다.

〈표 8〉 일방형 군사통합

구 분		특 징	사 례
평화적 절차가 전제된 일방형		일방의 의사표현권한을 합의에 의해 타방에 이관	독일의 초기 군사통합 단계
강제에 의한 일방형	평화적 강제	평화적 목적이 전제되지만, 과정은 강제적 집행	통일선언 후 독일의 본격적 군사통합 단계
	폭력적 강제	일방에 의해 수립된 목적 달성을 위해 폭력도 불사함.	·예멘의 2차 통일 시 군사통합 ·베트남의 통일 시 군사통합

자료: Lasswell(1948), Lasswell et al.(1952: 12)의 틀을 원용하여 재구성.

이러한 일방형 군사통합은 각기 다음 〈표 9〉와 같은 장단점이 있다.

〈표 9〉 일방형 군사통합의 장단점

구 분		장 점	단 점
합의에 의한 일방형		·통합 속도 비교적 빠름 ·비용 절감	·공동체 구성원의 합의 도출 난이 ·합의 실패 시 무력 행동 가능성 ·전투력 유지 장애 ·내적 통합 과제 잔존
강제에 의한 일방형	평화적 강제	·통합 속도 가속화 ·비용 절감 ·전투력 유지	·소외된 쪽의 무력 행동 가능성 ·조직의 유연성 저해 가능성 ·내적 통합 과제 잔존
	폭력적 강제	·비용절감 ·전투력 유지 ·조기 통일 달성	·인권유린 가능성 ·소외된 쪽의 무력 행동 가능성 ·조직의 유연성 저해 가능성 ·가치갈등 및 재분열 가능성

(2) 쌍방형 군사통합

　라스웰은 그의 '5W 모형'에서의 다섯 가지의 요소가 쌍방향으로 끊임없이 상호작용하는 것을 말한다. 쌍방형 군사통합은 통합 당사자 간의 이러한 쌍방형 의사소통이 원활히 이루어지는 것을 상정하고 있다. 이러한 측면에서 볼 때, 쌍방형 군사통합은 통합을 행하는 주체, 통합의 소재, 통합의 방법, 통합의 대상, 그리고 통합의 효과 등의 모든 측면에서 무리없이 진행되는 과정을 상정하고 있다.

　이러한 쌍방형 군사통합은 평화적 쌍방형과 위장평화적 쌍방형으로 구분할 수 있다. 평화적 쌍방형은 통합 당사자 간의 대화와 타협에 의해 상호간의 이해관계를 평화적인 방법으로 조정하여 진행하는 유형이다. 물론 통합 당사국의 군사당국자와 그 구성원 쌍방이 모든 통합에 대한 강한 지지가 바탕이 되어있어야 할 것이다. 반면에 위장평화적 쌍방형은 외형적으로는 원활한 의사소통이 있는 것으로 보이지만, 특정의 계층을 제외한 대부분의 구성원들은 이를 잘 모르는 와중에서 통합과

정이 진행되는 유형을 말한다. 이러한 유형에는 통합 당사자들의 의지
가 앞서거나, 국민들의 감정적인 통일 열망 등과 같은 정서적인 요소가
강하게 작용하고 있을 때 일어날 수 있는 유형이다.

이와 같은 쌍방형 군사통합의 유형에 대한 구분은 다음 〈표 10〉과
같이 정리할 수 있다.

〈표 10〉 쌍방형 군사통합

구 분	특 징	사 례
평화적 쌍방형	정치적 협상에 의해 군사통합에 대한 전반적인 합의를 하여 군사통합이 진행됨.	· 예멘 1차 통일 시의 군사통합
위장평화적 쌍방형	일방이 순수하지 않은 위장된 의도를 전제하고 군사통합에 대한 논의를 진행함.	· 제3차 코민테른 등 공산주의 국가들의 통일전선전술하의 군사통합

자료: Lasswell(1948): Lasswell et al.(1952: 12)의 틀을 원용하여 재구성.

쌍방형 군사통합도 각기 다음 〈표 11〉과 같은 장단점이 있다.

〈표 11〉 쌍방형 군사통합의 장단점

구 분	장 점	단 점
평화적 쌍방형	· 외적인 통합 조기 정착 · 군사통합의 후유증 최소화 · 자율적인 통합군의 정체성 형성	· 통합의 진행이 지연되면 내적 통합이 형성되지 않아 급속도로 와해 국면으로 치달을 가능성된 측의 무력행동 가능성
위장평화적 쌍방형	· 외형상 조기 목적 달성 · 외형상 후유증 최소화	· 판별기준이 애매하여, 모략이 드러나면 통합 분위기 와해 · 과정보다는 결과에 더 많은 관심을 두고, 원래의 상황보다 더 좋지 않은 결과 초래

남북한의 군사통합에 있어서도 이와 같은 의사소통에 의한 군사통합의 유형은 의미 있는 모델로 적용되어질 수 있을 것으로 본다.

다. 군대자산 형태에 의한 유형

군대를 움직이는 많은 자산(assets)은 외적 자산과 내적 자산으로 구분할 수 있다. 외적 자산에서의 '외적(external)'이라는 말은 유형적, 구조적, 경성적(硬性的)이라는 말과 개념상 친화력이 있고, 반면 내적 자산에서의 '내적(internal)'이라는 말은 무형적, 기능적, 연성적(軟性的)이라는 말과 개념상의 친화력을 가진다.

여기서 군대의 자산은 군대문화와 유사개념으로 사용될 수 있다고 본다. 자산이라고 하면 유·무형의 모든 생활양식의 총체라고 볼 수 있고, 이러한 논리는 자산이 곧 문화라고 하는 논리로 재정의될 수 있다. 그러므로 군대자산은 군대문화라고 말할 수 있는 것이다.

이와 같이 문화에 대한 내·외적인 구분을 한 연구가 있다. 린턴(Ralph Linton, 1945: 21-25)은 문화를 습득된 행동과 행동의 제 결과와의 총체라고 정의하면서, 그 구성요소가 어느 특정한 사회의 구성원에 의하여 공유되고 전달되어 있는 것이라고 부연 설명하고, 그 토대에 해당되는 문화의 구조를 다음 세 가지로 구분하였다. 첫째, 물질적인 것(산업의 생산물), 둘째, 동적인 것(외면적 행동), 셋째, 심리적인 것(사회의 구성원들에 의해 공유되는 지식, 태도, 가치체계) 등이 바로 그것이다. 여기서 첫째와 둘째를 문화의 외면적 측면이라고 하였고, 셋째를 문화의 내면적 측면이라고 하였다. 이를 다르게 표현하면 전자는 외적 문화라고 할 수 있고, 후자는 내적 문화라고 할 수 있다고 본다.

한편 갈퉁(Johan Galtung, 1999)은 직접적인 폭력의 효과를 자연, 인간, 사회, 세계, 시간, 그리고 문화 등의 여섯 가지의 변수에 따라 설명하면서, 그 분류 기준을 비물질적·비가시적 효과, 물질적·가시적 효과로 구분하여 사용하고 있는데, 본 연구의 내적·외적 자산의 구분과 개념적 친화성이 있다.

(1) 외적 군사통합

외적 군사통합은 앞서 언급한 바와 같이 군대자산의 유형적, 구조적, 경성적인 자산의 통합을 말한다. 이는 인력, 장비, 시설, 군사비 등의 분야에서의 통합을 의미한다. 즉 군사통합에서의 외적 군사통합은 전투력의 지속적인 유지의 측면에서 고려되어지는 중요한 방안 중의 하나이다. 기존의 군사통합 논의는 바로 이와 같은 측면에서 이루어졌다.

대체로 외적 군사통합은 정치적 논리에 의해 결정된다. 이러한 외적 통합의 문제가 선결되지 않으면, 군사통합의 성공은 보장될 수가 없다. 예멘의 1차 통일과정에서 볼 때, 대체적인 합의를 통해 통일이 이루어지게 되지만 군사통합의 단계에서 이와 같은 제도적인 군사통합 문제가 결정되지 않을 때 성공은 보장받을 수 없었다는 점은 외적 군사통합의 중요성을 잘 대변해 준다.

외적 군사통합은 다음 몇 가지 특징적인 단계를 밟는다. 즉 ① 군사통합을 위한 주변환경 조성이다. ② 전반적인 사회통합과 병행하여 실시된다. ③ 당사국 각각의 지침에 의한 쌍방군으로 구성된 통합군사령부가 설치된다. 그리고 ④ 통합군사령부의 규모 및 성격에 따라 이에 부속된 인원, 장비, 물자, 그리고 무기체제 등의 외형적 조건들에 대한 조정을 하게 된다. 이와 같이 외적 통합은 완전한 통합을 이루기 위한 외형적인 윤곽을 형성하는 데 그 주안점을 두고 있다.

독일의 군사통합의 경우도 이와 같은 순서에 의해 실시되었다. 자세한 내용은 다음과 같다. 첫째, 군사통합을 위한 주변환경 조성이다. 독일은 제2차세계대전의 종전과 함께 동서진영이 냉전시기를 맞았으며 이에 서

독은 소련의 막강한 군사적 위협을 극복하기 위해 1954년 10월 북대서양
조약기구(NATO: North Atlantic Treaty Organization) 가입을 통한 서
구 우방과의 동맹정책과 질 높은 재래식 방위력 건설로 대응하였으며,
이에 동독은 1955년 5월 「파리조약」이 발효됨에 따라 설치된 바르샤바동
맹기구(WTO: Warsaw Treaty Organization))에 가입함으로써 이후 동
서독 양국은 국제 군사기구의 틀 속에서 각기 통수권이 없는 군사력을
구비하게 되었는데, 양 독은 NATO와 WTO의 집단적 방위력에 의존한
다는 전제하에 전력수준을 유지하게 되었으며, 동서 간 집단적 군사력의
'힘의 균형(balance of power)'이 유지됨에 따라 군사력 대립을 극복하고
전쟁을 억제해 왔다. 이러한 구도하에서 서독은 국방정책 및 군사전력
면에서 다국 간 군사동맹에 의한 '연대방위정책'을 채택하는 한편, 국가
의 안보 문제를 군사적 관점에서만 집중하지 않고 정치 · 경제적 서구협
력체의 발전에 노력하였는데, 통독과정 중 가장 중요시되었던 것은 동서
독 당사국 간의 문제보다는 국제기구와 전승 4개국 및 주변국과의 정
치 · 군사적 이해관계, 즉 통독의 군사력 위상과 양 군사협력 체제 동맹
의 유지 문제, 독일과 폴란드 국경 문제, 그리고 외국군 주둔 및 철수 문
제 등의 선결해결이었다(주독일 한국대사관 무관부, 1991: 29).

  둘째, 전반적인 사회통합과 병행하여 실시되었다는 점이다. 군사통합
이 군대 간의 통합이기는 하지만 전반적인 통일전략 속에서 행사되지
않으면 성공할 수 없다. 즉 이는 신연방 5개주 정부가 1991년 초부터
연방내무부 산하 「연방 · 주 합동실무단」으로부터 지원과 자문을 받는
가운데 경찰을 비롯한 행정 분야 전반에 걸쳐 대규모 공무원 재임용
작업에 착수했으며, 이 과정에서 적성 · 자격 · 전문적 능력 이외에 기본
법에 규정된 자유민주주의 기본질서 수호의지 여부 등을 주요 심사기
준으로 하여 설정된 사회통합의 원칙에 근거하여 전반적으로 이루어지
게 된 것이다(국가안전기획부, 1997: 130).

셋째, 당사국의 각각의 지침에 의한 쌍방군으로 구성된 통합군사령부 설치 및 인력 운용의 조정이다. 1989년 말 동독의 대변혁과 더불어 동독인민군 내부에서도 군의 임무 및 역할에 관한 사고전환 과정이 시작되어 1990년 3월 8일 자유 총선을 통해 민선정부가 들어서고, 합법적인 정치지도체제가 정착되자 최소한의 군부개혁만이라도 단행되어야 한다는 분위기가 형성되었다. 1990년 10월 3일 양 독 통합에 따른 동독인민군의 서독 연방군 편입을 앞두고, 동독 군부 내에서는 양 독 장병 간 차등보수 적용, 서독장교들의 요직 독점 등에 강력히 반발, 통합군 창설 자체에 반대하는 움직임이 보이기도 했으나(국가안전기획부, 1997: 169-170), 연방정부는 1990년 10월 3일 통일조약 발효를 계기로 각 연방부처로 하여금 베를린에 외청을 설치하여 신연방주와 서독 연방주의 공동성장을 위한 부처 차원의 지원체계를 구성하도록 지시하게 된다(국가안전기획부, 1997: 175).

이에 따라 국방부는 '동부지역사령부(Bundeswehrkommando Ost)'를 설치하게 된다. 이후 동독인민군을 성공적으로 인수하기 위해 대대급 이상 지휘관과 여단급 이상의 주요 참모들은 서독연방군 장교로 보직토록 결정하였으며, 이를 위한 소요인력은 약 2,000명으로 산출하였다(하정열, 1996: 126-127). 이 같은 조치는 '혼합근무원칙(Durchmischung)'에 의거 장기 복무병과 군속에게도 적용되었는데, 동서화합의 차원에서 내적 통합을 달성하기 위한 한 방편이었다(국가안전기획부, 1997: 178).

그 결과 연방군의 구동독 인민군(NVA: Nationale Volksarmee)에 대한 통합 현황은 다음 [그림 1]에서 보는 바와 같이 단계적으로 축소 조정하여, 최종적으로 1만 873명(장교 3,027명, 하사관 7,639명, 사병 207명)을 인수하였다.

[그림 1] 독일 연방군의 구동독 인민군 통합 현황

단위: 명

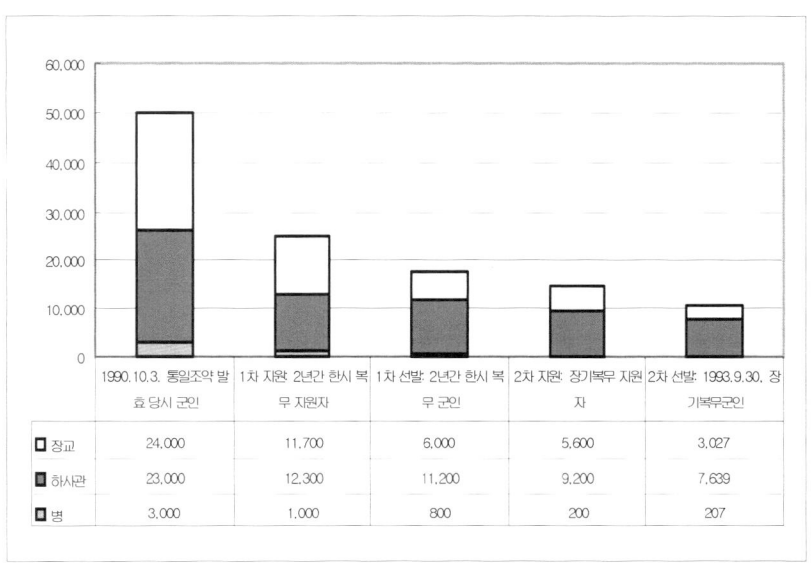

	1990.10.3. 통일조약 발효 당시 군인	1차 지원 2년간 한시 복무 지원자	1차 선발 2년간 한시 복무 군인	2차 지원: 장기복무 지원자	2차 선발: 1993.9.30. 장기복무군인
□ 장교	24,000	11,700	6,000	5,600	3,027
■ 하사관	23,000	12,300	11,200	9,200	7,639
■ 병	3,000	1,000	800	200	207

자료: 국가안전기획부(1997: 174): Der Bundesminister der Verteidigung(1993). 손기웅(1998: 55) 재구성.

끝으로, 통합군사령부의 규모 및 성격에 따라 부속된 장비, 물자, 무기체계 등의 외형적 체제에 대한 전반적인 조정을 하게 된다. 연방군은 통일과 더불어 전차 2,337대, 장갑차 5,980대, 대포 2,245문, 항공기와 전투용 헬기 479기, 군함 71척 등은 물론 120만 정의 개인화기와 약 30만 톤의 탄약을 비롯한 막대한 양의 물자를 구동독 인민군으로부터 인수하였다. 연방군은 이러한 물자 외에도 기지, 숙영시설, 군수저장시설, 훈련장, 지하시설, 항만 및 비행장 등과 같은 군용부동산도 인수하였다. 동시에 과거 동서독 간 경계선(1,455km)에 설치된 136km의 장벽, 818개의 관측용 망대와 지휘소를 관리하고 국경차단장치에 매설된 지뢰 130만개를 처리하였다(국가안전기획부, 1997: 173).

(2) 내적 군사통합

갈퉁(1973)은 통합을 증진시키는 조건으로 내적 통합을 말하고 있다. 통합을 위한 구성원 간의 공감대를 형성하기 위해서는 내적 통합이 조건이 될 수 있다. 즉 일단 외적 통합이 형성되고 난 뒤에는 내적인 완성도를 높이기 위해 다시 내적 통합이 필요하다.

내적인 통합은 다른 말로 표현하자면 무형의 기능적 통합이다. 유형의 구조적 과제가 해결되면 군의 구성원들 상호간의 기능적 통합이 이루어지게 된다. 내적 통합에 대한 기본전략은 다음 세 가지로 구분할 수 있다. 첫째, 외적인 구조 또는 제도를 바탕으로 한 내적 통합전략이다. 이는 전형적인 독일 통합의 전략이다. 갑작스러운 통일조건의 형성으로 인해 외적인 통합에 대한 대비에도 시간적인 여유가 없을 때 취할 수 있다.

둘째, 내적인 요소만을 중심으로 한 내적 통합전략이다. 이는 제도적인 외적 통합전략이 한계점에 부닥치게 될 때 취할 수 있는 전략이다. 이러한 전략은 제도권을 고려하지 않고, 생활세계의 교류와 협력 자체만을 강조하는 것을 말한다. 이는 감정에 치우치기 쉽고, 지속적인 추진을 보장받을 수 없는 단점이 있다.

내적인 통합만을 주장하는 논의는 하나의 국가에 속한 국민들 간에 사회·문화적 그리고 심리적 통합이 이루어져야만이 완결된다고 보는 경향이 있다. 이때 중요한 것은 단일적인 동질성에 의한 통합이 되어서는 안 된다는 점이다. 그것은 가치의 통합이 아니라 가치체계의 이해 내지는 가치체계의 호환성이 허용되는 상태를 말하는 것이다. 오히려 단일한 가치에 대한 선호가 많아질 때 문화적 국수주의에 빠질 우려가 있다. 즉 히틀러나 무솔리니의 경우와 같이 자민족중심주의 문화가 그 국가체제 속에서 이념문화의 지배적인 성향을 가지게 되는 것을 말한다. 내적 통합에 있어서 이와 같은 점은 경계해야 한다.

셋째, 내적 통합 가치를 전제하고, 외적 제도의 채널을 통한 내적 통합을 추구하는 전략이다. 가장 이상적인 전략모형이다. 구조적인 통일에 선행되는 것은 의식이나 의지이다. 통일을 논의하자고 하는 것은 통일하려고 하는 의지가 전제되어야 한다. 구비된 제도의 통일은 효율성을 묻는 문제이지만, 통일이 되고 난 뒤의 내적 통합의 문제는 효율성의 문제만으로 해결될 수 없을 것이다. 군사통합을 제외한 다른 분야에서는 이러한 논의가 많이 이루어졌다(강광식 외, 1994; 김문환, 1996; 김영준, 1994a).

여기서 외적 체제와 제도의 통합이 삶의 방식인 문화의 통합을 바탕으로 해야 된다는 주장이 많이 있다(김영준, 1994a: 460-461; 성경륭, 1993: 265; 박영호, 1994: 83). 그러나 문화라고 하는 것이 통합 상황에서는 제도나 구조와 대립되는 좁은 의미로서의 관념적 개념으로 해석되어서는 안 된다. 생활양식의 전반을 포괄하는 총체적 개념으로 사용되어져야 한다. 즉 정치통합, 경제통합, 군사통합과 병치되는 개념으로서의 문화통합이 되어서는 안 된다는 것이다.

그런 의미에서 내적 군사통합은 한 마디로 문화적 정체성의 형성이라고 볼 수 있다. 문화적 정체성의 형성이란 분단되기 이전의 문화적 원형을 회복하는 것과 제3의 문화창조를 모두 포함하는 의미이다. 즉 문화는 과거의 정지된 시간에 정체되어진 것이 아니라 끊임없이 변화하는 속성을 가지고 있다. 그렇기 때문에 군대라고 하는 조직이 하나의 체제로서 작동하기 위해서는 친화력이 강한 문화전통이 바탕이 되고, 이를 더욱 가속화해줄 수 있는 문화적 정체성을 조기에 형성하는 것이 중요하다.

여기서 문화적 정체성의 형성은 하나의 문화권을 형성하는 것만을 단순히 의미하는 것만이 아니다. 미시적으로는 타 문화에 대한 이해를 의미하는 것이고, 거시적으로는 단일문화의 정체성을 형성한다고 하는 의미를 말한다.

이와 같은 내적 군사통합의 범주는 다음과 같이 정리할 수 있다 (Galtung, 1968: 377). 첫째, 가치통합이다. 가치통합의 범주 안에서 두 가지 모델이 있다. 그중 하나인 평등주의적(egalitarian) 모델은 행위자들이 '일치되는 이해관계(coinciding interest)'를 갖는다는 의미에서의 가치의 통합이고, 다른 하나는 위계적(hierarchial) 모델로서 주어진 위계질서에 있어서 최상층부의 가치를 택함으로써 딜레마나 분쟁을 종식시킨다는 의미에서의 가치의 통합을 말한다.

둘째, 행위자 통합이다. 여기서 갈퉁은 통합이 지위, 인구 및 경제·정치적 구조가 서로 다른 행위자들 사이에서 점증하는 유사성으로 이루어진다는 유사성(similarity) 모델을 설정한다. 유사성이란 상사성(homology)으로 볼 수도 있는바 즉 한 행위자의 각 구성원은 다른 행위자에게 그 '상대구성원(opposite number)'을 발견할 수 있다는 것이다. 이 범주 속에서 두 번째 모델인 상호의존성의 모델을 제시한다. 즉 통합이란 행위자들 간의 문화·정치·경제적 상호의존성이 증가해 가는 과정이다.

셋째, 부분과 전체의 교류로서의 통합이다. 여기서 갈퉁은 두 가지 모델을 제시하고 있다. 충성심(loyalty) 모델이 그 하나인데 통합은 하나의 단위가 그 구성부분으로부터 지지를 받는 한 발전·유지된다는 것이다. 지지는 복종이나 전체에 대한 부분으로부터의 자원의 헌납과 같은 투입을 형성한다. 또 하나는 할당(allocation) 모델이다. 통합된 단위의 존속여부는 그 구성분자들에 비해 산출을 제공할 수 있는 단위의 능력에 달려있다. 그러한 산출은 외적으로부터의 보호를 보장하거나 시장성과 높은 생활수준과 같은 경제적 이익을 가져다줌으로써 국가가 개인들에게 일체감을 마련해 주는 것을 포함한다.

내적 군사통합은 내면적인 문제에 대한 군대의 통합을 의미한다. 이는 독일이 제도적 외형통일을 이루고 난 뒤 완전한 통일을 위한 과제로 설정할 때 흔히 말하는 내적 통일이라는 말과 관련이 있다. 즉 외형적 통합이 어느 정도 끝나고 나서부터 주민들이 사람다운 삶을 살아갈 수 있는 분위기의 조성, 즉 복지 차원에서 내적 통일의 문제가 등장하게 되었다. 마찬가지로 내적 군사통합은 앞서 언급한 외적 군사통합이 어느 정도 완료되어갈 때부터 구성원 간의 내면적인 가치의 통합을 말하는 것이다.

독일의 경우 통독 6주년을 즈음하여 통일 후유증과 동서독인의 의식행태의 변화를 묻는 설문조사가 다양하게 실시되었다. 이러한 설문조사 결과를 보면 내적 통합이 상당한 문제로 지적되고 있다.

먼저 독일의 시사주간지 Focus(1996)가 여론전문기관인 IRNA에 의뢰하여 발표한 결과에 의하면, 동독인 72%와 서독인 41%가 통독 후유증을 완전히 해소하려면 적어도 10년 이상이 더 소요될 것으로 전망했다. 동독인 7%와 서독인 3%는 해소 자체가 불가능하다고 답하였다(국가안전기획부, 1997: 478).

또한 가브리엘(O. W. Gabriel, 1996)이 실시한 설문조사 결과에 의하면, 사회주의 사상에 대한 태도에 관련하여 동독지역 주민들은 거의 80%에 이를 정도가 사회주의는 훌륭한 사상이었으나, 다만 잘못 실행되었을 뿐이라는 생각을 가지고 있다고 하고, 이런 동독인들의 생각에 서독지역 주민들은 배은망덕한 행위라고 비난하고 있다. 그리고 동독지역 주민들의 35%는 구동독이 단점보다는 장점을 더 많이 가지고 있었다는 의견이고, 또 다른 35%는 이러한 의견에 부분적으로 동의하며, 단지 28%만 이 의견에 반대하는 것으로 나타났다(Genosko, 1999: 24-25).

본 연구에서 행한 설문조사에서도 "본인 또는 자녀가 통일 후 북한 출신의 배우자감과의 결혼하는 것에 대해 어떻게 생각하는가"라는 질문을 하였는데, 이에 대해 탈북 귀순자 7명 중 6명이 선호하는 것으로 나타났다. 그 원인이 현 체제에 대한 회의에서 비롯되지 않았다고 하더라도 기본적으로 통일 후의 상황은 문화변동 과정에 있어서 문화충격으로 인해 새로운 체제에 적응하지 못하고, 일종의 일탈행위와도 같이 과도기적으로 구체제에 대한 문화적 향수를 가지고 있다고 분석된다. 독일 통일의 경험에서 볼 때 이와 같은 것들이 일시적인 현상이 아니라는 점이 증명되고 있듯이 내적 통합은 결코 쉬운 문제가 아니다.

3. 남북한 군사통합 연구를 위한 분석틀

남북한의 군사통합 문제는 세계의 어느 다른 분단국의 상황보다 복합적인 요인이 작용하고 있다. 이러한 이유로 인해 남북한 군사통합에 대한 연구도 매우 복합적으로 분석되어야 한다는 요청을 받고 있다.

남북한의 군사통합에 대한 이러한 당위적인 요청에도 불구하고 현재까지의 연구는 이러한 요청에 대해 흡족한 해답을 제시해주지 못했다. 대체로 남북한의 군사통합에 대한 논의는 외형적·제도적인 선결과제에 국한하여 논의되어졌다(장홍기 외, 1994: 이상철·지대남, 1995: 정병호, 1995: 김철환, 1997: 서춘식, 1997: 이민룡, 1997: 이춘근, 1997: 장문석, 1997: 정영태, 1997: 정원영, 1997: 최광표, 1997: 박주현 외, 1999: 류재갑, 1999 등). 또한 분단국의 사례분석을 통한 교훈 도출을 중심으로 다루어지기도 했다(정재호, 1995: 정재호, 1996: 하정열, 1996: 황진환, 1997: 손기웅, 1998 등).

한편 거시적인 통일전략 및 국방정책 속에서 군사통합의 문제를 다루고자 한 연구는 많지 않았다(차영구, 1991: 정용길, 1995 등). 이러한 가운데서도 주제와 범위의 한계를 극복하고, 군의 외형적인 부문과 내면적인 부문을 동시에 강조하고 군사통합을 논의하고자 하는 경향을 보이고 있는 연구 또한 그렇게 많지 않다(손기웅, 1997a: 이창욱, 1998: 윤정원, 1998).

이와 같이 남북한의 군사통합에 대한 연구는 그 중요성에 비해 체계적인 논의가 상당히 제한적으로 이루어졌음을 알 수 있다. 윤정원(1998: 117-160)은 선행 군사통합론을 다음 다섯 가지로 요약하였다. 즉 ① 지휘구조의 특징, ② 군사통합에 의한 군사력 변화, ③ 군사통합의 평등성, ④ 군사통합의 속도, 그리고 ⑤ 군사통합의 성패 등이다. 그리하여 그는 한반도의 군사통합 방안에 적실성이 있을 것으로 제안하고 있는 과정중심적(process-oriented) 유형과 이상주의적(idealistic) 유형으로 나누어, 여기서 다시 계획된 집행과 적응적 집행의 변수를 두어 네 가지의 모형을 설정하였다.

그의 연구는 선행연구에 비해 군사통합에 대한 분석적 시도에 있어서 매우 시사하는 바가 크다. 특히 한반도 상황에 맞는 군사통합 방안을 모색하고자 한 점은 큰 의미를 가진다고 하겠다.

본 연구에서는 시나리오별로 어떤 대안을 모색하기 위한 논의가 아니라 완전한 군사통합을 위해서는 단일한 통일 군대문화를 형성함으로써 가능하다는 점에서 위의 논의와는 그 방향이 다르다고 하겠다. 즉 군사통합을 하나의 군대문화를 형성하는 것에 초점을 두고, 군사통합 과정에서의 군대문화를 형성할 수 있는 방향을 연역해내는 접근을 취하고자 한다.

군사통합의 유형분류는 다양하게 시도될 수 있다. 우선 방법 면에서 볼 때, 의사소통이 쌍방의 군대 간에 얼마나 잘 이루어지느냐에 따라 결정할 수 있는 일방형·쌍방형 군사통합이 있고, 통합의 요소 면에서 군대자산을 기준으로 외적인 군사통합은 외적 군대문화의 형성이라고 볼 수 있고, 내적 군사통합은 내적인 군대문화의 형성이라고 볼 수 있다.

군사통합은 그 관계 면에 있어서 군 내부의 통합뿐만 아니라 군대의 상징과 그 구성원들의 계속적인 충원과정 속에서 사회통합에 지대한 역할을 한다.

남북한의 군사통합은 통일 한국의 사회에서 발생할 수 있는 이질성과 갈등을 해소하고, 사회통합에 많은 기여를 할 수 있다(손기웅, 1997a: 285). 첫째, 내부적 측면으로 남북한 출신 장병들에 대한 적절한 교육과 제도적 조치를 통해 군내에서 발생할 수 있는 갈등을 해소하거나, 갈등의 발생을 미연에 억제하여 그들 간의 이질감 극복을 원활하게 한다. 둘째, 외부적 측면으로 통일 한국군이 대국민, 남북한 주민에 대하여 바람직한 군의 역할을 수행해 줌으로서 통일 후 사회의 통합과정에 기여한다.

류재갑(1999)은 군대의 사회적 통합에 대해 두 나라의 군 구성원을 하나의 군대로 통합하는 작업으로서 그 요점은 두 군대 간의 이질성을 극복하여 하나의 새로운 국군을 만드는 것으로서, 군사 분야의 제반 기능과 조직체를 하나의 공동기능·조직체로 통합시키는 것이며 군사활동을 일원화시키는 조직적 결합이라고 말했는데, 이는 일견 의미가 있어 보인다. 그러나 그는 군사통합을 정치적 통일을 전제로 해서 전개될 수밖에 없는 것으로 보고 군사통합의 정치적 논리에 맡기고 있다. 또한 통일이전의 군사통합에 대한 논의는 현실적으로 실현가능성이 없는 것으로 설정하여, 결국 군의 통합은 통일 이후의 논의이고, 그것도 정치적 논리에 따라 해야만 된다는 기존의 군사통합 논의의 틀을 벗어나지 못하고 있다.

결국 군사통합이 사회통합에서 의미 있는 역할을 할 수 있다는 말은 사회의 문화적 맥락 속에서 군사통합이 의미를 가진다는 뜻이다. 그러므로 군사통합도 문화적인 맥락 속에서 고려될 때 그 효과는 더 클 것이라고 본다.

군대는 사회의 다른 조직과는 달리 그 조직의 고유한 문화적 정체성

을 가지고 있다. 이 문화적 정체성은 객관적인 실체이기도 하지만 일반
사회와의 부단한 상호작용 속에서 지속적인 의미를 부여받는다. 이러한
측면은 카이어(1995: 65-93: 1996: 186-215)의 연구가 시사하는 바가
있다. 그는 제2차세계대전 이전의 프랑스 군대의 전략수립과정을 문화
적인 시각에서 분석하면서 '관계 또는 맥락으로서의 문화(culture as
relation or context)'에 초점을 두어야 한다고 주장한다. 예를 들어 그는
내부적인 문화적 정체성의 형성은 일반사회의 문화적 맥락(context of
culture) 속에서 이해해야 한다는 것이다.

또한 카이어(1996: 203)는 군대문화는 단순한 군인정신만을 의미하
지는 않는다고 말하면서, 물질적·정신적, 외형적·내면적인 모든 생활
양식을 포괄하는 개념으로 설명하고 있다. 그는 여기서 한 발 더 나아
가 정치·경제·군사 등의 제반 분야의 통합에서 문화적인 접근전략을
주장한다.

한편 존스턴(1996: 264-266)은 전략적 문화 개념을 상정하고, 특정
국가 및 국가 간의 규범적 추이에 관한 연구를 통해, 이념·규범·문화
를 같은 범주의 변수로 보고, 또 다른 변수를 구조(또는 제도)로 상정
하여 현실 정치의 흐름에 있어서의 이 두 변수 간의 상관관계에 대해
세 가지의 모형으로 분석하였다. 첫째, 이념과 구조를 대립하는 관계로
보는 관점이다. 둘째, 이념을 구조의 중재자로 보는 관점이다. 셋째, 이
념이 구조를 생산하는 것으로 보는 관점이다.

여기서 가장 이상적인 것은 마지막의 '구조를 생산하는 이념(ideas
generating structure)' 모형이다. 그런데 존스턴이 말하는 이념은 엄격
한 의미에서 문화와 대등한 의미를 가진 개념으로서 총체론적인 문화
의 개념 범위를 포괄한다고 볼 수 있다. 앞에서 언급했듯이 문화는 생
활양식의 총화이므로 군사통합에 있어서의 통합이라고 하는 점은 군대
공동체의 생활양식이 통합되는 것을 의미하는 것이다. 문화가 이념에

포함될 수는 없는 것이다.

한편 정천구(1994: 355-403)는 실천의 문제에 있어서 문화요소로서의 문화를 강조하는 것이 아니라, 전통합의 분야에 있어서의 통합의지를 강조한다. 그는 남북한의 통일준비 단계에서의 융화방안으로 기존의 기능주의적 파급의 한계점을 지적하면서 나이(Joseph Nye)와 하스(Ernst Haas) 등의 신기능주의에 입각하여 남북간의 교류·협력 자체만을 중요시할 것이 아니라 교류·협력이 통합을 촉진할 수 있는 정치적 결단이 중요함을 강조하고 있다. 이때 정치적 고려는 도약을 위한 결단을 의미하며, 그것은 가치관의 문제라고 보는 것이다. 그래서 가치관의 융화가 중요함을 주장하고 있다. 여기서 그가 대안으로 주장하고 있는 것은 각 분야별로 이와 같은 가치관이 있음을 상정하고 교육과 운동적 차원에서 이를 실천에 옮겨야 한다는 것이다. 그의 주장은 문화적 접근과는 별개의 문제이지만, 소재 면에 있어서 그 분과별 효율성만을 강조해서는 안 되고 가치관이 중요하다는 점을 말하고 있는 것이다.

보다 포괄적인 군사통합의 유형은 분단국의 경험사례와 통일접근법에 따른 단일선적 틀보다는 군대가 가지는 특징을 보편적으로 설명할 수 있는 척도가 필요하다. 그 척도로 제시한 것이 바로 의사소통과 군대의 자산에 의한 분류 방법이다.

앞 절에서 논의한 군사통합의 제 유형을 요약하면 다음 〈표 12〉와 같다.

〈표 12〉 군사통합의 제 유형 비교

분류기준	유 형	특 징
의사소통 (방법)	일방형 군사통합	군사통합의 중간단계 이후 (기준: 가칭 '통일 한국군사령부' 설치일)
	쌍방형 군사통합	군사통합의 초기단계
군대자산 (요소)	외적 군사통합	군사통합을 위한 조건 형성, 외적 군대문화의 형성
	내적 군사통합	군대 구성원 간의 갈등 극복, 내적 군대문화의 형성

본 연구는 군사통합이 단일 군대문화를 형성함으로써 가능하다고 보았다. 그러므로 그 군대문화의 요소가 무엇인지를 살펴보는 것이 중요하다. 단지 의사소통에 의한 유형은 군사통합의 경중완급(輕重緩急)의 상태를 표현해주는 것으로 논의를 맺고, 군대자산에 의한 외적·내적 군사통합을 중심으로 논의를 전개하고자 한다.

외적·내적 군대자산에 따른 군사통합을 논의함에 있어서 이것이 그대로 외적·내적 군대문화로 이어질 수는 없다고 본다. 그래서 논의의 편의상 개괄적으로는 그대로 연결지어서 군대자산이 곧 군대문화라고 하는 도식적인 등치관계를 설정하고, 나아가 군사통합에 영향을 미치는 군과 일반사회의 관계를 전제조건으로 설정하였다.

그리하여 본 연구에서는 남북한의 군사통합 논의를 군과 일반사회의 관계정립, 외적 군대자산의 통합, 그리고 내적 군대자산의 통합을 중심으로 전개하고자 한다.

제3장

남북한 통일환경과 군사통합

제3장 남북한 통일환경과 군사통합

　통일환경은 변화를 염두에 두어야 한다. 두 개의 개체가 하나의 형태를 갖추는 과정이기 때문에 사회변동의 측면에서 살펴보는 것이 의미가 있다.

　김경동 교수(1994: 47-66)는 통일 시대의 환경을 사회변동의 측면에서 기술변동, 전지구화의 전개, 경제적 기반의 변화, 인구·생태적 변동, 사회변동의 추이, 정치사회의 변화, 문화변동의 성격, 북한사회의 변화에 대한 전망으로 구분하여 제시하고 있다(이온죽, 1997: 41-46).

　통일환경은 현재의 남한사회와 북한사회, 그리고 현재의 남한 군대와 북한 군대가 변화된 통일 한국의 사회상과 군대상과의 사이에서 갈등과 충돌, 그리고 친화적인 요소로 작용할 수 있는 개연성이 동시에 내재되어 있다고 하겠다. 이러한 복합적인 상황은 시간적, 공간적, 양적, 그리고 질적인 측면에서, 비동시성, 비공속성, 비대칭성, 그리고 비등가성의 특성을 나타낸다.

　이러한 통일환경을 한반도 대내·외적인 측면에서 살펴보면 다음과 같은 고려요소가 있다. 첫째, 대내적인 측면이다. 민족정서, 남북한의 비교우위의 정도, 통일주체 문제, 그리고 통일국가 이념 및 그 방식의 문제 등 다양한 환경변인이 고려될 수가 있을 것이다(양동안, 1991; 임종철, 1991; 우성대, 1992; 강광식, 1993; 문용린, 1993; 김혁, 1997; 임현진, 1998).

　임현진(1998: 318)은 현존 남북한의 양 체제를 결손 국가체제로 진단하고, 통일모형으로서 남북한의 상호 수렴을 통한 '민주사회주의'를 제안한다. 그러나 남북한 쌍방이 이데올로기적 문제에 대해서 그 어느 사안보다도 민감한 반응을 보이기 때문에, 이러한 또 다른 이데올로기적 접근은 논리적이기는 하지만 정서적으로 실현가능성은 미약하다고 하겠다.

둘째, 대외적 측면이다. 현재의 분단된 한반도는 국제 평화에 중요한 걸림돌임은 주지의 사실이다. 그리고 이러한 분단상태를 극복하기 위한 주체는 통일 한국의 예비구성원이라고 할 수 있는 남북한 국민들이 될 것이다. 다양한 분단극복의 노력, 즉 통일노력이 남북한 당사자들에 의해 이루어져서 통일과정이 잘 진행된다고 하더라도 한반도의 대외적인 문제가 어떻게 작용할 것인가 하는 과제는 상존하고 있다고 하겠다. 즉 주변 강국들의 통일 한국에 대한 영향력 행사를 지속적으로 확보하고자 하는 제반 노력과 통일 한국 내의 상황이 복합적으로 작용하여 통일에 걸림돌로 작용될 수 있는 환경이 조성될 수도 있다. 예컨대 통일 환경으로서의 국제적 분위기가 통일의 주체세력으로 남북한 당사국이 당연히 될 수 있도록 방관하지만은 않을 가능성이 있다. 이에 대해 전상인(1998)은 자동적으로 남한이 북한을 접수, 통치하게 될 것인가에 의문을 제기하면서, 미국에 의한 신탁통치의 가능성(주한 미군 지속 주둔과 연계), 북한의 기아사태와 관련하여 중국에 의한 위임통치나 식민지화 가능성 등을 염두에 두고 이러한 주체 논의에 대해 구체적인 논의의 과제를 제시하기도 한다.

하지만 본 연구에서는 소위 준비된 통일이었던 독일이 통일을 이루고도 통일 후 내적인 통합의 문제에 많은 갈등을 겪고 있다는 점을 고려하여, 위에서의 통일 주체논의에 대해서는 적어도 외부세력의 통일주체 세력화 가능성은 구체적으로 언급하지 않을 것이다.

이러한 통일환경 속에서 통일이 어떠한 방식으로 이루어지는가에 무관하게 남북한의 군대는 하나의 군대로 거듭나야 한다는 당위성은 남아있다. 이때 군대에 주어진 통합의 과제는 어떤 것이 있는지를 알아보아야 할 것이다.

통일환경은 '저강도 갈등(low intensity conflict)'의 산발적인 등장으로 인해 예측 불가능한 복합적 요인이 제기될 것으로 보여진다. 즉 국가안보에 결정적인 영향을 미치지는 않지만, 촉발요인으로 작용할 수 있는 개연성이 높은 일종의 갈등이 빈발할 것이라는 의미이다. 원래 이 말은 대외적인 갈등으로 다루어 왔으나, 여기서는 남북한의 통일상황이 대외적인 문제만 있는 것이 아니라는 점을 고려하여 내부의 기능적인 갈등도 이 범주에 포함하여 다루고자 한다.

통일을 위해서는 통일환경이 어떠하냐에 따라 통일의 성공적인 과업을 이루어낼 수 있을 것이다. 논의의 전개를 위해 우선 남북한의 통일환경을 고찰하고, 이 환경 속에서의 군사통합이 어떤 역할을 할 것인지 살펴볼 것이다. 그리하여 남북한 군사통합의 영역을 설정하고자 한다.

1. 남북한의 통일환경

가. 정치·경제적 환경

남북한 통일환경의 분석에는 많은 고려요소들이 있다. 그중에서도 정치·경제적 환경은 남북한의 이데올로기적인 대립상황을 상정한 것으로서 중요한 고려요소이다.

남북한은 분단 이전의 오랜 역사를 함께 했으며, 같은 민족, 같은 언어, 같은 문화를 공유하였다. 그러나 분단 이후 남한은 자유민주주의와 시장경제체제를, 북한은 공산주의와 사회주의 계획경제체제를 근간으로 상호 이질적인 체제 이행과정을 겪게 된다. 이와 같은 남북한의 체제적 이질성은 남북한의 직접적인 통일환경이 될 뿐만 아니라 통일 이후의 국가체제의 모습을 구성하는 데 있어서도 중요한 기준이 될 것이다.

이러한 환경을 보다 구체적으로 살펴보면 다음과 같다.[12]

먼저 정치체제적 환경이다. 통일 한국은 김일성·김정일 부자의 우상화 상징물을 철거하고 과거청산을 통해 공산잔재를 일소하면서, 법·제도를 통합하고 통일헌법을 제정한 후 총선을 실시하여 신정부를 수립할 것으로 예상된다(옥태환·김수암, 1997).[13]

이러한 과정에서 주요 예상되는 사태는 다음 〈표 13〉과 같다.

〈표 13〉 남북한 통일 후 정치관련 주요 예상사태

순 위	내 용
1	우상화 상징물 철거
2	정치집단 다양화
3	총선실시
4	법·제도 통합, 통일헌법 제정
5	북한지도층 망명
6	통일 한국체제 문제제기
7	대통령 중심제
8	휴전선 통제
9	내각책임제
10	좌파정당 활성화
11	과거청산
12	정치혼란
13	북한지도층 저항
14	신수도 선정
15	주변 4국의 북한지역관리 참여
16	미국식 연방제

자료: 옥태환·김수암(1997: 40)의 연구를 토대로 재구성.

---

12) 통일환경 설정에 있어서 북한 중심의 무력통일의 경우는 배제하고, 남북한의 평화적 통일을 전제한다.

13) 옥태환·김수암(1997)의 연구는 한국과 미국전문가 40명을 대상으로 델파이(Delphi) 기법으로 조사한 결과를 분석한 것이다. 통일 한국에서 발생 가능한 주요 예상사태를 정치, 경제, 사회, 문화, 군사, 그리고 외교 등의 분야로 구분하여 분석하였다.

이러한 정치체제적 환경요소로서 남북한 각각의 지역에서 발생할 수 있는 문제점을 분석해 보면, 다음과 같다. 첫째, 북한에서의 문제이다. 북한이 남한의 사회체제에 흡수 통일될 경우, 북한사회는 내부적으로 남한에 동조하는 세력과 반발하는 세력 간의 권력투쟁이 발생할 가능성이 있다. 또한 북한 사람들 사이에서는 구공산체제에서 특권을 누리는 계층과 그렇지 못하고 박해를 받던 계층 간의 갈등이 발생할 수 있다(한만길 외, 1998: 55).

결국 평화적인 방법으로 통일이 된다면, 북한은 그 체제가 가지고 있는 비평화적인 속성으로 말미암아 남한에 의해 흡수될 개연성이 높다. 이 경우 북한을 지배하던 권력엘리트, 군부 등은 기득권을 상실할 가능성이 크다. 하위직이라 하더라도 북한체제의 유지에 적극적으로 기여하지는 않았는가, 인권을 탄압하는 데 앞장서지는 않았는가, 통일 한국의 공무원으로서 자질을 갖추고 있는가에 대해 정밀한 심사를 받은 후 요건을 갖춘 자만이 자격이 유지될 것이다. 이들은 북한지역으로 파견된 구남한 공무원들의 통제를 받으며 주로 북한지역에서 근무하게 될 것이다. 이 과정에서 피해집단들의 저항이 발생할 가능성이 많다. 흡수통일은 북한 공무원들의 사회생활을 직접적으로 위협할 것이기 때문에 고위직일수록 저항이 거셀 것이다(옥태환·김수암, 1997: 54).

둘째, 남한에서의 문제이다. 남한은 통일이라고 하는 새로운 환경이 그 자체로 많은 변화를 초래할 수 있는 요인이 되지만, 자유민주주의 체제인 남한은 북한으로부터 유입되는 인적·물적인 요인과 통일과 관련된 체제적 변화요인이 있을 것이다. 예컨대 북한으로부터 많은 수의 난민이 남한으로 이동할 경우 파생되는 문제점으로 선거권·피선거권의 문제, 공무원 등 공기업 취직 불가시 파생될 수도 있는 정치적 쟁점 등이 있다.

다음으로 경제관련 주요 예상되는 사태는 다음〈표 14〉와 같다.

<표 14> 남북한 통일 후 경제관련 주요 예상사태

순 위	내　　　용
1	국토종합개발계획 추진
2	남한기업 북한진출 활성화
3	화폐통합
4	북한기업 민영화 추진
5	북한의 대외채권·채무 계승
6	재정적자 심화
7	북한지역 사회간접시설 투자 활성화
8	세금부담 급증
9	북한 주민 대량실업
10	북한지역 땅투기
11	북한지역 생활보호대책 추진
12	외국인 투자 증대
13	토지소유권 분쟁
14	두만강지역 본격 개발
15	생활수준 일시적 하락
16	통일비용 조달 국제 콘소시움 구성
17	물가폭등
18	외채증대로 인한 외환위기

자료: 옥태환·김수암(1997: 55)의 연구를 토대로 재구성.

　이러한 경제관련 예상사태는 남북한 각각의 지역에서 발생할 수 있는 문제점으로 구분해 볼 수 있다. 첫째, 북한에서의 문제이다. 통일 후 북한주민들은 체제적응의 과정은 북한인들의 대량 실업을 맞을 수 있다. 또한 북한주민들은 남북한의 경제격차에 민감하게 반응하여 열등의식과 모멸감을 가질 가능성이 있다. 그러면서도 한편으로는 자본주의 시장경제에 대한 호의적 태도를 가지는 집단도 있지만 자본주의 체제에 거부감을 갖는 집단도 발생할 것이다(서재진, 1992: 87).

　둘째, 남한에서의 문제이다. 북한주민들의 구매력이 낮다는 점과 통일 한국의 정부가 독일의 전철을 밟지 않기 위해 남북간 화폐 교환비율을 현실적으로 재설정하는 경우, 통일 자체로 인한 총체적 수요의 증가는 그리 크지 않을 것으로 보고 있다. 그러므로 경제성장 둔화는 결과적으로 외국자본의 유입을 막고, 남한에 존재하던 외국자본을 유출시키는 원인이 될 수도 있을 것으로 지적하고 있다(한만길 외, 1998: 59).

이와 같이 남북한 통일 후 경제관련 주요 예상사태는 남북한 주민 간의 경제관의 차이에서부터 국가 기간산업의 구축에 이르기까지 다양하게 논의되어지고 있다. 결국 경제 문제는 통일 한국인의 생계 안정과 대외 신인도 유지의 문제가 최대의 과제가 될 것으로 본다.

나. 사회·문화적 환경

통일 후 북한지역의 제반 영역에서의 사적 자율화가 증대될수록 개인적 이기주의, 물질주의 및 배금주의, 그리고 뇌물, 절취와 같은 현상들이 더욱 가속화될 것이다. 결국 북한사회에서 사회주의 시장경제로의 이행과 이에 수반될 정치적 변화에 따라 다원화 현상의 확대와 실용주의 사고의 확산으로 사회불안 요인이 가중될 것이다. 이와 같은 갈등현상은 이념적 갈등은 물론 계층 간, 지역 간, 세대 간 갈등과 같은 사회·문화적 갈등으로 심화될 것으로 예상된다(박영호, 1994: 75).

이와 같은 예상사태는 다음 〈표 15〉에서 보는 바와 같다.

〈표 15〉 남북한 통일 후 사회·문화관련 주요 예상사태

순 위	내 용
1	북한 주민 부적응 문제
2	북한지역주민의 열등의식
3	남북한 주민 갈등
4	지역갈등 심화
5	사회불안정
6	범죄증가
7	대규모 인구이동
8	노사분규 심화
9	이산가족 상속문제
10	이산가족 중혼문제
11	치안공백

자료: 옥태환·김수암(1997: 75)의 연구를 토대로 재구성.

사회·문화적인 사태는 위에서 살펴본 바와 같이 남북한 각각의 지역에서 발생할 수 있는 문제점으로 구분해 볼 수 있다. 첫째, 북한에서의 문제이다. 통일된 후 북한지역에서의 문제는 일부 인원은 남한출신의 주민들이 북한에서 생활하는 경우도 있겠으나 대부분은 북한주민이 새롭게 구성된 체제에서 접하게 되는 과정에서 야기될 것이다. 대체로 북한주민은 새로운 이데올로기, 새로운 경제체제, 새로운 사회·문화적 요인 등 복합적인 상황에 대해 일종의 정신적 공황상태가 발생할 것이다. 왜냐하면 북한사회는 집단주의에 의한 통제사회이기 때문에 상대적으로 남한에서의 문제보다는 제시된 목표에서 일탈된 행태들이 많이 나타날 것으로 추측할 수 있다.

둘째, 남한에서의 문제이다. 남한사회의 사람들은 북한사람들에 비해 상대적으로 신축적으로 대응할 것이다. 북한사람들이 느끼는 괴리감보다는 상대적 박탈감을 가질 것이다. 경제적 부나 기타 여러 가지 사회

간접자본 등에 대한 낮은 이용률과 낮은 취직률 등으로 인해 사회 제반 요소에서 이전에 누렸던 기회보다는 상대적으로 덜 하다고 하는 느낌을 가질 것으로 보인다.

또한 소수이기는 하겠지만 남한출신자 중에서 북한지역에서 생활하게 될 사람들과 북한출신자 중에서 남한지역에서 생활하게 될 사람들은 특히 사회·문화적 충격, 공황, 우월감(또는 열등감) 등을 느끼게 될 것이다. 이는 정치·경제적 분야에서 보다도 그 심각도가 높을 것으로 보인다.

다. 남북한 주민의 가치관 및 상호인식

위에서 살펴본 요소들은 대체로 제도적인 문제였다. 이와 같은 제도적 상황 속에서 이제 통일의 주체인 남북한 주민들이 어떠한 가치태도를 보이는가도 중요한 통일환경의 결정요소이다. 현실이 비록 어렵다고 하더라도 이를 극복하고자 하는 인간의 의지만 있다면 그것을 적극적으로 극복할 수 있듯이 남북한 주민들이 가지는 가치태도는 통일환경에 있어서 중요한 요소가 될 것이다.

브뢸러와 리히테르(E. Brähler & H. E. Richter, 1995: 15-16)에 의하면, 독일의 경우도 통일 이전 동서독 주민들의 성격과 기질은 뚜렷한 차이를 보이고 있다(한만길 외, 1998: 161).

가치관은 규범, 이념, 그리고 문화 등의 영역으로서 앞서 언급한 사회·문화적 요소와 개념적 친화성이 있다. 사회·문화적 요소가 규범요소에 있어서의 가시적이면서 정태적인 특징을 가지고 있다면, 가치관은 비가시적이면서 동태적인 특징을 가지고 있다.

흔히 가치(value)라는 말은 가치태도, 가치관, 가치정향, 가치체계 등과 같은 용어로 다양하게 사용되어진다. 클러콘과 스트로트벡(F. Kluckhohn & F. Strodtbeck, 1961)은 가치지향이론(theory of value orientations)을 제시하면서, 이문화권 간의 변화에 초점을 두고 몇 가지의 가치지향 형태 속에서 통계학적 분류를 시도하였다(정세구, 1991a: 40).

한편 로키치(M. Rokeach, 1973: 35)는 '사물이 갖는 가치(value that an object has)'와 '인간이 갖는 가치(value that a person has)'로 구분하고, 인간의 가치체계를 측정할 수 있는 모형을 제시하였다(정세구, 1991a: 42).

남북한 주민의 가치태도는 남북한의 통일상황에서 중요한 의미를 갖는다. 특정한 집단의 구성원의 변화추이는 일반사회의 주민들이 가지는 가치태도의 영향을 받게 되는데, 통일 이전의 남북한 주민들이 어떠한 생각을 가지고 있는가의 문제는 통일 이후의 문화가 어떻게 형성되느냐에 많은 영향을 미칠 것이다.

여기서는 두 가지 측면에서 살펴볼 수 있다. 첫째, 특정한 가치에 대한 선호도의 문제이다. 둘째는 제 가치요소들 간의 서열적 또는 관계적 선호도의 차이를 들 수 있다.

본 연구에서는 로키치(1973)가 제시한 가치체계를 원용하여 남북한의 주민들의 가치관을 설문을 통해 비교분석하고자 한다. 그가 궁극적 가치로 제시한 척도는 다음과 같다. 즉 ① 안락한 생활, ② 흥분에 찬 생활, ③ 성취감, ④ 평화로운 세계, ⑤ 미의 세계, ⑥ 평등, ⑦ 가정의 안전, ⑧ 자유, ⑨ 행복, ⑩ 내적 조화(내적 갈등으로부터의 자유), ⑪ 성숙된 사랑, ⑫ 국가안보, 그리고 ⑬ 쾌락(향유할 만한 사치생활) 등이 그것이다.

그래서 남북한의 일반사회와 군대사회를 동시에 고려하여 다음과 같이 남북한 주민의 가치관 비교를 하고자 한다. 그 척도는 ① 가족의 안녕, ② 관용, ③ 예절바른 태도, ④ 용기, ⑤ 자립정신, ⑥ 자제력, ⑦ 전쟁없는 평화, ⑧ 정직과 성실, ⑨ 책임성, ⑩ 평등, 그리고 ⑪ 행복 등이다.

이 기준에 따라 남북한 주민들이 갖는 가치의 정향을 두 가지로 구분하여 살펴보고자 한다. 먼저 특정한 가치에 대한 남북한 주민의 인식의 동질성과 이질성을 분석함과 동시에 전체 가치 정향 중에서 긍정적인 척도와 부정적인 척도를 구분하여 살펴보았다. 즉 동질적이면서도 쌍방이 일정 수준에 미달되는 경우가 있을 수 있고, 이질적인 경우라고 하더라도 쌍방이 일정 수준 이상인 경우도 있기 때문이다.

이렇게 하여 분석한 남북한 주민들의 가치 정향은 다음 〈표 16〉에서 보는 바와 같다. 즉 남한주민의 가치서열은 ① 가족의 안녕, ② 전쟁없는 평화, ③ 행복, ④ 평등, ⑤ 자립정신, ⑥ 예절바른 태도, ⑦ 책임성, ⑧ 정직과 성실, ⑨ 관용, ⑩ 용기, 그리고 ⑪ 자제력 순으로 나타났다. 반면 북한주민의 가치서열은 ① 용기, ② 자제력, ③ 가족의 안녕, ④ 자립정신, ⑤ 예절바른 태도, ⑥ 책임성, ⑦ 행복, ⑧ 정직과 성실, ⑨ 평등, ⑩ 전쟁없는 평화, 그리고 ⑪ 관용 순으로 나타났다.

〈표 16〉 남북한 주민의 가치서열 비교(N=861)

구 분	남한 주민	북한 주민	t 값
전체 평균	61.40	51.63	
가족의 안녕	87.03 ①	60.59 ③	26.48**
전쟁없는 평화	81.05 ②	39.94 ⑩	-34.14**
행 복	80.91 ③	49.85 ⑦	29.53**
평 등	59.82 ④	43.01 ⑨	11.82**
자립정신	56.83 ⑤	58.58 ④	1.30
예절바른 태도	56.69 ⑥	54.47 ⑤	-2.19*
책임성	54.53 ⑦	53.94 ⑥	-.51
정직과 성실	53.66 ⑧	45.18 ⑧	-8.27**
관 용	52.75 ⑨	36.68 ⑪	-17.22**
용 기	48.24 ⑩	64.99 ①	15.51**
자제력	43.98 ⑪	60.75 ②	14.11**

주: 1) *: p<.05, **: p<.01
   2) 평균값은 "매우 강함"(100점), "대체로 강함"(75점), "보통"(50점), "별로 강하지 않음"(25점), "전혀 강하지 않음"(0점)을 가중 평균하여 산출함.
   3) 원 안의 숫자는 평균값의 우선순위를 표시한 것임.

가치척도 간에 있어서도 자립정신과 책임정신을 제외하고는 남북한 주민의 가치서열은 상당한 차이가 난다고 볼 수 있다.

또한 평균값을 중심으로 살펴 본 북한주민의 가치관은 남한주민의 가치관 평균값과 상당한 차이를 보이고 있다. 북한주민의 가치관이 나타내는 전체 평균의 우선순위는 다음과 같다. 즉 ① 용기, ② 가족의 안녕, ③ 자립정신, ④ 자제력, ⑤ 행복, ⑥ 예절바른 태도, ⑦ 책임성, ⑧ 정직과 성실, ⑨ 평등, ⑩ 관용, 그리고 ⑪ 전쟁없는 평화 순이다.

그러나 북한주민의 가치지향에 대해 지나친 구획화는 제한이 있다는 지적이 있다. 즉 북한사회의 주체사상(공산주의적 새 인간), 인정주의, 열정적 헌신, 집단주의, 그리고 이상주의와 같은 가치요소들은 공식적으로 표방하고, 장려하는 가치이기 때문에 굳이 남한의 표방가치체계와 비교한다고 해도 큰 차이가 없을 것으로 본다. 그래서 비공식적 실제적 가치태도도 무시할 수 없다는 것이다. 사회부조리의 문제, 기타 소시민적 성향, 학력중시와 출세주의, 가족주의와 연고주의 등과 같은 반동적 요소들은 위에서 언급한 공식적으로 표방하는 가치태도와 상반되면서도 북한주민들의 중요한 가치의 틀로서 작용하고 있음도 간과해서는 안 된다(이온죽, 1995: 257-287).

남북한의 가치의 비교에 있어서 흔히 우리는 동질성의 제고, 이질성의 극복이라고 말하고 있지만 통일상황이라고 하는 것은 시간적 변화를 전제하고 있는 것이고, 가치관이라고 하는 것도 태도의 변화를 수반하게 됨으로 인해 반드시 현재 기준에서의 동질성과 이질성만을 고려해서는 안 된다. 이러한 전제하에서 남북한 주민의 가치의 평균값을 비교해 보는 것은 의미가 있다. 그 결과는 다음 [그림 2]와 같다.

[그림 2] 남북한 주민의 가치관 평균값 비교(N=861)

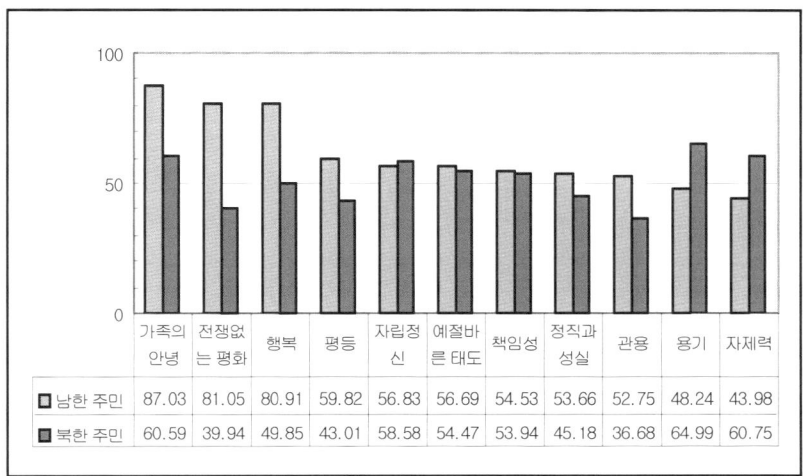

	가족의 안녕	전쟁없는 평화	행복	평등	자립정신	예절바른 태도	책임성	정직과 성실	관용	용기	자제력
남한 주민	87.03	81.05	80.91	59.82	56.83	56.69	54.53	53.66	52.75	48.24	43.98
북한 주민	60.59	39.94	49.85	43.01	58.58	54.47	53.94	45.18	36.68	64.99	60.75

주: 수치는 "매우 강함"(100점), "대체로 강함"(75점), "보통"(50점), "별로 강하지 않음"(25점), "전혀 강하지 않음"(0점)을 가중 평균하여 산출함.

　남북한 주민의 가치관을 비교해 볼 때, 다음 세 가지의 특징을 보이고 있다. 첫째, 남북한 주민 공히 가진 장점이다. 가족의 안녕, 예의바른 태도, 자립정신, 그리고 행복이 공통적인 장점이다.

　둘째, 남북한 주민 공히 가진 단점이다. 남북한 주민 공히 관용, 정직과 성실, 그리고 평등 등의 가치관에서 상대적으로 보통 이하의 수준을 보이고 있다.

　셋째, 일방이 타방의 약점을 보완해 줄 수 있는 경우이다. 우선 남한 주민의 가치관이 북한주민의 가치관보다 강점으로 가진 것은 가족의 안녕, 관용, 전쟁없는 평화, 정직과 성실, 평등, 그리고 행복 등이 있고, 반면 북한주민의 가치관이 남한주민의 가치관보다 앞선 것은 용기, 자립정신, 그리고 자제력 등이 있다.

　또한 남북한의 사회통합에 있어서 남북한 주민 간의 가치관의 차이 문제뿐만 아니라 남북한 주민 상호간의 인식 문제에 대해서 살펴보는 것도 중요하다. 본 연구에서는 "통일 후 본인 또는 자녀가 북한출신자와 결혼하는 것에 대해 어떻게 생각하는가"라는 질문을 하였는데, 그 결과는 다음 [그림 3]과 같다. 즉 "적극 선호함"이 3.3%(28명), "대체로 선호함"이 26.8%(230명), "별로 선호하지 않음"이 56.5%(485명), "전혀 선호치 않음"이 13.4%(115명)로 나타나 부정적인 시각이 69.9%로서 전반적으로 부정적인 것으로 나타났다.

[그림 3] 통일 후 북한출신과의 결혼관(N=858)

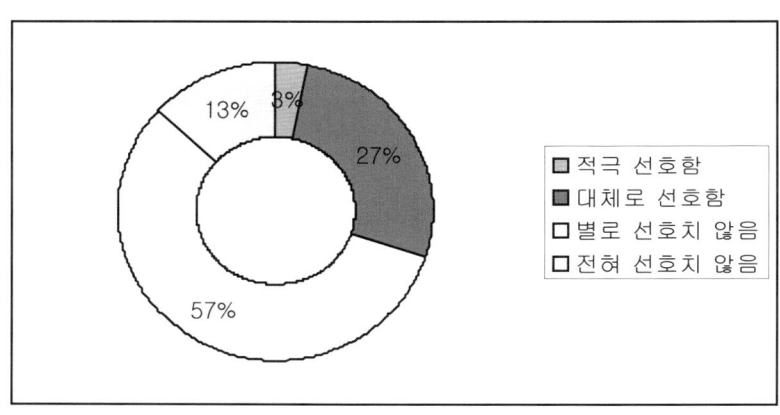

설문대상별로는 다음 〈표 17〉에서 보는 바와 같이, 특히 탈북 귀순자들은 7명 중에서 "적극 선호함"이 3명, "대체로 선호함"이 3명로서 85.8%(6명)가 선호하는 경향을 보이고 있어 대체로 북한출신자와의 결혼에 대한 선호도는 높다.

〈표 17〉 질문지 응답자별 북한출신자와의 결혼관

단위: %

구 분	문 항 별				N
	적극 선호함	대체로 선호함	별로 선호치 않음	전혀 선호치 않음	
전 체	3.3	26.8	56.5	13.4	858
일반대학생	3.0	24.8	60.8	11.4	431
사관생도	3.5	27.9	51.6	17.1	258
장교후보생	1.8	31.6	52.6	14.0	57
훈련병	1.9	28.6	57.1	12.4	105
탈북 귀순자	42.9	42.9	·	14.3	7

주: p<.05

그러나 탈북 귀순자 집단 내에서 1명은 전혀 선호치 않고 있는 것으로 나타나 문화적 향수와 북한을 이탈하면서 갖게 된 북한체제 및 주민들에 대한 가치관이 교차되어 나타나고 있음을 알 수 있다.

2. 남북한 군사통합의 영역

남북한의 군사통합은 몇 가지의 틀 속에서 살펴보아야 할 것이다. 우선 군사통합을 위한 전제조건에 해당되는 문제에서부터 실제적인 군대 내부의 문제에 이르기까지 다양하다.

여기서는 군사통합의 전제조건에 해당되는 군과 일반사회의 관계 정립의 문제, 군사제도 및 유형자산의 통합 문제, 그리고 통일군대의 내적 동질성 형성 문제 등으로 구분하여 살펴보고자 한다.

가. 군과 일반사회의 관계

군대는 무력을 관리하는 집단으로서 전·평시를 막론하고 안보전문집단이라는 존재 의의를 갖고 있다. 단지 그 존재의 형태가 어떠하냐가 문제이다. 이 문제는 군 조직의 성격을 어떻게 정의하고, 특히 문민에 의한 통제가 얼마나 순조롭게 잘 이루어지고 있느냐와 같은 문제로 축약된다. 일반적으로 이와 같은 논의를 '군과 일반사회의 관계(civil-military relation)'[14]라고 말하기도 한다.

기존의 군과 일반사회의 관계에 대한 논의는 정치적인 권력의 행사의 수단으로서 군대가 강제력을 행사하게 될 가능성과 개연성을 억제하고 정상적인 고유임무를 수행할 수 있도록 하는 데 그 초점을 두었다.

헌팅턴(Samuel Huntington, 1957)은 선진국의 군대를 모형으로 분석하면서, 객관적인 문민통제를 통해 군대의 전문직업성을 최대한 보장해 줌으로써 군대의 강제력 행사를 통제한다는 논리를 펴고 있다. 이는 분리형 모델이라고 할 수 있다. 반면 자노위츠(Morris Janowitz, 1971)는 군대가 민간의 다른 집단으로부터 분리되어 있을 때, 정치에 개입할 위험성이 더 커지고, 결국은 군의 고유임무라고 할 수 있는 전투력의 발휘도 정상적으로 될 수 없다고 보고, 군 조직을 민간 영역과 어떻게 통합시킬 수 있는가에 초점을 두었다. 이를 개방형 또는 통합형이라고 말한다(홍두승, 1997: 176; 조승옥 외, 1998: 188-209). 이와 같은 통합형

---

14) 군과 일반사회의 관계는 주로 '민군관계'라는 용어로 사용되었다. 이는 일반사회의 정치제도의 문화가 정착되기 이전에 군부의 정치적 영향력이 강하게 작용할 때, 군부를 민간정권과 대등한 위상으로 평가하는 것을 전제로 한 용어라고 하는 측면에서 그 용어의 사용을 지양하고, 군과 일반사회의 관계라는 용어로 대체하여 사용할 것이다. 이는 '군과 사회(Armed Forces & Society)'라는 학술지의 제목에서도 시사하는 바와 같이 일반사회의 많은 하위 집단 중의 하나로서 군대가 어떤 위상과 역할을 하고 있는지에 대한 분석이라는 점에서 본 연구에서는 후자의 용어를 선호한다.

과 분리형은 다음 〈표 18〉와 같이 비교할 수 있다.

〈표 18〉 통합모형과 분리모형의 개념과 특성

구 분	통 합 모 형	분 리 모 형
기본개념	민간사회와의 보편성 강조	군 조직의 특수성 강조
군과 일반사회 관계	군의 민간화	군의 군사화
조직성향	직업성 지향	공공조직성 지향

자료: 홍두승(1997: 176).

이러한 분리형과 통합형의 논의를 더욱 자세하게 정리한 학자는 모스코스(Charles C. Moskos Jr., 1977; 1986)인데, 그는 군은 점진적으로 공공조직적(institutional) 유형에서 직업적(occupational) 유형으로 전환되어 간다는 가설을 제시하고, 위의 두 사람의 논의를 정리하고 여기에 그 변화의 모형을 제시하고자 하였다.

여기서 말하는 공공조직이란 가치와 규범에 의해 정당화되며 보다 상위의 선이 개인의 이해에 우선한다는 것이다. 책무, 명예, 국가 등과 같은 가치가 여기에 해당된다(홍두승, 1996: 97; 1997: 175).

반면에 직업적 유형은 모든 것이 수요와 공급에 따라 시장에서 결정되는 것을 말한다. 봉급과 노동조건 등을 결정하기 위하여, 노동조합 결성도 이루어지게 된다(Moskos, 1986: 378-379, 홍두승, 1996: 97-98). 한편 호로위츠(Irving L. Horowitz, 1982)는 군과 일반사회의 관계에 대해 국가별로 선진국형, 공산권 국가 유형, 그리고 제3세계 국가 유형으로 나누기도 한다.

위에서의 논의는 군과 일반사회 관계의 정치적 권력 이동의 문제에 초점을 맞추었다는 단점이 있다. 하지만 군대조직과 사회와의 관계를 어떻게 정립하여 발전시킬 것인가 하는 모델을 제시해주고 있다는 점에서 의의가 있다.

반면에 이 양자 간의 관계를 계기적인 선상에 두는 것이 아니라, 독립적 차원에서 보는 경우도 있다. 스탈 등(M. J. Stahl et al., 1980)은 공공조직주의와 직장주의 모델은 제로-섬 게임의 관계가 아니라, 조직과 직업이 두 개의 독립적 차원에서 인식되어져야만 한다는 주장을 하고 있다(Joseph L. Soeters, 1997: 7-32).

군대라고 하는 집단은 두 가지 측면, 즉 조직관리와 전투행위의 관리가 동시에 고려되어져야 한다. 조직관리의 측면에서 보면, 자노위츠가 말한 대로 통합모형을 채택하여 일반사회와의 끊임없는 교류와 협력 속에서 개방화 전략을 추구할 수 있을 것이다. 그렇다고 군대의 정치적 강제력을 방지하기 위해서 군대는 철저한 군대화가 이루어져야 한다고 하는 주장도 전혀 설득력이 없는 것은 아니다. 문제는 이와 같은 논의가 남북한의 통일상황이라고 하는 가변적인 상황 속에 놓여져 있고, 이러한 상황 속에서 논의되고 있다는 점이다.

군대는 정치적인 문제를 거론하지 않더라도 고유한 임무가 있다. 이와 같은 임무의 수행은 단적인 표현으로 말하자면, 전투행위이다. 이는 합리적인 이성에 의해서만 이루어지는 것이라기보다는 상당부분 군인기질과 같은 감정적인 요인에 의해 이루어지는 경우가 많다. 한편 의식주 등의 생활문화는 일반사회와의 유기적인 협조관계 속에서 유지되고 있는 점을 볼 때, 일반사회와 분리되어서 생각할 수만은 없는 점들이 많이 있다. 이와 같은 이중적인 관계를 동시에 고려하면서 남북한의 상황을 생각해 볼 때, 다음 〈표 19〉와 같이 통일 후 군사통합을 위한 군과 일반사회와의 관계를 설정해 볼 수 있다.

〈표 19〉남북한 통일 후 군과 일반사회의 관계 모형: 혼합형

구 분		내 용	비 고
기본원칙		민간사회와의 보편성 강조	통합형
적 용	조직문화	인사정책, 유형자산의 관리 등	통합형
	생활문화	군인복지 등	통합형＋분리형
	규범문화	군인정신, 전투의욕 등	분리형

자료: 홍두승(1997: 176)을 토대로 재구성.

남북한의 통일 후 군과 일반사회의 관계는 일반사회와 마찬가지로 조직의 운영·유지에 관련된 내용에는 통합형이 더 적실성이 있고, 군인정신과 같은 전투수행의지와 관련된 부분에서는 분리형이 더 적실성이 있다고 본다.

결국 군대는 남북한이 통일이 된다고 하더라도 조직으로서의 기능과 고유임무 수행이라고 하는 기능을 동시에 충족시켜야 하는 과제가 있다. 이와 같이 군과 일반사회와의 관계 정립은 나아가 군사통합을 위한 중요한 전제조건이 될 것으로 본다.

나. 외적 군사통합

군대의 외적 통합은 군사제도와 유형자산의 통합을 말한다. 갈퉁(1973)에 의하면, 외적 통합의 영역은 다음과 같다. 즉 ① 지리적 근접성에 기초한 영토통합, ② 기능적 인접성으로 상호 의존하는 조직적 통합, ③ 기능적·사회적 근접성과 유사성에서 발생한 결사적(結社的) 통합 등이 그것이다(이온죽, 1997: 27).

군사통합에서의 외적 통합 문제는 ①항의 영토적 통합 문제가 해결

된 상태이기 때문에 나머지 두 분야의 통합에 주로 관심이 집중된다. 남북한의 군사통합 문제도 갈퉁이 말한 바와 같이 조직적 통합과 결사적 통합에 집중적으로 발생할 가능성이 있다.

대체로 독일 통일과정에 있어서의 군사통합은 성공적인 모델로 평가된다. 이는 독일인 스스로가 평가하고 있는 바이기도 한데, 1995년 10월 연방방위군이 창립 40주년이자 통일군 창립 5주년을 자축할 때 독일 통일 이후 독일 병력의 통합성과를 인정받게 된다. 연방 대통령 헤르초크(Herzog)에서부터 연방수상 콜(Helmut Kohl)을 거쳐 야당 당수 루돌프 샤핑(Rudolf Scharping) 등은 연설을 통해 독일방위군처럼 통합결과가 빠르고 별다른 마찰없이 이루어진 분야는 거의 없다고 찬사를 보냈다(베르너 바이덴펠트 & 루돌프, 1997: 109).

그런데 독일의 군사통합은 군사제도의 문제와 유형자산의 통합을 중심으로 이루어졌다. 남북한의 군사통합에 대한 논의도 이러한 맥락에서 이루어졌다(BMVtdg Fue S Ⅳ 2-Az 10-01-00, 1990, 정재호, 1995: 214-215; 하정열, 1996: 312-320; 정재호, 1996; 황진환, 1997; 손기웅, 1998 등).

한편 옥태환·김수암(1997: 94)은 통일 후 군대와 관련하여 13가지의 주요 예상사태를 제시하고 있다. 즉 ① 통일 한국군의 적정선 유지 논의, ② 북한지역 핵처리 문제 대두, ③ 생화학무기 파기 압력 가중, ④ 전시작전통제권 인수, ⑤ 주한 미군 감축, ⑥ 주한 유엔사 해체, ⑦ 육군 축소 및 해·공군력 증강, ⑧ 한반도 비핵화 논의 부상, ⑨ 용산 등 미군기지 한국 반납, ⑩ 남북한 군대통합으로 인한 갈등, ⑪ 주한 미군 완전철수, ⑫ 북한군 장교집단 무력시위, 그리고 ⑬ 북한군 일부 무장공비화 등이다.

이러한 논의들을 정리해보면, 남북한 군사통합에 있어서 외적 통합의 영역은 군사전략, 군사력 규모 및 배치, 군 구조 및 지휘체제, 그리고 무기체제의 문제 등으로 요약할 수 있다.

다. 내적 군사통합

문화는 한 집단의 구성원들이 공유하고 있는 생활양식과 사고방식의 총체이며, 공동체를 구성하고 유지하기 위한 사회제도, 규범, 가치관, 윤리체계, 관습 등을 포함한다. 또한 문화는 그 사회의 세계관과 가치관을 표현하는 상징체계이며, 사회 구성원들이 사회적 관계를 설정하고 어떤 행위를 결정하는 데 있어서 하나의 준거틀로서 사용된다.

사람이 의식적으로 하는 일은 모두 문화라는 말로 표현할 수 있게 된 것은 문화개념이 정적인 개념에서 동적인 개념으로 바뀌게 된 데에서 비롯된다. 네덜란드의 철학자 반 퍼슨(C. A. van Peursen, 1994: 21, 132)이 "문화는 명사가 아니라 동사"라고 말했듯이, 내적인 군 통합은 결과에 대한 평가적인 요소가 아니라, 진행되는 과정 속에서 이루어져야 한다.

통합이 된다는 것은 통합된 조직의 구성원들이 유사한 생활양식에 의해 지속적인 삶을 영위할 수 있음을 전제한다. 군사통합이라고 하는 것도 남북한의 군대 구성원들이 통일이라고 하는 변환과정을 거치면서 일정한 과도기를 거치고 나면 하나의 생활양식으로 거듭남을 의미한다.

그런데 문화라고 하는 것이 생활양식의 총화이듯이 통일 후 남북한 간의 군대문화의 정체성을 형성하는 것은 곧 통일군대의 생활양식을 동일한 방식으로 이끌어간다는 뜻을 함의한다. 이는 곧 하나의 체제로서 생명력을 가진다는 의미이다. 결국 남북한이 통일 후 군사통합에서 군대의 문화적 정체성을 형성한다는 것은 곧 군사통합의 완성도를 한층 더 높이는 역할을 한다.

독일의 군사통합 과정에서는 이와 같은 문제가 심각하게 제기되지 않았다. 극히 일부분의 문제에 한해서만 관심이 제기되었다. 그 이유는 몇 가지로 요약할 수 있다(주독일 한국대사관 무관부, 1991/1992; 통일 대비특별정책연수단, 1992; Reeb, 1992.8, 정재호, 1996: 73-74; 하정열, 1996; 국가안전기획부, 1997; 손기웅, 1998: 70-72 등). 첫째, 폐쇄된 동독의 문을 연 것은 꾸준한 서독의 동방정책의 결과도 있지만, 동독 내의 내분이 선행되었기 때문이다. 동독인민군은 1980년대 전반까지는 여러 가지 제한된 여건 속에서도 군기를 유지하여 당의 군대로서 임무수행을 성실히 수행하였다. 그러나 1980년대 중반부터 동독인민군은 주변 동구권 국가들의 영향으로 동요의 조짐을 보이기 시작하다가 동독의 경제상황이 1985년 이후 급진적으로 악화되면서 군 병력이 경제 분야에 노동력 제공을 위해 투입됨으로써 전투태세 유지 및 정상적인 부대 운영에 제한을 받게 되었다. 이렇게 하여 군의 사기 저하는 급기야 심각한 문제에 봉착하게 되었다. 예를 들어 1990년 1월 1일 벨리츠(Beelitz) 지역에서는 약 300명의 장병들이 군의 개혁을 요구하며 병영 앞에서 대대적인 시위를 벌이며 그들의 요구 사항을 국방성으로 제출하기도 했다. 이외에도 많은 내부 동요의 사례는 보고되고 있는데, 이와 같은 요인들이 누적되어 독일의 군사통합은 크게는 동독의 시민사회의 붕괴에서 비롯된 동독인민군의 내부 동요에서부터 비롯된 것이라고 할 수 있다(하정열, 1996: 96-106).

둘째, 흡수통합의 대상이었던 동독군 내에서의 종교활동이 허용되었다는 점이다. 통일과정에서 동독의 국방장관인 에펠만이 목사 출신이었고, 이 밖에도 동독에서의 시민들이 시위를 할 때에도 폭력적인 방법이 아닌 평화적인 방법으로 진행할 수 있도록 한 것도 종교지도자들이었다.

셋째, 서독의 국민적인 정신교육(Politische Bildung) 및 군내의 정신교육이 잘 갖추어져 있었다는 점이다. 내무성 및 연방정치교육센터(Bundeszentrale Fuer Politische Bildung)가 연방정부 수준으로 설치되어

있었고, 각 주 정부에도 정치교육센터가 있었다. 또한 정당소속 정치교육
담당기관으로는 기민당의 Konrad Adenauer 재단, 사민당의 Friedlich
Ebert 재단, 자민당의 Friedlich Nauman 재단, 그리고 기사당의 Hans
Seidel 재단 등이 있었다. 그리고 각 대학의 연구소 및 연구기관, 종교・사
회단체 등의 수많은 교육기관이 이 역할을 담당하였다. 이러한 기관들은
연방정치교육센터로부터 예산을 지원 받아 자체프로그램으로 교육을 진
행하였다.15)

하지만 남북한의 군사통합에 있어서는 독일의 군사통합에서 나타나
고 있는 여러 가지 상황의 장점들이 발견되지 않고 있다. 우선 먼저 북
한 내부에서의 통일 및 군사통합에 대한 자발적인 징후가 없다는 것이
다. 설령 있다고 하더라도 동독처럼 모든 문제를 서독과 상의하고자 하
는 진지한 모습을 보여줄 것인가는 상당히 회의적이라고 할 수 있다.
그러나 남북한의 군사통합의 문제를 독일의 군사통합에 비해 낙관적인
기대를 할 수 없다고 해서 회의적인 문제로 유보시킬 수는 없다.

결국 남북한의 군사통합은 남북한 통일이라고 하는 대전제하에 군대
간의 통합을 이루어내는 작업이기 때문에, 통일 한국군으로서의 정체성
을 확보하는 것이 관건이다. 그러므로 위에서 언급한 군과 일반사회의
관계, 내・외적인 군사통합이 잘 이루어질 때, 그 성공은 보장된다고 할
수 있다. 이러한 남북한 군사통합의 제 영역이 유기적인 상보기능을 수
행할 때, 통일 한국군은 군대문화의 정체성을 갖추게 될 것이고, 이는
곧 완전한 군사통합이라고 말할 수 있다.

---

15) 독일의 연방정치교육센터 현황은 통일대비특별정책연수단(1992: 257-266);
Reeb(1992: 854-855), 정재호(1996: 73-74); 한국국방연구원(1995) 등이 있
으며, 통일 한국의 사회통합에 있어서의 정치교육에 대한 연구는 손기웅
(1997b)이 있음.

제4장

남북한 군대문화의 형성과정과 인식

제4장 남북한 군대문화의 형성과정과 인식

본 장에서는 남북한의 군대문화가 어떻게 형성되었으며, 그 특징은 무엇인지에 대한 검토를 할 것이다. 앞 장에서 언급한 바와 같이 통일 후 군사통합은 단일 군대로서의 문화적 정체성을 형성할 때 비로소 완성된다. 통일 군대의 문화적 정체성 확립은 남북한 군대의 과거와 현재의 문화적 토대를 고려하지 않으면 안 된다. 그래서 남북한 군대문화가 현재까지 어떻게 형성해 왔는가를 검토하고, 그 인식을 분석하고자 한다.

1. 남한 군대문화의 형성과정

가. 건군기: 건군~한국전쟁 직전

제2차세계대전 이후 미·소 양국을 중심으로 재편된 국제질서와 그로 인한 대립구조는 한반도의 분단을 초래하였다. 이에 따라 한국의 해방정국은 좌우익의 대립양상을 보이게 되었다. 1948년 남한 내의 남북협상파에 의한 통일정부 노력도 무산되고 북한도 단독정부 수립을 지향함으로써 남북한에는 두 개의 단독정부가 수립되기에 이른다. 이러한 역사적 환경하에서 남쪽에서는 1946년 1월 14일 미군정에 의하여 경찰예비대(Police Preserve Force)의 성격을 띠는 '조선 국방경비대'가 창설(1946. 1. 15.)되었다(국방부, 1967). 이후 이는 미군정법령 제86호에 의거 '조선경비대'로 개칭되게 된다.[16]

그러다가 미소양국의 한반도 내 철군 논의가 이루어지고, 1948년 7월

17일 대한민국 헌법이 공포된 날에 정부조직법(법률 제1호)이 공포됨으로써 국방부가 설치되었고, 1948년 8월 15일 대한민국 정부수립 선포와 더불어 미군정이 종식되자 통위부의 행정은 국방부로 이양되어 명실상부한 '국군의 출범'이 있게 된다.[17] 그리고 '남조선 과도정부의 행정이양절차'에 의거 1948년 9월 1일 조선경비대와 조선해안경비대의 국군편입이 이루어졌고, 그 명칭도 동년 9월 5일 각각 육군과 해군으로 개칭되었다(한용원, 1990: 290).

이렇게 창설된 남한의 군대는 대체로 건군기, 성장기, 그리고 문민정부 이후기의 변천과정으로 구분해 볼 수 있다.[18] 남한 군대의 변천과정은 다양한 연구물들이 있다. 즉 국방부(1967: 1984), 육군본부(1980: 1992), 한

---

16) 박성수 외(1990: 286)에 의하면, 1946년 2월 7일에 조선경비대 총사령부가 설치되었다고 함.

17) 현재 남한 군대의 '국군의 날'은 1950년 10월 1일 38선 돌파일을 고려하여 제정된 것이다. 동년 8월 15일이 사실상의 건군기념일인 데도 불구하고 1998년의 경우 10월 1일에 건군 50주년 기념행사가 대대적으로 거행되었는데, 이는 사실상의 건군기념행사와는 차이가 있다. 한편 북한 군대에도 이와 유사한 북한 인민군의 건군기념일이 있는데, 1972년까지는 2월 8일로 시행이 되어오다가, 이후부터는 1932년 4월 25일 '조선혁명의용군'을 창건하였다고 하는 날을 인민군 창건일로 삼고 있다. 남북한 간에 있어서 날짜 문제로 인해 미묘한 신경전이 벌어지는 경우도 있는데 이는 지양해야 할 것이다. 만약 남한에서 북한의 건군기념의 문제로 군의 정통성을 문제삼고, 비판한다면 남한의 군대도 안고 있는 위의 건군기념일의 문제가 비판받을 수 있다는 점을 간과해서는 안 될 것이다.: 남한 군대의 창설 기념행사에 대한 문제는 육군본부(1992: 529-532) 참조.

18) 시기 구분에 대해서는, 국방조직 변천을 중심으로 한 국방군사연구소(1995: 1-7), 국가·사회·군의 획기적인 사건을 중심으로 한 이선호(1996: 9-40), 한·미안보협력관계를 중심으로 한 서주석(1996: 78-91), 국방예산의 흐름을 중심으로 한 권태영 외(1998: 21-36), 군과 일반사회의 관계를 중심으로 한 조영갑(1988), 김순현(1990: 18-19) 등이 있다. 앞의 내용을 토대로 3단계로 구분하였다. 건군기는 1945년 광복에서부터 1950년 한국전쟁 이전까지, 성장기는 한국전쟁부터 문민정부출범이전까지, 그리고 문민정부 이후기는 문민정부 출범과 PKO 파병 등의 국제적 위상을 갖춘 현재상황까지로 설정한다.

용원(1984: 1989: 1998a: 1998b), 이재전(1967), 박경석(1984), 이한림(1994), 그리고 정토웅(1998) 등이다.

이와 같은 자료를 토대로 본 남한 군대문화의 특징은 변천 과정별로 구분해 볼 수 있는데, 우선 건군기에 있어서의 군대문화 특징은 다음과 같다.[19] 첫째, 외형상으로는 이 기간동안 미군정의 지침에 따라 미국식의 민주주의에 친화력이 있는 세력이 군의 영향력을 행사하는 시기였으므로, 서구화된 군대문화가 외형상 군대문화의 이상으로 표방되었다. 미국식 군대문화는 한국전쟁을 겪으면서 더욱더 강한 남한 군대의 문화형성 요인으로 작용하게 된다.

둘째, 내부적으로는 건군과정에 있어서 군인들의 항일운동에서의 군사적 항일경력이 높이 평가되었다. 이러한 이유로 독립군·광복군 등의 항일독립운동가 출신들을 중심으로 한 소위 국권회복의 전통이 건군이념으로 자리잡게 된다.

셋째, 또 다른 내부적인 특징으로 일본식 군대문화를 예로 들 수 있다. 일제시대 독립운동을 위한 민족군대 조직이 해방 후 남한에서는 미군정에 의하여 정통성을 인정받지 못하였으므로 민족군대의 특유한 문화가 군대문화를 좌우할 수 없게 되었다. 미군정이 국가관리를 위해서 필요성에 의해 일제시기의 관료 및 이들과 친화력이 있는 일본군 사관학교출신의 군장교들을 등용할 수밖에 없었고, 따라서 일본군대식의 군대문화가 표방하는 표본은 아니었지만, 상당한 영향력을 행사하는 군대

---

19) 한용원(1984: 197-207)은 건군이념으로 반공·민주, 자주·독립, 직업주의를 꼽고 있으며, 조승옥(1998a: 38-47: 1998b: 119-120)은 여기에 국민주의를 추가하고 있다.: 여기서 반공주의는 자체적인 군대문화의 성격 면에 있어서의 특징이라기보다는 북한이라고 하는 국가의 정통성을 인정하지 않고자 하는 국가·사회적인 염원이 반영되어 있기 때문에 독자적인 건군기의 남한 군대의 문화로 보는 데는 설득력이 부족하다고 본다. 오히려 박정희 대통령 시기의 군대는 국가재건과정에서의 국가이데올로기의 필요성에 따라 반공주의가 당시의 군대문화의 특징이라고 본다.

문화의 사실상의 지위를 확보하게 된다.[20] 결국 이 문제는 신생국 군대가 겪게 되는 군의 직업주의의 문제라기보다는 건국과정에서의 엘리트 충원과정상에 있어서 정통성이 없는 세력들이 편입됨으로써 발생되었던 문제라고 볼 수 있다.

나. 성장기: 한국전쟁～6공화국

이 기간은 남한 군대의 양적·질적 성장기로서 한국전쟁 이후부터 6공화국까지를 말한다. 즉 이 기간 중 군대는 국가 전반적으로 본격적인 서구화가 진행되면서 국가발전의 중요한 동력 역할을 수행하게 된다.

이 시기의 군대문화의 특징은 다음과 같다. 첫째, 군대는 민간사회의 발전에 막강한 영향력을 행사하게 되면서, 그 군대문화는 국가·사회의 문화보다도 더 우월한 것으로 인식된다. 이러한 생각은 군출신의 국가관료 및 사회중추기관으로의 진출률에서도 잘 입증되고 있다.[21] 그러므로 이 기간의 군대문화는 강한 국가 엘리트주의가 지배적이었다. 또한 이 기간동안 월남전 파병이 있게 된다. 월남전 파병에 대한 논란은 많이 제기되고 있으나, 국가·사회적 발전에 미친 긍정적인 영향은 부인할 수가 없다. 이러한 이유로 인해 자연스럽게 군대문화의 엘리트주의

---

20) 이는 건군과정에서 역사에 대한 재평가가 정확히 되지 않아, 일본군출신의 장교들이 대거 흡수되면서 정통성 면에 있어서 독자적인 군대문화의 형성에 상당한 차질이 초래되게 된다. 이 문제는 미군정 이후 국가재건과정에서 군뿐만 아니라 국가 전체적으로 해당되는 사안이기도 하다. 이러한 시각은 關川夏央·薰谷治 편(1999: 241-243)에 잘 나타나 있다. 한반도 내 '해방공간'에 있어서 남한은 전통사회의 노하우(know-how)에 따라 '양반정치'의 유산을 그대로 재현하였다.

21) 인물중심의 진출률뿐만 아니라, 군이 국가발전에 미친 영향에 대해서는 김순현(1990: 467-483); 화랑대연구소 편(1992a: 79-238: 1992b); 백종천 외(1994) 등이 있다.

는 유지되었다.

둘째, 반공주의이다. 이 기간은 극명한 남북한의 체제 경쟁시기이다. 그래서 군대문화는 국가 이데올로기를 반영하게 되고, 이러한 이유로 강한 반공주의를 나타내게 된다. 반공주의는 정치적인 문제와 민감하게 결부되면서 그 본래의 의미 이상으로 과장되거나 과소평가되는 경우도 있게 된다. 이러던 것이 6공화국의 북방정책으로 인해 군 내부적으로는 많은 혼란을 겪게 되는데, 이는 군 내부적으로는 주적(主敵)에 대한 개념 정리를 할 수 있는 긍정적인 계기가 되기도 했다. 최근 '연평해전'[22] 의 와중에서도 동해안에서는 금강산 유람선이 항해를 계속하게 되는 문제에 대해서도 군은 큰 동요없이 적응할 수 있는 것은 바로 이 시기의 과도기적 경험이 있었기 때문으로 분석된다. 국가 이데올로기를 상징하는 군대문화를 표방하게 된다. 그리하여 이 시기의 군대문화는 강한 반공주의를 나타내게 된다.

셋째, 초보단계의 직업주의이다. 본격적인 산업화에 부응하여 군도 예외없이 전문직업화되어 갔다. 이전 시기의 아무런 대가없이 오직 국가와 민족만을 위해 독립운동을 했던 것과는 달리 군대는 안보전문집단으로서의 필요성을 요청받고 있었다. 남북한 간의 국력비교에 있어서 북한에 비해 남한이 뒤졌던 1960년대에는 북한으로부터의 무력도발이 최대의 관건이 되었고, 이러한 이유로 간첩잡는 데는 군대가 최고라고 하는 군에 대한 전문직업으로서의 객관적 평가를 하게 된다. 그리하여 이 시기의 군대는 군 내부에서 일어나는 비군사적 부문에 대해서도 군 전문성을 인정받기를 희망하게 되고, 이는 양적인 성장을 이루기는 했지만, 질적인 발전으로 나아가는 데는 구조적 한계를 안고 있었다. 그러므로 이 시기의 군대문화는 완전한 직업주의가 아니라 초보적인 직업

---

22) 1999년 6월 7일부터 동년 6월 15일간 진행된 서해안에서의 남북한 해군 함대 간의 교전에서 남한 군대가 승리한 것을 기념하여 남한의 해군에서 지역의 이름을 따서 연평해전이라고 명명함.

주의 특성을 보이고 있다고 할 수 있다.

　이와 같이 이 시기의 군대문화는 군의 강력한 국가 엘리트주의로 말미암아 일반사회는 군에 대해 직업주의 요구를 갖게 된다. 군 자체적으로도 군대문화 창출을 위해 부단히 노력을 했다. 소위 '언론인 폭행사건'[23]이 발생한 직후인 1988년 8월 8일 대대장급 이상 지휘관에 내린 육군참모총장 지휘서신은 "아무리 민주화 바람이 불어도 군대는 군대다워야 하고, 군인은 군인다워야 한다."라고 말하고 있다(육군본부, 1992. 2. 1., 조승옥, 1997: 19). 이는 정치적 상황에 연연하지 않고 군은 부여된 고유한 임무를 완수하기 위한 노력을 게을리 하면 안 된다는 의미이다.

　사회 전반적인 군에 대한 불신의 확산과 국내 정치 환경 등이 성숙되지 못했던 점 등은 군대문화의 정체성 형성에 제한이 되었다. 하지만 이러한 노력은 이후 시기의 군대문화 발전에 긍정적인 요인으로 작용하게 된다.

다. 문민정부 이후

　문민정부의 출현(1993)과 함께 남한의 군대는 많은 변화를 가져오게 되는데, 그 특징은 다음과 같이 요약할 수 있다. 첫째, 군대문화에 대한 질적 평가 절하이다. 이 시기는 문민정부의 등장과 함께 군에 대한 재평가 작업이 이루어졌다. 문민정부는 개혁의 대상에서 군부도 제외시키지 않았다. 문민정부 초기에는 군의 자체적인 개혁 노력에 대해 그렇게 큰 인정을 하지 않았다. 즉 군대문화는 사회문화에 비해 질적으로 낙후된 문화로 인식되는 경향을 나타내게 된다. 그러나 군 내부적으로는 다음 두 가지 이유로 인해 문민정부의 개혁 사정에 대해 지속적인 지지

---

23) 정보사 요원에 의한 오홍근(1988) 기자에 대한 폭행사건을 말함.

를 보내지 못하게 되었다. 하나는 이전의 일부 정치군인들과 같은 수준
에서 대다수의 전문직업군인들에 대한 일방적인 평가절하를 감내할 수
없다는 이유에서 이고, 다른 하나는 이전 시기인 건군기와 성장기에 있
어서 군대가 국가·사회 발전에 지대한 공헌을 했다고 생각하고 있었
기 때문이다.

둘째, 문민정부의 객관적 문민통제가 정착되지 못했다는 점이다. 군
자체적으로도 주관적 문민통제를 당하지 않기 위해 많은 노력을 했
다.24) 하지만 문민정권과 국민적 정서는 아직도 객관적 문민통제로까지
나아가지 못하고 있었으며, 이러한 분위기는 군의 자율적 자생문화 형
성에 여전히 장애요인으로 작용하고 있다고 하겠다.

라. 남한 군대문화에 대한 평가

이상에서 남한의 군대문화에 대해 시기별로 구분하여 살펴보았다. 남
한 군대의 변화 과정을 구체적으로 살펴보면 다음과 같다. 첫째, 건군기
이다. 이 시기는 해방에서 한국전쟁이 있기까지의 시기로 국군의 태동
과 창립의 형성기로 특징지을 수 있다. 미군정을 이어받아 미국의 지원
하에 정치적으로는 민주주의를 표방하고, 경제적으로는 자본주의를 표
방하는 사회여건 속에서 군의 모태가 형성된 것이다. 이 시기는 정치인
들의 국권회복의 전통과 군인들의 항일경력이 서로 팽배하게 작용하여,
정치적으로는 문민우위의 전통이 군인들에게 강요되었고, 군은 항일경
력에 대한 반대급부의 요구가 있게 된다.

---

24) 이와 관련한 자료는 화랑대연구소 편(1992a: 386-403), 육군본부(1992. 2.
11: 1992. 5. 13: 1992. 9. 25: 1993. 3. 9), 『국방일보』(1992. 3. 27.), 육군
제9군단 사례보고(1992. 7. 10), 그리고 수방사 제57사단의 사례보고(1992.
7. 10) 등이 있다.

둘째, 성장기이다. 이 시기는 몇 가지 중요한 과정이 있다. 한국전쟁, 5·16군사혁명, 월남전 참전 등이다. 이 시기에 국군이 급성장하기는 하였으나, 모진 시련을 겪어야만 하였다. 한국전쟁으로 급격히 팽창된 군사력의 재정비 그리고 5·16군사혁명으로 인한 한국군의 제도화와 장교의 전문화에 획기적인 전환점을 이룬 월남전 참전 등 제반 상황이 국내외의 정세에 따른 자주국방태세의 확립을 이루게 된다. 이 시기는 군의 성장기 동안 강력한 개발 정책에 따라 군부의 반대급부가 충분히 보상됨으로써 군인들에 의한 독자적인 군대문화의 생성에는 상당히 긍정적인 요인으로 작용했지만, 일반사회의 입장에서는 객관적으로 인정해 줄 수 없는 잠재적 갈등요인이 지속해서 남아있게 된다.

끝으로, 문민정부 이후기이다. 이 시기는 문민정부의 등장과 함께 주변국과의 관계 및 세계평화에 기여할 수 있는 기반을 마련하는 기간이다(국방부, 1998: 95-110). 즉 문민정부의 등장과 사회의 군에 대한 재평가와 함께 군의 위상은 세계화의 추세에 걸맞는 모습으로 나아갈 것을 요구받게 된다. 이제 군 스스로도 직업주의, 객관적 문민통제를 인정하고자 해도 일반사회적인 여건은 주관적인 문민통제 요인이 더욱 강하게 제기되고 있어 독자적인 군의 문화창출은 지체되게 된다.

문민정부의 등장에 대해서는 뿌리깊게 자리한 조선의 시대로부터 이어오고 있던 유교적 전통으로 복귀를 의미한다는 비판이 제기되기도 한다(關川夏央·薰谷治 편, 1999: 244). 거시적으로 볼 때, 문민정부의 등장은 '자유화'의 확대, 개방성, 그리고 다양성이 제고된다고 하는 측면에서 인류의 보편적 문화의 흐름에 순응하는 과정이라고 볼 수 있다. 그렇기 때문에 문민정부의 등장은 남한 군대의 가장 최근의 한 단계 도약을 가져올 수 있었던 하나의 시발점이 되었다.

또한 이 시기는 각종 군사교류협력의 다변화와 국제군비통제활동 및 연합국의 훈련참가, 그리고 특히 유엔회원국으로 참가하고 난 뒤부터는

1993년 소말리아 평화유지활동(UNOSOM Ⅱ)을 필두로 각종 유엔평화유지활동(PKO: Peace Keeping Operations)에도 참여하는 적극적인 안보주권국으로서의 지위를 다지게 된다.[25]

이상의 남한 군대의 변화과정은 외관적인 성장의 모습이다. 그렇다면 이러한 변화·성장의 과정에서 남한 군대의 문화는 어떻게 변화해 왔고, 그 특징은 어떠한지를 살펴보아야 할 것이다.

이러한 역사적 변천과정을 바탕으로 군대문화에 대한 연구의 경향에 대해 간단히 살펴보면, 대체로 지금까지의 군대문화에 대한 연구는 후진국과 개발도상국에서의 군부가 가지는 정치적 권력과 영향력 등에 초점을 두고 군과 일반사회의 관계에 관한 연구가 주종을 이루었다.[26]

대체로 이러한 연구들은 군대 자체의 고유한 문화적 정체성을 객관적으로 정립하는 데는 부족한 점이 있었다. 소위 '군부정치'에 대한 비판적 여론을 인식한 상대적 반향이라고 보여진다.[27] 즉 여론화된 주제만이 군대문화의 전부인 것으로 인식되어지는 경향을 말한다.

남한 군대의 독자적인 군대문화의 정착은 자체적인 노력에 비해 그 성과는 미미했다. 홍두승(1993: 223)은 창군 이래 한국군에 형성된 군대문화의 특징은 반공문화를 제외하면 사병들의 병영문화와 장교들의

---

25) 남한 군대의 유엔 평화유지활동 참여 현황은 국방부(1999: 92-94) 참조.
26) 양병기(1998): 김순현(1990): 박재하 외(1991): 육사 화랑대연구소 편(1992), 조승옥(1998a: 1998b): 조승옥 외(1998): 이외의 연구에서도 군과 일반사회의 관계 문제는 대부분 빠지지 않고 등장하고 있다. 특히 정치학적으로 정치발전 과정에서 군이 미치는 영향을 연구하는 소위 권력론에 관한 연구에 집중되고 있다. 그렇기 때문에 군대문화의 형성도 이러한 연구경향으로 인해 군사문화라고 하는 오해를 불러일으키는 요인이 되었다고 본다.
27) 오홍근(1988)의 글이 김영종(1988)의 유사 주제의 글보다 뒤늦게 나온 글임에도 불구하고 - 그 비판의 수위는 차지하고라도 - 오홍근의 글이 군대문화에 대한 담론의 소재로 자주 인용되는 이유는 그가 정보사 요원에 의한 폭력사건으로 인해 대중적 인지도가 높았기 때문으로 본다.

기술주의라고 볼 수 있는데, 우선 한국군은 그동안 강제성과 타율성에 의한 내무생활을 개선하지 못함으로써 참신한 병영문화를 창달할 수가 없었다고 지적하고 있다.

그 이유는 홍두승(1993)이 주장한 바와 같이 군 자체의 개선 노력이 부족한 점도 있지만, 사회적 분위기가 군대문화의 독자적인 지위를 인정해주지 못하는 문화적 환경에서 기인된 것이라고 볼 수 있다.

사실 문민에 의한 군의 통제에 대한 인식은 군부도 인정하고 있으나, 군 지도자들은 객관적 문민통제를 원하고 있는 반면, 민간은 주관적 문민통제를 강요하고 있어 자생적인 군의 문화창출 노력은 그 노력에 비례하여 국민적 지지를 얻을 수 없게 된다.

헌팅턴이 말한 바와 같이, 군의 정치적 중립과 군 전문직업주의만을 강요하게 되면, 군의 군사화(militarization)가 갖는 폐쇄성으로 말미암아 개방적인 일반사회의 문화를 받아들일 수가 없어 장기적으로 볼 때, 정체될 수밖에 없는 데도 불구하고 군은 철저히 중립성과 군사화를 강요받고 있었다.

이와 같은 점은 군의 전문화라고 하는 일차적인 목표는 달성할 수 있을지라도 경쟁력 있는 전문화가 되지 않아 통일 한국군의 목표문화 설정 시에는 강한 부정적 요소로 제기될 가능성이 있다.

남한 군대문화에 대한 연구 경향은 대체로 다음과 같이 평가할 수 있다. 첫째, 주로 군과 일반사회의 관계의 측면에서 다루어졌다는 점이다. 둘째, 간부위주의 군대문화에 초점을 맞추었다. 셋째, 접근법에 있어서 외형적·제도적 측면에 집중되었고, 생활문화적인 측면에서의 연구는 소홀히 다루어졌다. 끝으로, 관계의 측면에 비중을 두었고, 독자적인 문화일반으로서의 군대문화에 대한 연구가 부족하였다.

그러나 군대문화 자체를 연구의 대상으로 삼고, 여기에 대한 객관적인 연구를 진척시킨 경우도 다수 있다. 즉 이동희(1972), 박재하 외

(1991), 원재홍 외(1993), 이동훈(1995), 그리고 홍두승(1996) 등이다. 특히 홍두승은 민간학자로서 일반시민문화와의 상대적인 비교를 통해 군대문화 중 부정적 요소를 지적하고 독자적인 군대의 문화 영역을 도출해내고자 한 점에서 높이 평가할 말한다. 이동훈(1995)과 원재홍 외(1993)는 실증적인 조사분석을 통해서 군대문화에 대한 진단과 그 대안을 모색했다는 점에서 눈여겨 볼만하다.

또한 독고순(1994)은 군대문화가 갖는 경성적 요소보다는 연성적 요소에 많은 관심을 갖고 있다. 그는 기존의 군대문화 연구에 있어서 군과 일반사회관계에 국한된 편협된 접근을 지적하고, 군대문화에 대한 구조적 접근을 비판하면서, 소위 생활세계의 기능적 접근을 제기하였다. 또한 그는 군대문화에 대한 연구가 부진했던 중요한 이유로 군의 내적 논리를 피력하기 위한 어떤 움직임도 군사 정권의 이데올로기를 더욱 강화시키는 논리가 되거나 비판에 대한 변명밖에 되지 못했다고 진단하고, 기존의 군대문화가 연예, 오락, 그리고 체육활동 등의 극히 제한적인 문화활동만으로 명맥을 유지할 수밖에 없었던 점을 극복하기 위해서는 하위문화의 연구에 대한 진지한 논의를 주장하고 있다. 대안으로 제시하는 군대문화에 대한 연구방법은 문화에 대한 구성적 관점과 작은 집단에 대한 질적 연구인데, 눈여겨 볼만하다.

이러한 문헌분석을 토대로 할 때, 남한 군대문화의 특징은 다음과 같다. 첫째, 군에 대한 주관적 문민통제이다. 남한 군대는 건국・건군기에서 미국식 민주주의를 도입하는 데 많은 문제점이 있었다.[28] 당시의 국제연합(UN)이 권고한 결정 등을 고려해 볼 때, 조기에 한반도의 문제가 한반도 내부의 문제로 해결되어지기를 권고 받고 있었기 때문에 미국의 입장으로서는 빠른 시간 내에 북한지역의 공산주의 세력으로부터 남한이 자생적으로 자립해가기를 희망했다고 볼 수 있다. 이 과정에서

---

28) 군대에서 미국식 편향의 이유에 대해서는 한용원(1998a: 12-17) 참조.

국가재건의 실무 경험이 있던 일제하의 관료출신들이 대거 등용되고, 마찬가지로 군내에서도 일본군출신의 장교들이 최대 파벌로 등장하게 된 것이다. 이는 최초 등용된 일제 관료출신자들이 군 내부에서의 일본 군출신의 등용을 미군정 측이 일방적으로 권고했다는 추론을 해 볼 수도 있고, "장교의 질적 향상을 위한 조치"였다고 볼 수 있으나(박성수 외, 1990: 291), 소위 정통성이 있었던 독립운동출신의 정치인들이 군부에 일본군출신이 많다하여 군대를 '민족반역자의 대피호'라고 하는 등 군에 대해서 많은 반감을 갖고 있었던 것도 그 한 원인이었다고 본다.

이와 같은 당시의 상황들은 과거 및 당시의 역사에 대한 비판적 재평가 없이 문민우위의 조선시대의 전통을 그대로 이어받아 군에 대한 주관적 문민통제를 강요하는 전통이 되었다고 볼 수 있다.

둘째, 군 내부적으로 사상적인 문제가 상존해 있었다는 점이다. 군 내부의 문제로 일본군출신의 문제가 가장 큰 문제였다고 한다면, 북한 정권의 수립으로 인해 국가 이데올로기적인 문제가 등장하게 된다. 전자의 문제가 독립운동에 대한 정통성의 문제였다고 한다면, 후자의 문제는 국가이데올로기에 대한 정통성의 문제라고 볼 수 있다. 그리하여 상호 밀고하게 되고, 시기질투, 그리고 파벌의식 등이 등장하게 된 원인이 되었다.[29]

셋째, 거시적인 국가·군대의 문제, 즉 군부의 정계진출, 군대의 국가개발정책 참여 등의 문제가 국민적 관심사가 되고 있었던 반면, 정작 군대 성원의 대다수를 차지하고 있는 병영 내부의 문제에 대해서는 관심을 돌릴 수 없었다. 이러한 이유로 군 부재자 투표 등과 같은 대군 이미지에 대한 부정적 견해가 팽배함에 따라 군의 복지 문제[30]에 대해 덜 신경쓰

---

[29] 군인으로서의 '박정희'의 경우도 한국전쟁 직전에 이러한 문제로 인하여 군법에 회부되었다가, 군무원 신분으로 한국전쟁을 맞이했었다. 자세한 내용은 박정희(1971); 조갑제(1998.1.23); 이우영(1991: 110-111) 등에서 찾아볼 수 있다(권장희, 1999: 101-113).

게 되었고, 이로 인해 병영 내 장병들을 위한 건전한 병영문화를 개발하
고 이를 지원하는 데는 인색했던 것이다. 그러나 홍두승(1997)과 이동훈
(1999)[31] 등은 병영문화에 대한 좋은 연구사례이다. 또한 최근 야전에서
의 '진중놀이'의 발굴 및 개선 노력도 눈여겨 볼만하다(『국방일보』, 1999.
6. 4/1999. 7. 1: 육군본부, 1999b).

2. 북한 군대문화의 형성과정

북한에 대한 남한의 인식에는 많은 시각의 차이가 있다. 소위 객체로
서 북한의 실상을 '바로 알기' 위한 시민운동 차원의 노력에도 불구하고
북한에 대한 편견은 여전히 상존하고 있다.

이와 같은 북한실체에 대한 객관적 인식의 노력은 소위 수정주의자
들뿐만 아니라 북한 귀순자들과의 면담 등을 취재형식으로 보도한 기
사내용에서도 잘 나타난다.[32]

북한의 건국 및 건군 과정에 대한 역사적 평가에는 많은 논란이 있
다(육군본부, 1992: 498-514: 김창순, 1990: 249-357: 김양명, 1981:

---

30) 군출신 대통령의 경우도 자신들의 정통성을 지속적으로 확보하기 위해 군
   에 대한 복지의 문제는 덜 신경쓰게 되었다. 예컨대 전두환 전대통령 집권
   기간에 군인들의 보수를 기존의 것보다 상대적으로 낮게 책정토록 조치하
   기도 하였다.

31) 이동훈(1999: 177-181): 그는 병영문화 센터를 정훈에서 맡아서 주관해야
   한다고 주장하고 있다. 그러나 그 센터를 어디에서 주관하는가는 더 논의
   되어져야 할 것이다. 예컨대 예하 계선조직을 조직적으로 확보하고 있는
   일반참모부서인 인사복지국에서 맡는 방안과 통일군대의 상황을 고려하여
   군비통제관실에서 주관할 수도 있다.

32) 정창현(1999)은 비록 한 사람(탈북 귀순자 신경완)에 대한 집중적인 취재
   형식의 단행본으로 좋은 참고가 됨. 김용삼(1995)은 앞의 신경완과의 비공
   식 인터뷰 내용을 담고 있음.

64: 박성수 외, 1990: 345-400: 허동찬, 1989: 도흥렬 외, 1997: 북한연구소, 1978: 『독립신문』, 1920.12.22.: 사회과학원 력사연구소, 1971: 955: 『김일성 저작선집 1권』, 1967: 114: 『김일성 선집 補권』, 1954: 275: 이찬걸, 1976: 『로동신문』, 1978.2.8./4.25: Schnabel, 1972: 13-23). 이러한 논의는 주로 김일성의 항일투쟁경력에 대한 문제, 김일성의 존재에 대한 문제, 그리고 북한의 건국·건군 과정에서 소련 정부·군대가 차지하는 위상과 역할에 대한 문제에 집중되고 있다.

이러한 시각차에도 불구하고 북한 군대의 창설은 ① 보안대 창설, ② 인민집단군 창설, ③ 조선인민군 창설 등 3단계를 거쳤다고 볼 수 있다(佐佐木春隆, 1977: 16: 박성수 외, 1990: 345-377). 결국 북한은 1948년 2월 8일 '조선인민군'이라고 하는 이름으로 건군을 하게 되었다는 사실은 남북한 쌍방이 사실상 인정하고 있다고 볼 수 있다.[33]

1949년 7월에는 중공군 제166사단 소속 약 1만 명의 병력과 소련군 자격으로 '스탈린그라드 작전'에 참가한 바 있는 약 2천 5백 명의 소련군 출신 한인부대가 입북하여 조선인민군의 중요 직책을 맡게 되었다(육군본부, 1992: 366-367). 이른바 중·소군 출신병력이 북한 군대에 중요한 역할로 편입하게 된 것이다.

북한 군대의 문화는 건군기, 성장기, 그리고 김일성 사후기로 구분하여 볼 수 있다.[34]

---

33) 『로동신문』(1978. 2. 8: 4.25 사설): 북한 정권은 자신들의 정통성 문제를 강변하기 위해 1948년 2월 8일 창군된 조선인민군의 창군기념행사를 1977년까지 29주년 경축행사를 해 왔으나, 1978년부터는 4월 25일이 창군기념일라고 하면서 당해연도 4월 25일을 46주년이라고 선언하게 됨.

34) 북한에서 사용되는 문화의 개념은 남한과 다소 상이하다. 북한은 '문화'를 '정신'의 대체 개념으로 사용하고 있다. 북한은 마르크스·레닌주의의 공산주의 이데올로기를 국가이념으로 삼고 출발했기 때문에, 유물사관에 입각한 '물질이 정신을 지배한다.'고 하는 명제를 거역할 수 없었고, 그로 인해 사실상 중요한 정신·의지의 문제는 용어 사용 시 지양되어 왔다. 대신에 공산주의 혁명을 추동할 수 있는 '혁명 의지(정신)'라고 하는 개념이 필요

가. 건군기: 건군~한국전쟁 직전

우선 건군기의 특징에 대해 알아보자. 건군기는 1948년 2월 8일 조선인민군 창군 이후부터 한국전쟁 이전까지의 기간이다. 이 시기는 다음과 같은 특징을 갖고 있다. 첫째, 이념문화적 특징을 나타내고 있다. 이시기의 북한은 마르크스·레닌주의의 공산주의 사상에 입각하여 소련과 중공의 입장에서는 '세계공산화'의 전략과 북한의 입장에서는 '대남공산화전략'이 맞아 떨어지게 되고, 이러한 과정 속에서 초기에 소련의 영향하에 있었던 북한의 군대는 자연스럽게 공산주의식의 이념문화적 경향을 나타내는 쪽으로 유도되었다.

이 시기에 북한 인민군 나름대로의 정체성을 키울 만한 시간적 여유가 없었다. 이로 인해 인민군은 자생적인 군 문화의 발전은 미비했고, 소련과 중공의 갑작스러운 정치적·군사적 원조에 부응하여 북한 내부의 정치적 입지를 세우는 데에 역량을 집중했다.

이러한 점은 북한의 창군과정의 편제상 명칭을 보면 잘 나타나 있다.

북한은 1946년 8월 15일에 보안대 및 군교육기관을 통합지휘할 보안간부훈련대대부를 평양에 설치하였다. 동대대부는 그 직할로 나남에 제2훈련소, 원산에 제3훈련소를 신설하고, 개천의 보안대 훈련소를 제1훈련소로 평양의 철도보안대사령부를 제4훈련소로 각각 개편했으며, 사령관에 빨치산파의 최용건(崔庸健), 포병부사령관에 연안파의 김무정(金武亭), 문화부

했는데, 이를 '문화'라고 설정한 것으로 추정된다. 그러나 여기서는 '군대의 생활양식의 총화'로서의 군대문화(military culture) 차원에서 살펴보고자 한다.: 사회과학원 언어학 연구소(1988)에 의하면 문화의 개념 세 가지 중, '물질적·정신적 부의 총체'라는 정의 하나만 제외하고 나머지는 모두 지식·예술·풍습·도덕 등과 같은 정신적 요소를 뜻하는 것이라는 점은 이를 반증해 주고 있다. 또한 북한의 헌법(1998.9.5) 「제3장 문화」에서도 "……사회주의적 문화는 근로자들의 창조적 능력을 높이며 건전한 문화정서적 수요를 충족시키는 데 이바지한다."(제39조)고 명시하고 있다.

110

사령관에 빨치산파의 김일(金一)을 각각 임명하여 빨치산파가 주도권을
장악케 하였다(육군본부, 1992: 499). (밑줄: 필자 강조).

즉 북한의 초기 창군과정에서의 군대의 '문화'는 곧 '이념'이라고 볼
수 있는 대목이다. 현재 북한 군대에서 정치사상교육의 일환으로 존속
되고 있고, 중요한 권한을 행사하고 있는 집단인 '정치장교'들의 명칭에
서 찾아볼 수 있는 '정치'는 바로 인민군 태동기의 편제상에서 등장하고
있는 '문화'라고 하는 개념에서 나왔음을 짐작할 수 있다.

1966년 10월 제2차 당대표자회의 직후에 열린 노동당 제4기 14차 전
원회의에서 '당위원장·부위원장'제가 폐지된 후 설치되었던 대남비서제
를 폐지하였다. 그리고 문화부도 폐지해 연구소로 만들어 버렸다(정창
현, 1999: 190).

하지만 이때의 노동당 비서국 내의 편제조정의 의미는 혁명을 더욱
가속화하기 위한 조치로 보여지고, 비서국 내 다른 부서들(조직지도부,
선전선동부, 통일전선부 등)을 통해서 문화사업을 잘 할 수 있다고 판
단했었기 때문으로 분석된다. 이는 현재의 북한 행정기구 31개 부서 중
에서 '문화성'이 존속하고 있는 점이나, 북한의 '김일성 헌법' 제3장 문
화(제39조, 제40조, 제41조)에서도 여전히 문화를 사회주의적 혁명을 위
한 것으로 명시하고 있는 것으로 보아도 북한에서의 문화는 사회주의
혁명을 위한 중요한 도구 중의 하나임에 틀림없고, 그것은 정치적 목적
을 위한 것이라고 할 수 있다. 그러나 당시의 정치적 권력기구가 완전
한 편성이 이루어지지 않는 상황 속에서의 문화는 여전히 북한의 현
체제 속에서의 '정치관련 부서'의 임무 속에서 찾아 볼 수 있다.

둘째, 항일독립정신을 표방하고 있다. 사실 김일성 개인과 그의 항일운
동의 동료들이 행한 항일행적에는 많은 의문이 제기되었다. 그러나 북한
내부에 정치적 기반이 약했던 김일성은 이를 부각시킴으로써 정통성을
찾으려 애썼기 때문에 그의 항일운동의 시기나 실제 규모와 상관없이 군

대문화도 자연히 '항일혁명투쟁'의 강조로 일관되었다고 할 수 있다.

김일성의 항일운동 경력에 대해서도 많은 과장과 논란이 있기는 하지만, 1940년대 초 대일전에 대비하기 위해 만주로부터 탈주해 이동한 중국인 및 한인 유격대원을 규합하여 극동군사령부 예하에 10,000여 명 규모의 다국적군부대를 창설하는 과정에서 만주로부터 도피한 김일성은 오케얀스카야 야전학교에서 훈련을 받은 후 극동군 정찰국 산하 제88특별여단에 배치되어 항일운동을 했다는 점은 인정되고 있다(Dae-Sook Suh, 1989: 47; 임은, 1982: 114-121; 육군본부, 1992: 509-510).

셋째, 북한체제 내에서 대남 혁명수행을 선도하는 엘리트주의적 성향을 보이고 있다. 북한에서 실질적인 정치권력을 가지고 있는 자들은 대부분 항일운동을 했던 사람들이었기 때문에, 국가체제가 제대로 정비되지 않았던 시기라는 점과 체계적인 자원과 물자의 공급, 그리고 명령체계가 유기적으로 잘 구사될 수 있었던 것은 군대였다는 점 등의 당시 상황을 고려해 볼 때, 북한의 군대는 타 집단에 비해 상대적인 우월주의 문화의 성격을 나타내고 있다.

나. 성장기: 한국전쟁〜김일성 사망 직전

이 시기는 한국전쟁 이후부터 김일성 사망까지의 기간을 말한다. 이 기간 동안에는 한국전쟁과 이에 대한 평가, 주체사상의 등장, 경제개발계획, 남북한의 체제경쟁, 통일논쟁, 그리고 김일성 사망 직전에는 남북한의 정상회담이 거론된 바 있는 시기이다. 이 시기의 군대문화의 특징은 다음과 같이 정리할 수 있다. 첫째, 당의 사상성이 강조되는 특징을 나타내고 있다. 북한은 한국전쟁의 패전원인분석 회의[35]에서 군대 내에

---

35) 『김일성 저작집 6권』(1980: 187-9): 북한은 자강도 만포시 별오리에서 열린 회의(1950. 12. 21-23)에서 한국전쟁의 패인으로 예비부대 미확보, 지휘통솔

서의 정치사상교양의 중요성을 제기하고 난 뒤, 각종 회의나 당 기관지 등을 통해서 그 중요성을 지속적으로 강조해왔다.

당 규약(1980.10.15)에는 "조선인민군은 항일무장투쟁의 영광스러운 혁명전통을 계승한 조선로동당의 무장력"(46조)이라고 하고, "조선인민 군대 내의 각급 단위에 당조직을 구성"(47조)한다고 명기함으로써 명 실상부한 북한 군대는 당의 군대의 성격을 갖게 되며 자연히 군대문화 도 사상성이 강조되는 특성을 나타내고 있다(장준익, 1991: 152: 강신 창, 1998: 143-191: 김성철 외, 1999: 140-144: 이기택, 1993: 151-227).

둘째, '군민일치'의 군대문화 특성을 갖고 있다. 특히 1980년대에 들어 와서는 인민군대 내의 주체적 혁명사상의 확립이 강조되고, 경제력 건 설에 군이 동원되면서부터 이러한 기풍을 강조하게 된다.

셋째, 김일성식의 군대문화에서 김정일식의 군대문화로 이행되는 특 징을 나타내고 있다. 북한에서의 군대는 "그 창건도 혁명의 수령에 의 하여 실현되고 그 강화발전도 수령의 령도 밑에 이루어졌으며, 그 모든 승리와 영광도 수령의 품 속에서 마련되었다."고 주장하고 있다.[36] 특 히 김일성 중시의 수령관은 1980년대 들어와서 김정일에 의해 '사회정 치적 생명체론'으로 발전하게 된다. 이는 자신의 아버지인 수령으로부터 육체적인 생명체뿐만 아니라 혁명의 정신적인 생명체를 가장 잘 이어 받은 혁명의 계승자 신분을 확고히 하기 위한 것이라고 볼 수 있다[37]. 그 내용은 기본적으로 생명의 이분법에서부터 출발한다. "인간에게는

미흡, 부대 규율미약, 그리고 군대 내의 정치사업의 미흡 등을 꼽았다.
[36] 최종학(1954): 『로동신문』(1991. 12. 28.): "조선 로동당과 김일성 원수의 령도하에 조선인민군은 더욱 강력한 무장력으로 장성 강화되었다."
[37] 반대로 김일성이 자신의 '정치적 생명'을 아들 대에도 그대로 물려주고자 하는 부자세습의 논리로 평가되어질 수도 있다. 이것으로서 북한은 지금까 지 그나마 자신들이 주장할 수 있었던 '항일혁명투쟁의 정통성'의 주장과 대남 정통성 문제에 있어서 확실히 뒤지게 된다고 볼 수 있다. 이는 자신 들이 그렇게 비난했던 소위 '유교적 부자세습'이 자신들 체제 속에서 일어 나고 있기 때문이다.

육체적 생명과 사회정치적 생명이 있는데, 그중에서 보다 중요한 생명은 사회정치적 생명이다."라고 주장하는 것이다. 개인의 육체적 생명은 끝이 나도 그가 지닌 사회정치적 생명은 영생하게 된다는 것이다.

　김일성의 죽음을 받아들이는 북한의 이데올로기는 그 대표적인 예이다. 김일성이 육체적으로 사망했어도 정치적 생명은 지속된다고 믿는 것이다. 그래서 죽은 김일성이 통치하는 유훈통치가 가능하였고, 이는 '김일성 헌법'이라는 실체로 북한사회에 다시 살아있게 되었다.

다. 김일성 사망 이후

　다음은 김일성 사후의 김정일 집권기로 명명할 수 있다. 이 시기의 군대문화 특징은 다음과 같다. 첫째, 완전한 군부우위의 문화전통을 확립했다고 볼 수 있다. 앞에서도 언급한 바와 같이 북한에 있어서의 당·군 관계는 분권화되어 있으면서도 상호참여의 관계에 있다. 군대는 특히 항일무장투쟁의 국가 이데올로기적인 바탕을 강하게 고집하고 있는데, 여기서 당은 바로 군의 정신적 무장력을 행사하는 군의 또 다른 모습을 갖고 있는 집단으로 생각할 수 있다.

　1999년 9월 소위 김일성 헌법 등장과 함께 김정일의 공식적인 직함은 국방위원장이다. 여기서 김정일의 직함에 붙은 '국방'이 의미하는 것은 바로 북한 체제가 군 위주의 병영체제를 기본으로 하고 있음을 보여주는 것이라고 할 수 있다.[38]

---

38) 『연합통신』(1998. 9. 7.): 여기서 북한 김정일이 최고인민회의에서 추대받은 국방위원장이란 직책은 고구려 말 대당투쟁시절 국정 전권을 휘두른 대막리지(大莫離支)와 매우 흡사하다는 평가하고 있다. 한편 통일부 인터넷 자료(http://www.unikorea.go.kr/kr/load/b21/b218.htm)에 의하면, 제2차 대선 시 전권을 장악했던 일본의 전쟁지도기구인 대본영을 방불케 한다고 명시하고 있다.

둘째, 북한 군대는 김정일의 통치에 필요한 권위창출의 기능을 수행하고 있다. 김일성 사망 직후 북한사회에서의 김정일은 정통성 있는 권위를 가졌다고는 할 수 없다. 북한사회는 전반적으로 군사력 증강정책으로 인해 체제자체에 동맥경화증이 발생하게 되어 소위 '인민들의 생활상'과 북한 권력층이 표방하는 문화목표와는 상당한 괴리현상이 생기게 되었다.[39]

서재진(1995)은 이와 같은 괴리현상을 원래부터 북한사회가 가지고 있는 구조와 의식의 이중구조로 파악하였다.

한편 최봉대 외(1998)는 탈북자 귀순자 17명에 대한 면접조사 결과 분석을 토대로, 정치·경제·사회 영역으로 나누어, 이를 세 가지 재생산 범주(① 가족·친인척·친구, ② 이웃·직장동료, ③ 일반주민)에 입각하여 북한체제의 탈정당화의 문제를 분석하였다. 그들이 제시한 설문 중에서 "사단장[중대장, 당간부]이 노루라면 노루지(간부가 시키는 대로 하는 것.)", "당일꾼들은 당당하게 인민들의 등을 치며, 행정일꾼들은 행세하며 인민들의 등을 치며, 안전부는 안전하게 인민들의 등을 치며, 보위부는 보이지 않게 인민들의 등을 치며, 군간부는 군데군데에서 인민들의 등을 친다."고 하는 대목에 대한 재생산 비율이 상당히 높게 나타나고 있음을 지적하고 있다. 이는 결국 일반주민들에게 이와 같은 일들이 횡횡하고 있다는 의미로 이해할 수 있다. 이는 또한 주민들이 목표문화에 대해 동조하지 않는 경향이 높다고 볼 수 있는 것이다.

이온죽 교수(1995: 257-287)는 북한주민의 가치의식과 사회적 태도

---

39) 『세계일보』(1992. 12. 2): 이 신문의 보도에 의하면, 북한주민들의 군부에 대한 태도에 언급하고 있다. 즉 북한을 방문한 조총련 간부에 의해 공개된 북한의 '전군사상설문 조사(全軍思想設問 調査)'에서는 김정일이 최고지도자로 등장하는 문제와 혹독한 훈련과 기아로 인해 중국으로 탈출하는 사건이 빈발한 데 대해 그 대책을 마련했는데, 여기에는 ① 김정일에 대한 군의 충성도, ② 병사들의 국경탈출 가능성 여부, ③ 대남동경 여부, 그리고 ④ 군기강 해이 등을 파악하는 내용으로 구성되어졌다고 한다.

를 '공식적으로 표방하는 가치'와 '비공식적 실제적 가치의식과 태도'로 구분하여 이 둘 사이에 심한 괴리가 있음을 지적하고, 북한의 변화를 촉발시키는 첩경은 정보를 개방하여 실제적으로 주민들의 의식에 충격을 가하는 것이라고 지적하고 있다.

특히 김정일이 집권을 하면서부터는 김정일 개인의 성향과 북한체제가 갖는 누적된 전체주의적 폐습으로 말미암아, 북한주민들의 인식은 적어도 '공공재화의 공정한 분배'를 신뢰하지 못하게 되고, 지하경제라고 일컬어지는 '제 2경제권'의 활발한 노력이 더욱 많이 나타나고 있다.40) 이러한 현상들이 결국 북한이 제도적으로 시민사회로 나아갈 수 있는지에 대해서는 아직까지는 미지수이다.41)

김정일이 집권하고 나서 최근 군부대를 많이 시찰하고 있는데, 이에 대해 군부의 쿠데타의 가능성에 대한 무마를 위한 것이라고 진단하는 것은 설득력이 없어 보인다. 김정일은 이미 자신의 '항일무장투쟁'의 단점을 극복했다고 본다. 그 이유는 단지 김정숙이 혁명1세대인 원로들에게 자신의 아들인 김정일을 위한 후견인들이 되어줄 것을 유언을 당부했기 때문만이 아니라, 최고 통치자의 아들이라는 점 등이 적어도 김정일이 '혁명후계자'로 성장할 수 있는 충분한 환경적인 요인이 되었다고 볼 수

---

40) 서재진(1994: 26-38)은 2차 경제에 대해 귀순자들의 증언과 국가안전기획부의 자료를 활용하여 이 문제에 대해 분석하였다. 정세진(1999)은 '탈사회주의적' 변화 가능성에 초점을 두고 북한의 2차 경제를 진단하였다.: 2차 경제는 기본적으로 계획된 경제체제에서 일탈된 모습을 말한다. 그러나 남한이 채택하고 있는 자본주의 경제체제의 측면에서 보면 긍정적인 변화라고 말할 수 있지만, 북한체제 내에서의 경우를 볼 때 그 평가는 이중적이다. 첫째는 일탈의 입장에서는 사회주의 계획경제에서 벗어나는 측면이 있다. 둘째는 국제무기암거래나 외화벌이와 같은 계획경제의 틀 속에서 이루어지고 있는 지하경제의 측면도 있다. 남북한의 통일에 있어서 특히 관련되는 것은 전자의 경우라고 할 수 있다.
41) 윤덕희(1995: 3-67), 전경옥(1997: 245-301) 등은 시민사회라고 하는 주제로 남북한 통일에 대한 접근을 하였다.

있고,42) 김정일 스스로도 자신의 취미를 최대한 발휘하여 '피바다', '한 자위단원의 운명', 그리고 '꽃 파는 처녀' 등을 통해 간접적인 '항일독립투쟁' 경력의 상징성을 인정받으려고 노력했기 때문이다.43)

라. 북한 군대문화에 대한 평가

북한의 군대문화에 대한 연구는 주로 군사력 및 조직문화 중심으로 논의되었는데, 본 연구에서는 조직문화뿐만 아니라 규범문화, 생활문화 등 소위 북한 군대의 저변에 흐르고 있는 문화적 특징에 대해 1차 자료의 검토와 탈북 귀순자들과의 면담 내용을 토대로 남한 군대문화보다 상대적으로 더 상세하게 언급하고자 한다.44)

북한의 군대문화는 다음과 같이 평가할 수 있다. 즉 ① 선군주의, ② 정치성, ③ 간부중심주의, ④ 정의적 특성, 그리고 ⑤ 규범주의 등이 그것이다. 첫째, 선군주의(先軍主義)이다. 자구적인 의미로는 군이 우선시된다는 뜻이 있다. 여기서 말하는 군대라고 하는 말은 실제로 존재하는 군대·군인들을 의미하기도 하지만, 더 중요하게는 항일투쟁의 군인정

---

42) 황장엽(1999)의 증언에 의하면, 김정일의 학창시절에는 취미별, 과목별로 과외선생이 별도로 선정되어 집중적인 공부를 했다고 한다. 자신이 김일성의 모스크바 방문 수행 시 김정일이 같이 동행하게 되었는데, 상당히 기술적으로 수준 높은 분야를 계속 질문해서 그 이유를 물었던 적이 있다고 한다. 그러나 김정일이 흔히 남한에 알려진 내용과는 달리 후계자 수업을 받았기 때문에 지적 수준이 높아졌다고 가상한다 하더라도 그가 실제로 소위 '훌륭한 지도자'인지와는 별개로 문제로 이해해야 한다.
43) 정창현(1999: 120): 신경완의 증언에 의하면, 공연에 참가한 김일성과 그 추종자들(혁명 1세대)은 옛 생각에 눈물을 흘렸다는 소문이 들려왔다. 원로들의 감탄을 자아낸 혁명가극은 김정일에 대한 빨치산 1세대들의 신뢰를 높여줄 수밖에 없었다고 한다.
44) 북한 군대의 저변 생활상에 대한 내용은 탈북 귀순자 850명에 대한 증언과 실록을 분석한 서동익(1995: 210-282)에 잘 나타나 있다.

신을 의미한다. 그렇기 때문에 선군주의는 군의 단순한 엘리트주의나 우월성을 의미하는 것이 아니라 군의 사상성, 즉 항일무장투쟁의식과 사회주의 국가체제 유지의식 등을 높이 받들어야 한다는 의미이다.

이는 항일독립투쟁 경력을 바탕으로 한 북한체제 내에서의 군 우위 문화라고 할 수 있다. 여기에 대한 분석을 위해서는 북한체제에 대한 진단이 선행되어야 할 것이다.

우선 이용필 교수(1985: 40)는 북한의 정치를 다른 공산주의 사회에 있어서와 같이 본질적으로 비밀정치활동(cryptopolitical activity)의 특성을 갖고 있다고 평가한다. 즉 북한체제는 일종의 비밀 병영국가(garrison state)라고 볼 수 있다. 비밀스러움과 군사적인 관계가 정치제도적으로 잘 드러난 것이 바로 당과 군의 관계라고 볼 수 있다.

함택영·류길재(1998)는 린즈와 스테판(Juan J. Linz & Alfred Stepan, 1996)이 주장한 권위주의와 전체주의와는 다른 특징을 가진 술탄적 정치체제(Sultanism) 개념에 입각하여 북한 정치체제를 다원성의 존재 여부, 이데올로기의 성격, 동원과 의사국가집단의 관계, 그리고 리더십의 측면에서 분석하기도 한다.

이러한 술탄적 정치체제도 이용필 교수(1985)가 제안한 비밀정치활동이라고 평가할 수 있을 것으로 본다. 그러나 이들 두 모델도 북한의 하나의 작동체제로 보았다고 하는 측면에서 의의가 있지만, 국가체제의 구조적인 작동 메커니즘을 설득력 있게 설명하는 데는 한계가 있다. 즉 이들은 당·정·군의 권력기구를 서구의 정치권력 개념하에서 바라보고, 이러한 분석을 토대로 작동체제의 특징을 개념화했던 것이다.

국가체제 내에서 한 요소로서의 북한의 군대는 '물리적 무장력'을 행사하는 군부대와 '정신적인 무장력'을 행사하는 당(party)이 있다. 이는 콜턴(Timothy Colton, 1990)과 레핑웰(John Lepingwell, 1992)이 구소련의 당·군 관계를 연구할 때, 상정한 세 가지 모델 즉 갈등모델(Kolkowicz,

1967: 21), 제도적 일치모델(Odom, 1973; 1976a; 1976b; 1978), 그리고 참여모델(Colton, 1979: 232) 중에서 제도적 일치모델과 참여모델에 그 개념이 가깝다고 볼 수 있다. 하지만 북한체제 자체가 병영체제라고 볼 때, 이러한 문제는 극복될 수 있을 것으로 본다. 놀란드(Marcus Noland, 1998)가 말한 '국가 속의 국가(autarky within autarky)' 개념은 북한의 군대가 보여주는 이와 같은 특징을 잘 표현해 주고 있다.

이동훈(1999)은 북한체제를 '병영요새형' 국가라고 전제하면서, 북한의 군대는 소위 4대 군사노선에 입각한 철저한 요새형 국가이면서, 당의 조정·통제를 받고 있는 국가로 상정하고 있다.

그런데 이와 같이 북한의 체제가 병영체제라고 말할 때의 의미는 동원 모델이나 전체주의 모델의 측면으로 평가하는 경향이 있는데, 병영체제 모델은 당의 영향권하에 있는 군부가 아니라, 북한의 당 또한 정신적인 무장력을 행사하는 군부로 간주되어져야 할 것이다.

이러한 근거는 당규약 서문에 나오는 "공산주의 운동의 승리를 위하여 헌신적으로 복무하는 선봉적 투사(鬪士)"라고 하는 대목, "조선로동당은 남조선에서 미제국주의 침략군대를 몰아내고……"(서문)라고 하는 대목, "조선인민군대의 당위원회는 당중앙위원회의 비준을 얻어 정치 및 군사 간부를 주둔지역의 도·시·군당위원회 및 공장 기업소의 초급당위원회 위원으로 추천할 수 있다."는 대목(제7장, 제50조)을 보면 쉽게 이해할 수 있다.

또한 북한의 『조선문화대사전』(1973: 89)에 의하면, "군대란 다른 것이 아니라 로동자, 농민, 근로인테리들의 군사적 군종 조직입니다.……"라고 하는 내용도 이러한 논리를 뒷받침해준다. 즉 '투사'나 '군사적 조직'이라고 하는 자구적 의미 자체는 분명 군사적 용어이고, '침략군대'를 몰아내기 위해서는 국가체제가 군대조직의 성격을 지녀야 한다는 것이며, 북한 내에서 대부분의 간부직은 당·정·군의 구분없이 통합배치가 가능하다고 하는 점 등을 동시에 고려한다면, 이러한 북한체제는 병영국가라고 말할 수 있을 것이다. 북한의 병영국가 체제의 군대의 정통성 유지의 기준은 다른 공산주의 국가가 '사회주의 혁명의 완수'를 목표로 삼고있는 것과는 다르다. 북한은 이를 표방가치로 삼으며(원조, 외교관계 등 고려), 실제 추구하는 가치는 항일혁명투쟁의 군사적 경험이 기준이 된다.

북한에서의 군은 항일 혁명투쟁을 상징하는 집단이다. 사실 북한이 대내적으로 한반도 북부지역에서 정권을 세울 수 있었던 것도 비록 그것이 일부 왜곡되었다고 하더라도 군의 항일 투쟁경력 때문이었다.

또한 대외적으로는 자체적인 정통성과 정치 세력화의 부족으로 인해 구소련의 지원을 많이 받게 되기는 했지만, 여기서 그들과의 연결고리를 확보하기 위해 공산주의라고 하는 국가이데올로기가 새롭게 필요하게 된 것이다. 그러던 것이 주체사상이 등장하면서부터 북한의 군대는 건국·건군 초기의 정통성을 더욱 공고히 인정받게 되었다.

이러한 분석은 북한의 김정일이 국방위원장으로 선임된 사실에서도 잘 드러나고 있다. 실제로 그는 자신의 아버지가 가지고 있었던 항일운동의 경력을 가지지 못하였다. 이러한 항일운동경력의 부족으로 인해 소위 혁명1세대뿐만 아니라, 대다수의 북한주민들이 믿고 따르고 있는 항일경력을 확보하기 위해 다른 사람들이 하기 힘들고, 또한 혁명1세대들을 비롯한 기존의 통치세력들이 개척하지 못한 문화·예술 분야를 개척하여, 여기에 항일투쟁의 경력을 바탕으로 한 영화와 연극을 만들어서 보수세력들로부터 인정을 받게 되고, 주민들로부터는 정치지도자로서의 개인적인 단순한 상징적 우대가 아닌 항일운동의 민족지도자의 지위를 보장받고자 했던 것이다.

그가 과연 '천재적인 지도자의 자질'을 선천적으로 타고 났느냐의 문제는 별개의 문제이다. 사실 그의 어머니인 김정숙은 혁명1세대들에게

한 김정일에 대한 간곡한 부탁은 아마도 김정일로 하여금 '사회주의 일꾼'으로 성장할 수 있도록 도와줄 것을 당부하는 과정을 거쳐 김정일로 하여금 '수령의 후계자' 지위를 직·간접적으로 확보할 수 있는 여건이 조성된 것이라고 할 수 있다. 그리고 김정일 본인으로서도 학창시절부터 김일성과 그의 심복들이 행한 현장지도 및 현지방문에 동참하여 시찰하기도 하였다. 김정일의 성장과정이 아버지의 후광으로 인해 이루어졌는지와 관계없이 현재 입장에서 북한의 지도자인 김정일에 대해 과소평가해서는 안 될 것이다.

결국 북한의 군대문화가 가지는 선군주의의 특징은 북한체제 자체의 특징이라고 할 수 있다. 이러한 차원에서 김일성 사후 김정일이 북한의 지도자로서 군부대를 방문하게 된 것은 군부로부터의 정통성과 특수지지(specific support)를 덜 받고 있다는 데 대한 우려를 불식시키기 위한 것이 아니라, 보다 적극적인 확산지지(diffused support)를 장기적으로 확보하기 위해 자신이 항일운동의 경력을 가진 인물이라는 것을 직·간접적으로 보여주기 위한 노력이라고 볼 수 있다.

둘째, 북한의 군대문화는 정치성이 강하다. 1995년 귀순한 D-1의 증언에 의하면, "1993년 초 '인민군대 내 군풍을 철저히 세울 데 대하여'라는 지시가 하달되었다"고 한다(국군정보사령부, 1997: 484). 이에 대해 그는 "정치·보위일꾼 때문에 규율이 문란해지고 지휘가 제대로 안 된다는 불만이 팽배하였기 때문"으로 그 지시의 배경을 증언하고 있다. 1996년 귀순한 M-1의 증언에 의하면, "연대 정치위원 집에는 뇌물을 수없이 바치는데, 연대장 집에는 뇌물이 하나도 없자, 연대장 부인과 정치위원 부인이 서로 머리카락을 잡고 싸우는 일까지 발생하게 되어 결국은 연대장과 정치위원의 싸움으로 확대되어 연대장이 좌천되었다."고 한다(국군정보사령부, 1997: 483). 이러한 증언을 통해서 볼 때, 북한 군대는 정치성이 강하다는 것을 알 수 있다.

최근에는 북한 군대 내 정치장교의 입지가 상당히 위축되어 있는 것으로 보여진다. 하지만 북한의 군대가 정치적 성향을 가지고 있다는 사실은 변함이 없다. 단지 그 역할분담이 다른 장교집단으로 이동하고 있을 뿐이다. 이러한 조치는 군대의 정치적 중요도를 덜 강조하는 결과가 아니라, 보다 세련된 정치적 목적을 달성하기 위한 일종의 수단으로 볼 수 있다. 즉 이 문제는 정치장교 개인들의 문제로 바라보아야 한다.

북한 당국은 정치장교의 폐해를 견제하기 위해 적어도 다음 두 가지의 대안을 마련한 것으로 보인다.

먼저 보위장교의 권한 강화조치이다. M-1의 증언[45]에 의하면, "1992년경 인민무력부 보위국에서 프룬제(Frunze) 군사대학[46]에 유학한 군관들의 '반체제 활동'[47]을 적발, 대규모로 숙청시킨 후 보위국장이 2계급 특진하면서 권한이 강화되기 시작하여, 1995년 말경, 6군단 반체제 사건(혹은 외화벌이사건)을 인민무력부 보위국에서 총정치국보다 먼저 적발하여 관련자를 색출하고, 부대를 교방(交方)[48]시킨 사례까지 발생하자 보위일꾼들의 권한을 강화시켰다."고 한다.[49]

---

45) 국군정보사령부(1997: 463-464): 이 내용은 탈북 귀순자 M-1이 1994년 7월부터 1995년 5월 23일간 득문한 것을 토대로 구성됨.
46) 이 군사대학은 제병합동부대 연대급 이상의 지휘관을 양성하는 학교로서, 1918년 '노동적군 총참학원'으로 설립되어 1925년 11월 5일 현재의 이름으로 개칭되었으며, 모스크바에 위치하고 있다. 더 자세한 내용은 화랑대연구소 편(1994: 209-211)을 참조할 것. C-4의 증언에 의하면, 프룬제는 러시아혁명 당시 레닌을 적극 도운 인물이라고 한다. 그의 이름을 따서 군사대학을 만들게 되었다고 한다. 북한은 창군 이후 이 군사대학에 많은 수의 군인들을 유학케 하였다고 한다. 주한 러시아 대사관 무관부 관계자에 의하면, 현재는 북한 군인유학생은 없다고 한다. 반면 남한 군대는 현재 군인유학생을 연례적으로 파견하고 있다.
47) C-4의 증언에 의하면, 당시 프룬제 군사대학 출신이 대부분이었고, 동유럽에 유학한 군인이 아닌 사람들(민간인)도 일부 포함되어 있었다고 한다.
48) 국군정보사령부(1993b: 27): 부대가 상호 위치를 바꾸는 것.
49) 국군정보사령부(1997: 464): D-1, D-3, D-4, D-5 등도 이에 대해 같은 내용을 증언하고 있음.

또한 "1996년 초부터 무력부 내 보위일꾼들이 부대정치일꾼들의 통제를 받아 정치학습을 실시하는 것이 아니라(1995년까지는 보위일꾼들이 부대 정치부의 통제를 받아 정치활동을 실시함), 사단급 이상 부대는 소속대 보위부 내에 자체적으로 정치부를 두어 정치학습을 실시하기 때문에 보위일꾼들이 정치일꾼들에게 당적으로 통제받지 않고, 여단, 연(대)대급 보위부 일꾼들은 사단 보위부 내 정치부에서 자체 통제를 하기 때문에 소속부대 지휘관·정치위원(지도원)의 간섭없이 독자적으로 보위활동을 실시하고 있다."고 증언하고 있다.[50]

다음으로 지휘관이나 책임 있는 부서의 장이 정치장교를 겸직토록 하는 조치이다. 1993년 귀순한 D-6의 증언에 의하면, "1980년 초 김일성은 총정치국이 무력부를 너무 강하게 장악하여 인민군의 전투력이 저하되고 있다고 지적, 인민무력부장 오진우를 총정치국장에 겸직시키고 무력부 예하국 및 군단급의 정치위원은 국장 및 군단장이 겸임토록 조치하였다."고 한다(국군정보사령부, 1994: 248).

결국 북한 군대는 시대적 변화와 군내 정치장교의 역할 분담으로 인해, 군내 정치화의 경향이 약해지고 있는 것이 아니라, 견제를 통해 더욱 강화되고 있음을 알 수 있다. 단지 그 새로운 정치화의 주역은 기존의 정치장교 집단에서 보위장교 집단으로 이동하고 있다.

셋째, 간부중심주의이다. 북한체제에서는 최고의 엘리트 코스를 밟고 있는 사람이라도 곧바로 군관으로 임관되는 경우는 드물다. 대부분이 전사(병사) 계급에서부터 시작하게 된다. 그들의 출신성분이나 당성 등이 참고되어 그 진출에는 상당한 편차가 있기는 하지만, 전사 계급에서 경험적 토대를 마련해야만 상위 계급으로 진출할 수 있다. 이러한 체제는 북한의 계급이 간부중심으로 편성되어 운영되고 있음을 보여준다.

---

50) 이러한 내용은 올해 초에 귀순한 C-2와의 면담에서도 같은 내용을 발견할 수가 있다. 즉 "전연부대(최전방 부대)내에서는 정치장교보다는 보위장교들의 권력이 더 막강하다."고 한다.

결국 군대 권위의 확보는 간부들로부터 오는 것이고, 이는 소위 '인민을 위하는 군대'라고 하는 초기의 인민군대의 지향점과는 상당한 차이를 보여주고 있다. 최근 북한 군인출신 귀순자들의 증언에 의하면, 북한 군대에 대한 비판내용 중에서 간부에 대한 불만이 많이 나타나고 있음은 이를 잘 반증해 주고 있다고 하겠다.

북한의 군대는 『내각결정 제148호』(1958)에 의거 지상군은 3년 6개월, 해·공군은 4년으로 정해져 있다. 그러나 김정일이 1991년 12월 24일 당 중앙위원회 제6기 19차 회의에서 인민군 최고사령관으로 추대된 이후 '조선인민군 최고사령관 명령'에 의거, 의무복무기간이 상당히 연장되었다(통일교육원, 1999: 220).

이는 M-1, D-4 등의 증언에서도 나타나고 있다. 특히 1994년 7월 10일 김일성 사망 후, 북한 내부의 결속 및 군부의 소위 '혁명과업' 관철을 위해 지속적인 상징조작의 필요성과 군부를 중심으로 한 혁명지속을 위해 취해진 조치였다고 볼 수 있다.

이와 같은 상황은 북한 군대 내에서 상대적으로 더욱 오랫동안 하전사들이 복무를 해야 한다는 결론이다. 이러한 정황이라면 간부가 되기 위해서도 상대적인 경쟁률이 과거보다는 상당히 높아졌다고 볼 수 있는데, 이 과정에서 발생될 진급관련 열등감도 생각해 볼 수 있다.

이러한 간부중심주의는 과거에서부터 지속되어 온 것이기도 하지만, 최근의 북한 군대 내에서의 간부중심주의의 강화는 정치장교에 대한 견제용이라고 볼 수 있다. 이는 지속적인 군의 혁명투쟁을 확대, 가속화하기 위한 일종의 혁명 강화조치로 분석된다.

1995년 귀순한 D-4의 증언에 따르면, 총정치국 간부부를 타 참모부서와 동격으로 개편한 목적으로 "간부사업이 정치부에 종속되어 계급환경과 실무능력에 따라 원칙적으로 되지 않고 정치부 군관들의 지인관계, 친인척관계, 뇌물공여 등으로 이루어지는 것을 방지하기 위한 것"이라고

124

지적하고 있다. 또한 "이러한 개편은 1993년 10월경에 이루어졌고, 1994년 4월경까지 인원 보직 및 조정을 완료하였다."고 한다. 이와 같은 간부부 개편 후 야전에서의 반응으로는 "군관들의 인사를 주관할 수 있으므로 지휘관의 위상이 제고되었고, 일반군관들은 정치부 권한 축소에 따라 위화감이 다소 해소되었다."고 한다(국군정보사령부, 1996: 463-464).

그러나 M-1의 증언에 의하면, 이러한 것이 완전히 일소되었다고는 볼 수 없다. 흔히 우리는 북한체제를 집단주의 성향이 강하다고 한다. 북한체제와 군대가 집단주의의 특성을 가지고 있음은 주지의 사실이다. 특히 군대는 어느 나라를 막론하고 집단주의의 성향을 갖고 있다. 그것은 군대의 존재목적을 실현하기 위한 보편화된 하나의 준칙으로 받아들여지고 있기 때문이다. 즉 교육훈련이나 조직의 작동체제상의 특성이 바로 그러한 요인이 된다고 볼 수 있다.

그리고 당규약 제1장 당원 제4조 '당원의 임무'에 여섯 번째로 언급된 내용에 보면, "당원은 고상한 공산주의 도덕성을 소유하고 조직과 집단을 사랑하며 조직과 집단의 리익을 위하여 개인의 리익을 희생할 각오가 있어야 한다. 당원은 높은 혁명적 자립정신을 발휘하고 모든 애로에 대하여 과감히 투쟁해야 한다.……"라고 하는 내용이 명시되어 있다.

그런데 이러한 집단주의는 어떻게 작동되는지에 대해 북한의 헌법에 명시된 내용을 살펴보면, 북한의 〈김일성헌법〉(1998. 9. 5) 제5장 공민의 기본권리와 의무 제63조에서는 "공민의 권리와 의무는 '하나는 전체를 위하여, 전체는 하나를 위하여'라는 집단주의 원칙에 기초한다."고 명시되어 있다.

여기서 앞의 구절은 집단주의를 말하는 것이고, 뒤의 구절은 개개의 인민들이 모여 이룬 전체는 수령이라고 하는 다른 하나를 위한다는 의미이다. 이는 집단의 중심에 이를 이끌어 가는 수령이 있음을 전제하고 있다. 즉 수령의 뜻이 그 집단에 내재되어 있어야만 그 집단은 집단으로서의 지위를 가질 수 있고, 생명력을 가진다는 논리인 것이다. 주체사상에서 가장 중요한 부분인 '혁명적 수령관'에서 그 실마리를 찾아볼 수 있다. 즉 모든 사회·정치적 제반 사항을 수령이 해내고, 또한 해낼 수 있다고 보는 것이다. 이 수령관은 1980년대 들어와서 김정일에 의해 '사회정치적 생명체론'으로 발전하게 되는 것이다.[51]

이러한 요소들이 바로 북한 군대를 단순 집단주의가 아닌 정치적 성향을 가지고 있다고 볼 수 있는 예들이다. 이는 또한 구소련의 크루프스카야와 마카렌코 등에 의해 정립, 개발된 집단주의 원리나 중국의 모택동이 말하는 '군중의 관점'을 소위 북한식의 주체적 변용을 통해 정치적으로 변화시킨 것이라고 볼 수 있다.

넷째, 북한의 군대문화는 정의주의(emotionalism) 특성이 강하다. 이는 곧 선정적으로 감정에 치우치는 경향이 있는 것을 말한다. 이러한 평가는 북한체제 내의 통치자들의 사고가 특이한 사회주의적 가치정향을 보이고 있는데서 비롯된다. 정의적인 요소는 감정, 의지, 정서 등 보이지 않는 가치의 문제이며, 합리적인 의사결정에 의한 문화형성을 의미하는 것이 아니다. 이러한 측면에서 북한의 군대는 '사회주의적 아름다움'을 옹위하고, 그 가치를 추구하는 집단이다.[52] 그러므로 북한 군대문화는 그 사회주의적 아름다움을 추구할 것이고, 그 자체가 사회주의적 아름다움을 가진 것이라고들 생각한다.

북한의 사회주의적 가치관에 따르면, 사회주의적 '고상한 기풍', '숭고한 것' 등[53]은 이와 같은 아름다움이 체제적으로 사회주의적 속성을 띠

---

51) 김정일은 1986년 7월 15일 조선노동당 중앙위 책임간부들과 한 담화문에서 "주체사상 교양에서 제기되는 몇 가지 문제에 대하여"라고 하는 논문을 통해 이 내용을 언급하고 있는데, 사실은 벌써 1970년대 초부터 있었던 것으로 볼 수 있다. 『근로자』(1973)에 보면 "혁명하는 사람에게 있어서 가장 고귀한 것은 사회정치적 생명이다."라고 명시되어 있다(이종석, 1998: 168).
52) '사회주의적 도덕교양'에 입각한 아름다움을 말한다.
53) 김정본(1991: 99): 임채욱(1993: 59-60)에 의하면, 북한에서의 미는 아름

고 있다는 의미보다는 그들의 인식의 체계가 우리와 다소 다른 미적
감각을 가지고 있다고 보는 것이 좋을 것이다. 그러므로 그들이 보는
아름다움의 현상과 표현은 우리와 다를 수밖에 없다.

나아가 남북한 군대의 내적 동질성을 회복하기 위한 노력은 인식체
계에 대한 이해를 의미하는 것이어야지, 전혀 이질적인 가치관이나 문
화를 그대로 받아들임으로 해서 동질화되는 것이 아닐 것이라는 함의
를 얻을 수가 있다.

북한 노동당 규약에서도 "국가는 군대안에서 군사규률과 군중규률을
강화하며 관병일치, 군민일치의 고상한 전통적 미풍을 높이 발양하도록
한다."(제61조)고 명시하고 있다. 여기서 그들이 말하는 바와 같이 '규
률'을 강조하고, '군·관·민의 일치'를 강조하는 것은 사회주의 정치체
제의 목표를 잘 달성하기 위한 것도 있지만, 그것이 사회주의의 목표달
성에 도움이 되는 소위 '고상한 미풍'이기 때문에 그렇게 행해야 한다고
말하고 있다.

이와 같은 북한의 군대가 갖는 사회주의적 성향은 소위 '사회주의 리
어리즘'에서 그 연원을 찾아볼 수가 있다. 북한, 중국, 동부 유럽의 사회
주의 국가들은 소련에서 '주다노프주의(Zhdanovism)'가 최고조에 이르
렀을 때 건설되었는데, 그 때 소련의 문화 생산은 스탈린의 문화담당관
인 안드레이 주다노프(Andrei Zhdanov)에 의해 지도되었다. 주다노프는
문화가 정치적 통제에 종속되어야 하며, 예술은 '사회주의 리어리즘'의
틀을 따라야 한다고 주장하였다. '순수예술(High Art)'-문학, 미술, 음
악, 연극 등-은 대중의 교화와 이데올로기적 행동주의의 광범위한 프로
그램 가운데 작은 부분이다(Verdery, 1991: 88, Armstrong, 1999:
136-137).

다운 것 외에 숭고한 것, 영웅적인 것, 비극적인 것, 희극적인 것까지 포괄
하는데, 북한에서는 추미가 없는 대신 영웅적인 것이 있는데, 이 미의 범
주는 인민대중의 요구와 지향에 따라 분류되었다고 한다.

본질적으로 리얼리즘이 감정적 행동성향을 강하게 발동할 수 없다. 왜냐하면 그것이 사실적인 바탕을 하고 있기 때문이다. 그러나 사회주의라고 하는 사조는 노동자 중심으로 자본가계급을 타도하려고 하는 의지가 전제되어 있다. 여기서 사회주의적 리얼리즘이 정의적인 경향으로 흐르는 동인을 찾을 수가 있다. 특히 북한식 사회주의 리얼리즘은 항일민족주의라고 하는 정서를 바탕으로 하고 있고, 북한정권 초기 역사재평가과정에서 국가이데올로기적인 선전 선동의 목적으로 이와 같은 리얼리즘은 강조되었다고 분석된다. 그리하여 북한체제 내에서 군대가 가지는 무력행사의 상징성으로 인해, 정의적 특성은 북한 군대문화의 하나라고 볼 수 있다.

끝으로, 북한의 군대문화는 규범주의 성향이 강하다.

그 자체의 규범적 강화도 요인이겠지만, 전체적인 도덕준칙 자체가 규범성향을 강하게 나타내고 있다. 1990년 귀순한 D-2의 증언에 의하면, 북한 군대에서 강조하는 '열 가지 공산주의 전투 도덕 품성'이 있다고 한다(국군정보사령부(1993a: 433-434).

그 시기에 대해, D-2는 이 규범이 '제2차 중대장·정치지도원 대회 시 강조사항'으로 언급된 내용이라고 하는데(국군정보사령부, 1993a: 433-434), 1973년 10월 11일 중대장·정치지도원대회라고 본다. 1999년 2월 27일부터 2월 28일 양일 간의 '조선인민군 중대장대회'(평양체육관)가 개최 시 1973년 김일성의 연설 내용('인민군의 중대를 강화하자')을 녹음으로 청취하고, 김정일에 대한 충성의 맹세문을 채택한 것을 볼 때, 이러한 추측은 가능하다(통일연구원, 1999: 187).

C-4, M-1 등의 증언에 의하면, 김일성이 군부대를 방문(불상시기)했을 때 언급한 내용을 정리하여 후에 하달한 내용이라고 하면서, 그 제목은 '전투 도덕적 열 가지 준칙'이 아니라 '열 가지 공산주의 전투 도덕 품성'이라고 한다. 전직 중대 정치지도원을 지낸 C-3 증언도 앞의

C-4, M-1의 증언이 맞다고 한다.

위의 논의를 토대로 본 '열 가지 공산주의 전투 도덕 품성'은 다음 〈표 20〉과 같이 정리할 수 있다.

〈표 20〉 북한 군대의 공산주의 전투 도덕 품성

구 분	내 용
① 용감성	군대는 전쟁을 위하고 나라를 보위하기 위해 무장된 집단으로서 한 번을 위해 백날을 존재하며 한번의 전투에서 무비의 용감성을 발휘해야 한다.
② 강의성	전투에서 승리는 땀을 많이 흘리는데 있다. 그러므로 훈련에서 강의성을 발휘하여 일당백으로 무장해야 한다.
③ 책임성	맡겨진 군사과업 수행에서 모든 군인들이 높은 책임성을 발휘할 때 인민군대의 중대가 강화되며 모든 중대가 강화되면 인민군대가 강화된다.
④ 규율성	규율은 군대의 생명이다. 규율없는 군대는 전투에서 패한다. 따라서 강철같은 군사규율을 세우는 것이 혁명군대의 근본이다.
⑤ 조직성	사로청원은 사로청 조직 생활을, 당원은 당조직 생활에서 조직규율을 철저히 세우는 것이 혁명군대의 근본이다.
⑥ 인내성	인내성은 군인의 기질이다. 부단히 노력하고 인내를 발휘하여 훈련하고 전투승리의 열쇠를 쥐어야 한다.
⑦ 낙천성	언제나 명랑하고 쾌활해야 한다. 훈련간 쉴참(휴식)이나 군인 모임장소에서는 낙천적으로 생활해야 하며, 두가지 이상의 악기를 능숙히 다루며 대오앞에서 오락회, 합창을 지휘할 수 있게 준비한다.
⑧ 단결성	단결은 승리의 원천이다. 사고를 낸 경우도 주동자만 처벌하고 공범자들은 부단히 교양 개조하여 혁명대오에 묶어 세워서 한 사람만이라도 끌어들여 단결된 인원이 많을 때 그것이 승리이다.
⑨ 혁명성	항일 유격대가 발휘한 강인 혁명정신과 조국해방 전쟁시기에 인민군 용사들이 발휘한 무비의 혁명정신 그리고 전후 복구건설시 발휘한 혁명정신을 따라 배워야 한다.
⑩ 충실성	무한히 충실해야 한다. 당에 대한 충실성, 수령에 대한 충실성 조국과 인민에 대한 충실성은 혁명군대의 본분이다.

주: ( ) 안은 필자의 설명.
자료: 국군정보사령부(1993a: 433-434)의 탈북 귀순자 D-2의 증언; 통일연구원(1999: 187); C-3, C-4, M-1의 증언을 교차 검증하여 재구성.

또한 북한 군대는 군사전략의 요체로서 일곱 가지를 제시하고 있는데, 여기서 그 두 번째인 '소부대활동과 대부대활동의 결합'에 있어서 소부대의 핵심이라고 할 수 있는 중대급의 활동을 강조하고 있다.[54]

북한 군대는 중대급 소단위의 전술적 성공이 대부대 작전을 승리로 이끄는 첩경이라고 믿고 소부대활동으로 대부대활동에 적극 기여하여야 하며 소부대의 전투력발휘에 지장을 주는 모든 문제가 배제됨으로써 지휘통제의 원활과 전 역량의 집중이 어렵지 않게 이루어질 수 있다고 믿고 있다(국군정보사령부, 1995b: 126).

이렇게 중요한 중대의 관리방식에 있어서 제반 활동은 규범적인 요소를 보여주고 있다. 북한 군대의 '10대 중대관리 준칙'이 그 구체적인 예인데, 그 내용은 다음 〈표 21〉과 같다.[55]

---

54) 국군정보사령부(1995b: 125): 김일성 주의의 군사전략의 요결을 다음 일곱 가지로 요약하고 있다. ① 산악전과 야간전투의 강조, ② 소부대활동과 대부대활동의 결합, ③ 정규전과 유격전의 배합, ④ 전쟁운용의 지배적 요소 견지, ⑤ 결정적인 공세작전 감행, ⑥ 현대 및 재래식 무기의 공유 그리고 ⑦ 입체전의 강조.

55) 국군정보사령부(1993a: 432): C-4의 증언에 의하면, '10대 중대관리 준칙'은 1985년 중대장·정치지도원 대회에서 김일성이 내놓은 것으로 "'맞누이'와 '맞형'의 입장에서 장병들을 사상적으로나 부대 생활 전반에 대해 지도해야 한다."고 하는 취지에서 나온 것이라고 한다.

〈표 21〉 북한 군대의 10대 중대 관리 준칙

순 서	내 용
1	중대 지휘관들은 군인들의 군무생활을 <u>군사규정과 규범의 조직대로 진행</u>하여야 합니다.
2	중대 지휘관들은 <u>해설과 설복의 방법</u>으로 이끌어 나가야 합니다.
3	중대 지휘관들은 군인들이 엄격한 명령과 지휘체계를 세우도록 요구하여야 합니다.
4	중대 지휘관들은 군인들이 언제나 전투동원태세를 철저히 갖도록 하여야 합니다.
5	중대 지휘관들은 모든 사업에 앞서 사건·사고를 막기 위한 대책을 세워야 합니다.
6	중대 지휘관들은 <u>이신작칙(以身作則: 솔선수범)</u>으로 군인들을 교양하고 이끌어 나가야 합니다.
7	중대 지휘관들은 자력갱생의 간고분투 <u>혁명정신을 높이 발양</u>하여 중대 살림살이를 알뜰하고 깐지게 꾸려 나가도록 하여야 합니다.
8	중대 지휘관들은 군인들이 <u>군민일치의 전통적 미풍을 높이 발휘하도록</u> 발양하여야 합니다.
9	중대 지휘관들은 중대를 중대와 소대단위로 <u>혁명적 동지애에 기초한 원칙적 단합</u>을 이룩해 나가야 합니다.
10	중대장과 정치지도원은 합심하여 중대를 이끌어 나가야 합니다.

주: 밑줄 및 ( )안의 설명은 필자가 강조 및 설명을 위해 표시함.
자료: 국군정보사령부(1993a: 432)의 탈북 귀순자 C-4의 증언 토대 재구성.

이외에도 몇 가지의 예가 더 있는데, 그중에서 중요한 사항 다섯 가지를 요약하면 다음과 같다. 첫째, '인민군 군인선서 5개 항'이다. 탈북 귀순자들(M-2, M-3, C-4)의 증언을 종합해 볼 때, 인민군의 군인선서는 창군 직후부터 있었으나, 최초에는 아주 간단한 몇 마디의 말이었으며, 차츰 문구가 많아지게 되었다고 한다. 신병훈련을 마치고 정식 군인이 될 때, 이를 암송하고 각급 제대에서는 국가의 중요한 행사가 있을 때 암송한다고 한다. 그 5개 항은 다음과 같다. ① 정부와 인민에게 생명의 마지막 순간까지 충실할 것, ② 사회주의 제도와 전취물을 헌신적으로 보위하고 혁명투쟁에서 모든 힘과 생명을 아낌없이 바칠 것, ③ 고상한 전우애와 일치단결의 정신을 백방으로 발산할 것, ④ 자기무기와 군대재산을 수호하고 비밀엄수 및 명령을 절대적으로 집행할 것, 그리고 ⑤ 선거에 끝까지 충실할 것을 당과 혁명동지들 앞에 굳게 맹세한다.

둘째, '전투력강화 5대 방침'이다. 이동훈 외(1996: 258)에 의하면, 노동당 제6차 대회(1980년)에서 오극렬이 "1970년대는 우리 혁명무력 건설력사에서 군의 전투력강화 5대 방침과 군무생활 10대 준수사항의 관철로 새로운 획기적인 전환을 가져온 시기이다."라고 보고하면서, 그중 5대 방침으로 ① 강인한 혁명정신, ② 기묘하고 영활한 전술, ③ 무쇠같은 체력, ④ 백발백중의 사격술, 그리고 ⑤ 강철같은 기율 등을 말했다고 한다. 그러나 국군정보사령부(1995b: 150-161)에 의하면, 1975년 2월 당중앙위원회 제5기 10차 전원회의 때 김일성이 직접 지령한 군정예화 대책으로 동 5대 방침을 제시했다고 한다. 전자의 경우도 틀린 것은 아니나 재강조되었다고 볼 수 있고, 최초는 후자가 맞다고 본다.

셋째, '군무생활 10대 준수사항'이다. 『김일성 저작집 32』(1986: 518-524)에 의하면, 이는 1977년 11월 30일 조선인민군 제7차 선동원대회(C-4는 8차라고 증언하고 있으나, 이는 잘못임.)에서 김일성이 인민군 최고사령관의 이름으로 직접 지령한 것으로 "정치사업을 잘 하여 인민군대의 위력을 더욱 강화하자"는 제하의 연설에서 강조된 것이다. 그 내용은 다음과 같다. 즉 ① 군사규정의 철저한 준수, ② 무기의 정통과 철저한 관리, ③ 군사명령의 철저한 이행, ④ 당 및 정치조직들에서 준 분공(分工)56)의 어김없는 집행, ⑤ 국가기밀・군사비밀・당조직비밀의 엄숙한 지킴, ⑥ 사회주의적 법과 질서의 철저한 준수, ⑦ 군사정치

---

56) 국군정보사령부(1998): ① 하부조직이나 개인에게 구체적인 과업을 맡기는 것, ② 작업장에서 일을 나누어 맡기는 것.

훈련에의 어김없는 참여, ⑧ 인민에 대한 사랑 및 인민재산의 침해 금지, ⑨ 국가재산과 군수물질(물자)의 철저한 보호, 그리고 ⑩ 군대안의 일치단결의 미풍 확립 등이다(괄호 안은 필자의 설명임).

넷째, '4대 훈련 원칙'이다. 이철수(1999: 34)는 다음과 같이 설명하고 있다. 즉 ① 주체성의 원칙이다. 군사훈련의 전 과정이 주체사상과 그 구현인 당의 노선과 방침을 관철하는 데 중심을 두고 외부의 도움이 없이 자체의 힘으로 전쟁을 수행할 수 있는 준비를 갖추는 것을 말한다. ② 정치성의 원칙이다. 모든 군인들을 김일성·김정일의 혁명사상으로 무장시키고 김일성·김정일에게 끝없이 충직한 혁명전사로 키운다는 것이다. ③ 전투성의 원칙이다. 훈련을 실전대로 하고 형식주의, 요령주의를 극복한다는 것이다. 그리고 ④ 과학성의 원칙이다. 훈련강령과 작전계획을 과학적으로 작성하고 무장장비의 현대화를 다그쳐 나가야 한다는 것이다.

마지막으로, '충성 맹세문'이다. 귀순자들(M-1, M-2, C-1, C-3, 그리고 C-4 등)의 증언에 의하면, 김정일이 1991년 인민군 총사령관으로 등극했을 때, 그에게 충성을 바친다고 하는 식의 맹세문으로, 그 내용이 너무 많아서 암송하지는 않고, 정치장교(지도원) 또는 지휘관(자)이 선창하면 뒤따라서 하는 식으로 하며, 총 20분 정도의 시간이 소요된다고 한다. 또한 내용에 대한 기본적인 지침이 상급제대에서 하달되면 부대의 특성에 따라 1-2개 정도의 항목을 추가시켜서 시행한다고 한다.

이와 같이 북한의 군대문화는 강한 규범성을 나타내고 있다. 이 규범성은 앞서 언급한 선군주의, 정치성, 간부중심주의, 그리고 정의적 특성 등의 요소들을 포괄할 만큼 북한 군대에서 강한 영향력을 가지고 있음을 알 수 있다.

격은 상호 분석을 통해서 이루어져야 할 것이다. 이러한 분석은 단편적 분석을 지양하고, 문화를 시공간적 상황 속에서 입체적으로 분석하고자 하는 의도에서 비롯된 것이다.

남북한의 군대문화에 평가기준은 선행연구들을 참고하여(여숙동, 1980; 화랑대연구소 편, 1993; 원재홍 외, 1993; 이강효, 1994; 이동훈, 1995; 홍두승, 1996; Hofstede, 1982; Soeters, 1997 등), 분석기준을 설정하였다. 이렇게 하여 군대문화에 대한 평가 기준으로 설정한 20개는 다음과 같다. 즉 ① 개인주의, ② 권위주의, ③ 단기성과주의, ④ 명예주의, ⑤ 무사안일주의, ⑥ 물질만능주의, ⑦ 보수주의, ⑧ 실적주의, ⑨ 연고주의, ⑩ 완전무결주의, ⑪ 진취성, ⑫ 집단책임성, ⑬ 출세지향주의, ⑭ 특권의식, ⑮ 합리주의, ⑯ 향락주의, ⑰ 형식주의, ⑱ 획일성, ⑲ 효율성, 그리고 ⑳ 희생·봉사정신이다.

나. 남북한 군대문화에 대한 인식 비교

남북한의 군대문화에 대한 인식의 비교는 통일군대의 문화를 형성해 나가는 데 있어서 그 주체 중의 하나인 군인 및 군대의 상호 특징의 차이점을 예측하는 데 도움을 줄 수 있다. 여기서는 위에서 남북한 군대문화의 20개의 분석기준을 바탕으로 긍정적인 요소와 부정적인 요소에 대해 각각 구분하여 그 인식을 비교할 것이다.

남북한의 군대문화를 20개의 척도에 의해 비교분석해 보면 다음 〈표 22〉와 같다.

<표 22> 남북한 군대문화의 특징 비교(N=861)

구　　분	남한 군대	북한 군대	t 값
전체 평균	64.66	59.92	
출세지향주의	76.23 ①	66.15 ⑩	9.22**
명예주의	75.99 ②	69.70 ⑦	-6.14**
권위주의	74.88 ③	82.50 ①	-7.96**
실적주의	73.48 ④	71.03 ⑥	-2.40*
특권의식	72.37 ⑤	79.00 ③	-6.28**
단기성과주의	71.94 ⑥	67.80 ⑨	-3.98**
형식주의	70.95 ⑦	65.30 ⑪	5.46**
연고주의	70.07 ⑧	58.52 ⑫	-10.32**
획일성	67.27 ⑨	78.07 ④	-10.77**
무사안일주의	66.51 ⑩	46.47 ⑭	-20.07**
보수주의	65.98 ⑪	79.29 ②	12.78**
물질만능주의	65.90 ⑫	42.74 ⑯	-19.96**
집단책임주의	62.30 ⑬	74.77 ⑤	-10.64**
개인주의	59.10 ⑭	33.25 ⑳	23.68**
진취성	56.62 ⑮	53.12 ⑬	3.25**
합리주의	54.14 ⑯	36.55 ⑲	18.28**
향락주의	53.93 ⑰	39.39 ⑱	12.24**
완전무결주의	52.65 ⑱	68.88 ⑧	-16.05**
효율성	51.72 ⑲	42.65 ⑰	8.02**
희생·봉사정신	51.22 ⑳	43.28 ⑮	6.64**

주: 1) *: p<.05, **: p<.001.
　　2) 평균값은 "매우 강함"(100점), "대체로 강함"(75점), "보통"(50점), "별로 강
　　　하지 않음"(25점), "전혀 강하지 않음"(0점)을 가중 평균하여 산출함.
　　3) 원 안의 숫자는 평균값의 우선순위를 표시한 것임.

위의 <표 22>에서 보는 바와 같이, 남북한 군대문화의 전 항목이 통계적으로 유의미한 차이를 보이고 있다.

이를 다시 긍정적인 것과 부정적인 것으로 나누어서 살펴보고자 한다. 우선 긍정적인 요소에 대해 살펴보면, 다음 [그림 4]에서 보는 바와 같다.

[그림 4] 남북한 군대문화의 긍정적 요소에 대한 인식 비교

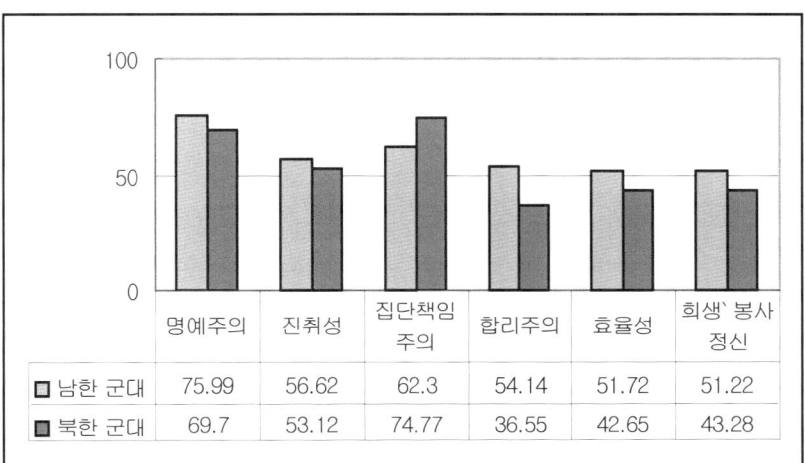

	명예주의	진취성	집단책임 주의	합리주의	효율성	희생`봉사 정신
□ 남한 군대	75.99	56.62	62.3	54.14	51.72	51.22
■ 북한 군대	69.7	53.12	74.77	36.55	42.65	43.28

주: 수치는 "매우 강함"(100점), "대체로 강함"(75점), "보통"(50점), "별로 강하지 않음"(25점), "전혀 강하지 않음"(0점)을 가중 평균한 것임.

　긍정적 요소에 있어서 집단책임성을 제외한 나머지 요소들은 모두 남한의 군대문화가 북한의 군대문화보다 더 높은 것으로 나타났다. 반면 북한의 군대문화에 있어서 합리주의(36.55), 희생·봉사정신(43.28), 그리고 효율성(42.65) 등은 남한에 비해서도 뒤질 뿐만 아니라 절대적인 평균값 면에 있어서도 보통 이하의 평가를 받고 있다. 이 점은 바로 통일군대에 있어서 내적인 군사통합을 하는 데 있어서 부정적인 요인으로 작용할 소지가 있다.
　다음으로 남북한 군대문화의 부정적인 요소에 대한 비교이다. 그 결과는 다음 [그림 5]에서 보는 바와 같다.

138

[그림 5] 남북한 군대문화의 부정적 요소에 대한 인식 비교

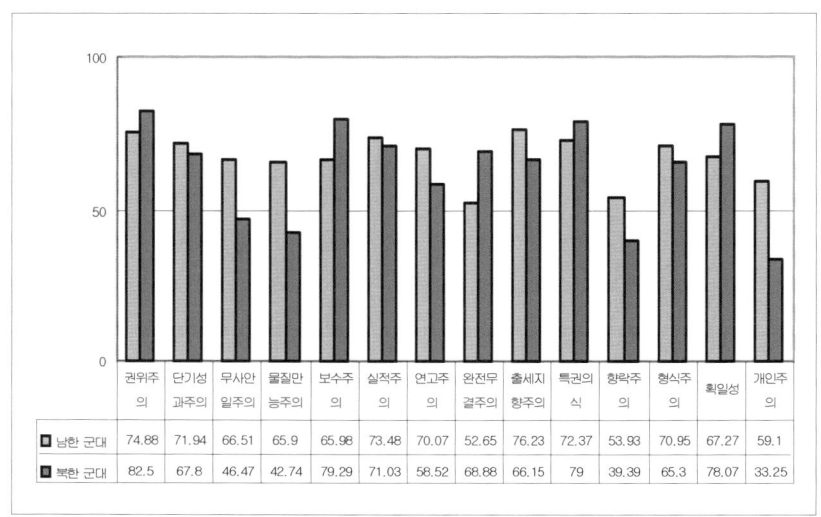

	권위주의	단기성과주의	무사안일주의	물질만능주의	보수주의	실적주의	연고주의	완전무결주의	출세지향주의	특권의식	향락주의	형식주의	획일성	개인주의
■ 남한 군대	74.88	71.94	66.51	65.9	65.98	73.48	70.07	52.65	76.23	72.37	53.93	70.95	67.27	59.1
■ 북한 군대	82.5	67.8	46.47	42.74	79.29	71.03	58.52	68.88	66.15	79	39.39	65.3	78.07	33.25

주: 수치는 "매우 강함"(100점), "대체로 강함"(75점), "보통"(50점), "별로 강하지
않음"(25점), "전혀 강하지 않음"(0점)을 가중 평균한 것임.

위의 [그림 5]에서 보는 바와 같이, 남북한 군대문화의 부정적 요소
중에서 남한의 부정적 요소가 북한의 것에 비해 더 좋지 않게 인식되
고 있는 것은 출세지향주의, 실적주의, 연고주의, 물질만능주의, 무사안
일주의, 개인주의, 그리고 향락주의 등이다. 여기서 북한의 물질만능주
의(42.74), 개인주의(33.25), 그리고 향락주의(39.39)는 보통 이하 수준
으로 나타나고 있으므로 이 점들은 군사통합 과정에 있어서 남한만의
문제점이라고 볼 수 있다.

한편 북한의 부정적인 요소로는 권위주의, 특권의식, 단기성과주의,
형식주의, 획일성, 보수주의, 그리고 완전무결주의 등이 있다. 이러한 요
소들은 남한 군대에서도 상당한 정도로 내재되어 있는 것으로 평가되
고 있기 때문에, 남북한이 공히 개선해 나가야 할 요소들이다. 특히 북

한 군대는 더 많이 개선되어야 할 요소들이다.

이와 같은 남북한의 군대문화에 대한 인식은 조직문화·규범문화·생활문화로 구분하여 정리할 수가 있다. 첫째, 조직문화의 측면이다. 먼저 남한의 군대문화는 외형적으로는 객관적 문민통제의 실현과 군 내부의 조직적 측면에서는 문화적 정체성 형성의 과제를 안고 있다.

한편 북한의 군대문화는 외형적으로는 선군주의에 따라 당정군의 일체형 체제로 군이 엘리트 조직이라는 자부심을 갖도록 유도하고 있지만, 사회주의 국가가 전반적으로 안고 있는 '지속적 준비태세(always readiness)' 유지의 과제가 군 조직의 자체적인 군대문화 형성을 방해하고 있다고 하겠다. 그러므로 전반적으로 피동적인 경향을 가지고 있고, 조직 자체가 경화되어 있다고 볼 수 있다. 이를 극복하기 위해 강한 인센티브 정책을 펴고 있기는 하지만 '가슴에 달린 빽빽한 훈장'에 비례할 만큼의 조직문화의 건강도는 기대할 수 없다.

둘째, 규범문화의 측면이다. 우선 남한의 군대문화는 개방형을 취하고 있기 때문에 전반적으로 자율성을 지향하고 있지만, 의무병제를 채택하고 있어 어느 정도의 제한성은 있다고 할 수 있다. 군인으로서의 강한 자부심은 국가의 정통성에서 비롯되는 것이고, 민주시민으로서의 역할 수행이라고 하는 데 그 근거를 두고 있다. 하지만 병사들의 의무병제에서 비롯된 병영문화와 간부들의 전문직업군제로 인해서 생기게 되는 간부문화가 상충되는 요소가 있을 수 있다.

한편 북한의 군대문화의 규범문화적 특징은 북한 당국이 군대의 정통성을 '항일독립투쟁'에서부터 비롯된다고 주장하고 있는 데서 찾아볼 수 있다. 북한 군대는 이 주장의 근거가 있느냐의 여부와 무관하게 북한 군대는 소위 '사회주의적 동지의식'을 바탕으로 하고 있기 때문에 외형적으로는 정의적 규범문화 정향이 강하다고 볼 수 있다. 그러나 전시 상태의 유지와 현실적인 평화분위기 조성으로 인해 규범적 행위의 근거가 미약해 지고 있는 실정이라고 보여진다.

셋째, 생활문화의 측면이다. 먼저 남한의 군대는 그 대부분의 구성원들인 병사들의 빠른 교체로 인해 외형적 전투력 유지에 있어서 문제점이 야기될 우려가 있을 수 있으나, 연평해전에서 해군 장병들이 보여준 모습은 이러한 우려를 불식시켜주었다. 대체로 병사들은 빠른 부대 적응에 있어서 다소간의 문제가 있을 수 있지만 군대생활 저변에 있어서 활력소 역할을 해주고 있다고 볼 수 있다. 오히려 간부들이 사회의 흐름에 부응하지 못하여 지휘통솔상에 있어서 병사들과의 의사소통의 단절이 초래될 우려가 있다고 볼 수 있다.

한편 북한의 군대는 외형상으로는 오랜 기간동안 군대생활을 같이 하게 됨으로써 다양한 생활문화가 자생적으로 생길 수 있을 것으로 추측할 수가 있으나 임무완수를 위한 혁명의 군대라고 하는 성격이 강조됨으로 해서 오히려 갈등의 소지가 더 많다고 보여진다. 최근 탈북 귀순한 C-2의 증언에 의하면, 북한 장병들 간의 구타 및 가혹행위의 문제는 심각하다고 하는데, 이는 북한 군대의 생활문화가 갖는 부정적인 요소의 좋은 예이다.

제5장

통일 한국의 군대문화 형성:

원리 · 과제 · 실천

제5장 통일 한국의 군대문화 형성:
원리·과제·실천

앞 장에서 남북한 군대문화에 대한 특징과 그에 대한 인식을 살펴보았다. 이를 바탕으로 이제 통일 한국의 군대문화에 대한 형성원리를 설정하고, 실증조사 분석을 통해 군사통합 과정에서 예상되는 과제 및 실천상의 문제점을 살펴보고자 한다.

1. 통일 군대문화 형성원리

통일 군대문화의 형성은 아무런 선행조건이 없이 형성될 수는 없다. 그래서 앞 장에서 남북한 군대문화의 형성과정에 대해서 분석하였다. 여기서는 그러한 연결고리를 진단하고, 어떻게 하나의 통일 군대문화로 만들어 나가는가에 초점을 두고 살펴보고자 한다. 이러한 남북한의 과거 및 현재의 군대문화에 대한 진단을 토대로 이제 통일군대가 지향해야 할 군대문화의 형성에 대한 원리를 설정해 보고자 한다.

남북한의 군대문화는 상호간의 다양한 문화가 공존하되 각기 독자성을 지니며, 동질화된 세계문화는 존재하지 않는다고 하는 입장을 전제해야 한다(우실하, 1997: 35). 고범서(1993: 23-27)는 통일 한국의 삶의 양식을 ① 인간주의, ② 상호주의, 그리고 ③ 개방주의로 요약하고 있는데, 이러한 입장도 우실하(1997)가 제시한 범주와 상통한다고 본다. 이와 같이 통일 한국의 문화는 독자성을 가지면서 세계문화와 끊임없는 상호작용을 해야 하는 과제를 안고 있다.

현대 서구의 군대사회는 일반사회의 한 부분이라고 인식되어지고 있다. 서구의 일반사회 모형이 가장 이상적인 것이라고 하는 데는 이견이 많이 있지만, 그럼에도 불구하고 남북한의 통일국가의 모형이 세계 보편성을 지향한다고 하는 측면에서 일반사회와 밀접한 관계를 통해서 그 문화적 성격 또한 상호 많은 영향을 미치면서 생성·발전되어간다고 하겠다. 그러므로 이러한 남북한의 현재적 군대문화의 비교는 남북한이 가지고 있는 현재적 일반문화와의 관계를 통해서 형성 발전하게 되는 것이라고 말할 수 있다.

본 장에서 통일 군대문화 형성원리로 상정한 모델은 구심적·원심적 원리이다. 김팔곤(1997: 34-61)은 문화운동적 차원에서 지역적 특수성을 지향하는 문화운동으로 '구심적 문화운동'을 설정하고, 세계적 보편성을 지향하는 문화운동으로 '원심적 문화운동'을 제안하고 있다.

본 연구에서는 문화형성의 방향성을 기준으로 한 것이다. 내부의 정체성을 형성하는 것은 구심적 원리로 보고, 문화를 개발하고 창조하는 것은 원심적 원리라고 상정한 것이다. 구심적 원리란 통일군대가 스스로의 정체성을 확립하기 위한 문화형성 원리를 말하는 것이고, 반면 원심적 원리란 계속해서 발전할 수 있는 문화추동 원리를 말하는 것이다. 그러나 여기서 말하는 구심적·원심적 원리는 시간적으로는 동시적이면서, 비교 우위적으로도 대등한 비중을 가진 것이다.

통일 군대문화 형성은 군대문화 자체가 문화로서의 정체성을 확보할 수 있는 원리가 필요하고, 일반사회와의 관계 속에서 그 자체의 문화를 교류하면서 발전시켜가야 할 원리가 필요하다고 본다. 전자를 구심적 원리라고 말하고, 후자를 원심적 원리라고 말할 수 있겠다.

이러한 원리 설정은 앞서 언급한 바와 같이 네덜란드의 철학자 반 퍼슨(1994)이 말한 바와 같이 "문화는 명사가 아니라 동사"라고 말한 바, 즉 동태적 문화형성의 방향을 찾고자 하는 작업이라고 할 수 있다.

가. 구심적 원리

물리학적으로 구심력은 한 중심을 기준으로 등속 원운동을 하는 물체에서 발생하는 항상 원의 중심으로 향하여 그 물체에 작용하는 힘을 말한다. 이 구심력은 하나의 공동체가 갖는 자기 정체적 통합요인이라고 하는 점에서 원용의 가치가 있다. 이러한 남북한 통일군대의 문화형성에 있어서 구심적 원리로 문화의 본원성, 상호성, 그리고 통합성으로 정리할 수 있다.

(1) 문화의 본원성

문화는 인간이 만든 제반 생활양식의 총화이다. 인간이 피조물이든 아니면 창조적인 본성이 부여되었는지와 관계없이 문화가 가지고 있는 본원적인 가치는 실재한다. 이 본원성은 인간이 변화한다고 해도 문화가 가지고 있는 변하지 않는 '그 무엇'이라고 할 수 있는 것이다. 본원성에는 두 가지 측면이 있다. 하나는 문화가 가지고 있는 존재로서의 가치이고, 다른 하나는 존재양식으로서의 가치이다. 첫째, 문화가 가지고 있는 존재론적인 가치이다. 이는 '인간의 존엄성'과 같은 가치를 말한다. 본래 참인 것으로서의 가치 자체를 말하는 것이다. 메쓰너(J. Messner, 1997: 172)는 "인간을 인격체처럼 자신의 유(有), 자신의 목적, 자신의 활동을 갖는 사회는 결코 보아 큰 전체의 한 부분에 불과한 것이 아니라, 항상 고유한 권리를 가지는 하나의 독특한 자아로 있게 된다."고 설명하고 있다. 그것은 본원적으로 존재하되, 공동체의 구성원으로서의 개인이 거기에 자신의 인격이 투영된 채로 대상을 인식하는 것을 말한다. 즉 나와는 별개로 허공에 매달린 가치로서의 문화를 말하는 것이 아니다. 존재론적 가치의 측면에서 본, 문화의 본원적 형성은 예컨대 전통 군대문화의 정신적 요소에 대한 계승 노력과 같은 것이라고 볼 수 있다.

둘째, 존재양식으로서의 가치이다. 이는 구성되는 원리이기도 한데, 인간의 가치인식의 체계를 말한다. 앞에서 말한 정신적 요소는 하나의 연결되지 않은 요소에 지나지 않는다. 여기에 연결고리를 찾아야 한다. 어떻게 인식하고, 그것을 어떻게 구성하느냐라고 하는 인식론적인 물음을 말한다. 그리고 구성원 상호간에 어떠한 문화적 공감대를 형성하느냐 하는 등의 관계에 대한 측면도 될 것이다.

"인간은 사회적 동물이다(homo politicus)"라고 하는 고전적인 명제도 이에 해당되는 것이다. 우리는 이러한 명제에 따라 "인간은 문화적 동물이다(homo cultura)"라고 말할 수 있을 것이다. 위의 두 명제에 따라 존재양식으로서의 문화 인식은 의미가 있다고 하겠다.

교황 요한 바오로 2세(1999)는 "인간 존엄과 연대와 보조성의 원리를 세 축으로 삼고 있는 사회 교리를 실천해야 한다."고 말했는데, 이는 본원적 문화형성의 원리를 잘 대변해 주고 있다(『월간중앙』, 1999. 3: 302).[57]

군대문화의 형성원리 또한 바로 이러한 토대 위에서 고려되어야 할 것이다. 보이지 않고, 인식할 수 없는 것이라고 해서 소홀히 해서는 안 될 것이다. 즉 잘못 정초되지 않도록 가치의 실재성과 가치 인식의 인격성을 두루 고려해야 할 것이다.

차하순(1999)은 "세계 문명의 보편성을 찾는 작업은 결코 획일화와 표준화를 의미하지 않고 오히려 자기정체성의 강화를 의미한다."고 강

---

57) 교황이 되기 전 철학자로서의 카롤 보이틸라(Karol Wojtyla)에 대한 학문적 업적은 진교훈(1994: 21-40) 참조.: 사회윤리에서 중시되는 원리로 연대성, 공익성, 보조성에 대해서는 강두호(1990: 34-35) 참조.

조한 바 있다.

이와 같이 통일 군대문화가 가지는 본원성이라고 하는 것은 남북한 각각의 군대문화가 어느 한 편의 기준에 따라 획일화되고 표준화되는 것이 아니라 자기 정체성을 더욱 긍정적으로 발현하는 것을 말하는 것이다.

(2) 문화의 상호성

통일상황은 이질적인 요소가 만나는 것이다. 그 어느 문화라도 극단적으로 이것은 옳고 저것은 나쁘다라고 말할 수 없듯이 남북한의 이질적인 문화요소에 대한 평가는 상대성을 가진다고 하겠다. 내부적인 기능 · 구조의 특징을 모두 담지하고 있는 문화는 상호 이질적인 문화와 만나게 되면 그 기능과 구조의 모든 면에 있어서 영향을 받게 된다.

여기서 말하는 상호성은 윤리적인 상호주의를 말하는 것이다. 최근 상호주의에 대해서는 남북간의 관계에 있어서 많은 논란이 있다. '해주면 우리도 해준다.', '북한이 도발해오지 않으면 우리도 도발하지 않는다.' 그리고 '우리가 해주는 것만큼은 받아야 한다.'는 등은 바로 소극적인 상호주의를 말하는 것이다. 그러나 단기적인 비상호적 행위가 장기적 상호주의로 나아가는 경우가 있음을 간과해서는 안 될 것이다.

셀즈닉(P. Selznick)은 기존의 자유주의 이론이 지나치게 개인주의적이고, 무역사적이며, 자아와 의무의 사회적 근원에 대하여 충분할 정도로 민감하지 못했다고 비판하면서, 공동체주의적 관점에서 자유, 평등, 합리성과 같은 자유주의의 이상들을 재구성해야 한다고 주장하면서, 일곱 가지의 요소(역사성, 정체성, 상호성, 다원성, 자율성, 참여성, 통합성)를 제안하고 있다. 그중에서 상호성(mutuality)은 상호의존성(interdependence)과 호혜성(reciprocity)의 경험에서 시작하여, 대체로 그것들에 의해 지지된다고 하였다(Selznick, 1994: 26-28).

그는 또한 공동체의 개념상 많은 변화의 추이가 있는데, 처음에는 단순한 집합에서 공동체로 나아가게 된다. 그 과정에서 상호성은 보다 참을성 있는 상호관계, 배려, 헌신 등과 같은 관계를 더욱 발전시켜 주기 위한 상호작용으로 발전한다고 보았다. 이는 단순한 호혜성으로부터 연대성(solidarity)으로 나아가 동료의식(fellowship)으로 발전하게 되는 것이다 (Selznick, 1992: 362).

보다 적극적인 의미로서의 상호성에 대해 고범서(1993: 25)는 개인의 권리에 절대적 가치를 두는 것이 아니라, 타인에 대한 책임적 관계를 출발점으로 삼으며, 나아가서는 다른 국가들과 자연에 대한 상호의존적·상호협조적 관계에 우선적 가치를 둔다고 하였다.

결국 상호성이 문화의 원심적 원리로서 중요한 이유는 자기 문화에 있어서의 문화형성 주체들 간의 이해와 배려를 바탕으로 하고 있기 때문이다.

(3) 문화의 통합성

통일 군대문화는 내적인 통합요인을 갖고 있어야 한다. 통합성이란 내적 응집력을 말한다. 구조적인 구성을 통한 합치만이 아니라, 그 내용까지도 일체감을 형성할 수 있는 원리라야 한다는 의미이다. 여기서 일체감을 형성한다는 말은 단순히 동질성을 확보한다는 뜻이 아니다. 물론 동질성의 확보를 통해 문화적 일체감을 형성할 수는 있다. 그러나 그것이 충분조건은 될 수가 없다. 그것은 보다 포괄적인 통합원리를 말하는 것이다.

남북한의 군대문화를 상호 비교하여 이질적인 것은 지양하고, 동질적인 것은 지향하는 식의 논리는 무리가 있다고 본다. 제대로 된 하나의 생명성을 가진 문화가 형성되기도 전에 동질적인 요소를 강조하는 것은 맞지 않다는 뜻이다.

그러므로 일체감의 형성은 타 문화에 대한 올바른 시각형성에서부터 시작된다. 타 문화이해(cross cultural understanding)는 인식론적이면서도, 가치론적인 용어이다. 이 말은 개념상으로 우리가 흔히 타 문화이해의 바탕이라고 생각되어지는 문화적 상대주의와는 친화적이지는 못하다. 왜냐하면 문화를 상대적으로 이해하든, 다원적으로 이해하든 그것과 관계없이 타 문화에 대한 이해는 그 자체로서 가능하기 때문이다. 그래서 타 문화이해는 문화 상대주의보다는 오히려 문화 다원주의로 보는 것이 타당하다고 본다.[58]

또한 상징적 문화요소를 잘 검토해야 할 것이다. 기어츠(Clifford Geertz, 1973)는 문화의 상징성에 대해 강조하였다. 그러나 여기서 말하는 상징성은 단순한 상징으로 끝나는 것이 아니라 공동체 구성원들 간의 통합, 단합, 유대를 의도하고 있기 때문에 통합성의 범주에 포함시키는 것이 타당하다고 본다.

군과 관련된 상징적 문화요소로는 국가상징인 국기(national flag), 국가(national anthem), 군기(military fag), 군가(military song), 국립묘지 등이 그 좋은 예라고 할 수 있다.

나. 원심적 원리

원심력은 밖으로 나가는 힘이다. 남북한의 통일 군대문화를 논의함에 있어서 정체되어있지 않고 지속적인 발전을 위한 원리가 필요한데, 그 원심적 문화형성의 원리로는 전승성, 소통성, 그리고 창조성을 상정할 수 있다.

---

58) 많은 학자들의 보고에 의하면(Murphy, 1965; Berry et al., 1977; Dion et al., 1978; Beiser et al., 1988 등), 일반적으로 난민들이 새로운 사회에 편입되어 적응할 때 가장 중요한 요소 중의 하나는 그 사회가 얼마나 타 문화에 대해 수용적인 태도를 보이는가이다(전우택, 1999: 60).

150

(1) 문화의 전승성

문화 전승성은 인간을 신의 피조물이라고 전제하는 데서 출발한다.[59] 인간은 과거의 풍습을 이어나가는 존재이다. 그리고 동시에 자신에게 부여된 천부적인 인성과 문화적 존재자로서의 위치를 스스로 지켜나가는 또는 나아가야 하는 존재이다.

우선 피조물로서의 인간이 갖는 전승의 의무에 대해 알아보자. 인간은 신에 의해 창조된 존재이기도 하면서, 부모의 자녀이기도 하고, 또한 공동체의 산물이기도 하다. 자신은 의미 있는 한 존재가 됨에 있어서 '누구 또는 어떤 것'으로부터 그 존재됨을 부여받고 있는 것이기 때문에, 자신에게 부여된 의미를 잘 이어나가야 할 의무가 계속해서 주어지고 있는 것이다.

인간은 공동체 안에서 지속적인 형성의 과정에 있기 때문에, 과거의 문화적 소산을 이어나가야 하는 것과 현재적 삶 자체를 이어나가야 하는 사명이 동시에 부여된 것이다. 그래서 인간은 '문화에 대한 전승의 의무'와 '문화형성에 기여해야 되는 의무'를 동시에 갖고 있다고 볼 수 있다.

흔히 전통문화에 대한 시각이 이러한 접근이 될 것이다. 전통문화는 화석 속의 박제된 문화를 말하는 것이 아니다. 그 정신의 연원은 먼 옛날로 거슬러 올라가지만, 오늘날 함께 하고 있는 생활공간 속에서 전승되어오고 있는 소중한 문화적 경험을 말하는 것이다. 현재와의 관계가 단절된 채 정책적인 시도로서만 끝나버리고 마는 전통문화에 대한 인식은 바로 이러한 사고가 부족하기 때문으로 생각된다.

반면에 남들이 보아도 아주 보잘 것 없고, 작은 것임에도 불구하고

---

59) 성경해석상 많은 차이가 있을 수 있지만, 대체로 이 말은 신이 인간을 만들 때, "신의 모습으로 만드셨다."고 하는 점에 강조를 두고 있는 것으로 이해되어진다. 즉 단순한 피동적 존재로서의 의미가 아니라, 신에게 자발적으로 나아갈 수 있는 자유의지를 가진 존재로서의 피조성을 말하는 것이다.

이를 잘 계승해 나가는 모습들은 아름답게 보이는데, 이러한 것이 바로 문화의 계승을 통한 문화형성의 원리인 것이다. '작은 것이 아름답다.'라고 하는 명제는 진정 그 부피만을 이야기하는 것이 아닐 것이다. 이런 의미에서 '작지만 강하다'라고 하는 어느 자동차의 선전은 미래의 한국 군대문화의 형성의 슬로건이 될 수도 있을 것이다. 이는 우리의 조국과 군대가 비록 작지만 강한 연대감으로 어떤 나라도 넘볼 수 없는 나라와 군대로 만들 것이라는 강한 자부심으로 나아갈 수 있는 바탕이 될 것이다.

통일 한국군을 형성할 때, 그 군대문화에 대한 재평가는 매우 중요하다. 이때 북한 군대의 현재 군대문화는 모두 잘못된 것이라고 하는 것은 그들의 체제를 수용하려고 하는 논리와 다르게 인식되어져야 한다. 남한의 군대문화가 그 사회 속에서 의미 있는 하나의 문화이듯이 북한의 군대문화 또한 북한체제 내에서는 하나의 의미 있는 문화의 한 형태라고 할 수 있다. 군대문화가 사회문화의 한 부분이기도 하면서도 군대만이 가지고 있는 특수한 하나의 특징을 갖고 있기 때문에, 그 나름의 정체성을 찾아서 통일 군대문화 형성에 보탬이 될 수 있는 방향을 모색해 볼 수 있다는 의미이다.

어느 한 쪽의 정통성이 많다고는 할 수 있다고 하더라도 일방의 모든 문화가 배척되어야 한다는 명제는 반드시 참인 것만은 아니다. 이것은 통일군대를 만들어 나가는 데 있어서 그 구성원들이 행하는 문화전승 의지에 따라 결정되는 것이다.

(2) 문화의 소통성

통일 군대문화의 형성에 있어서 내적인 의사소통은 문화형성에 긍정적인 요소로 작용할 것이다. 남북한의 군대 성원들이 같은 공동체 속에서 문화를 공유하면서 살아갈 수 있다고 하는 것은 군이 하나의 문화를 고집함으로써만 가능한 것은 아니다. 문화원리에 대한 공감대만 형성되면, 하부적인 문화요소에 대해서는 상호 이해만을 하면 충분히 하나의 구성원으로서의 생활이 가능할 것이다. 이와 같이 하나의 구성원으로 상호 이해하기 위해서는 그 문화는 소통성을 갖고 있어야 한다.

　일반적으로 의사소통은 한 사람이 다른 사람에게 메시지를 전달하는 것으로 정의할 수 있는데, 총체적인 개념을 이해하기 위해서는 보다 구체적으로 서로 의미를 나누기 위해 항상 매개체가 필요하다. 따라서 어떤 표시가 매개체가 되기 위해서는 다른 집단이 그 표시에 반응을 보여야 하고 그 표시를 판단기준으로 이용할 때, 비로소 의미의 내용이 공유되는 것이다(이정춘, 1998: 17).

　그러나 이 과정에서 여론의 조작과 이로 인해 일방의 의견이 타방의 의견을 강요하는 문화의 편중화가 초래될 수 있다. 굴드너(Alvin Gouldner, 1976)는 이데올로기에 대해 언급하면서, 문화적 편중 및 괴리를 지적하고 있다. 그는 이데올로기와 대중 사이를 매개하는 것이 대중매체라는 사실에도 주목한다. '문화기구(cultural apparatus)'와 '의식산업(consciousness industry)' 사이의 괴리로 인하여 이데올로기가 지속적으로 엘리트들만의 이익을 대변하게 되고, 대중에 대한 효율적인 영향력을 행사하는 데 실패했다고 한다. 그가 여기서 말하는 '문화기구'란 이데올로기의 생산과 소비가 동시에 이루어지는 학계·예술계 전반을 가리키는 개념이고, '의식산업'은 출판업과 신문 및 방송 등을 가리키는 개념이다.

　우리는 이와 같은 문화 소통상의 문제점이 초래될 수 있음을 유의해야 할 것이다. 단지 소통성은 가감없이 상호간의 의사가 충분히 상호교류가 가능 하도록 하는 것이다. 이는 미디어(군 신문, 군 방송) 내에서만 일어나는 일이 아니다. 교육훈련, 각종 회의 등에서도 충분히 일어날 수 있는 일들이다.

(3) 문화의 창조성

란트만(Michael Landmann, 1991: 206-240)에 의하면, 인간은 문화의 피조자이기도 하면서 창조자이기도 하다. 그는 여기서 객관적 정신을 가진 존재로서의 인간을 문화의 창조자, 문화의 피조자로 구분해서 인간의 지위를 규명하고자 했다. 문화의 창조성을 모색하면서 그가 말한 문화의 창조자는 적극적인 통일 군대문화 형성자로 대체될 수가 있다.

신은 인간에게 신의 모습으로 인간의 실재성을 부여해주었지만, 그 속에는 박제된 실재를 심어준 것이 아니다. 미래의 문화를 창조해나가야 할 성품도 동시에 부여해 주고 있다. 이것을 우리는 문화의 창조성이라고 말할 수 있을 것이다.

통일 후 군대문화의 창조는 발이 땅에 붙어있지 않는 이른바 관념적이고, 실현가능성이 없는 공론이 되어서는 안 될 것이다. 즉 미래의 창조는 과거와 현재를 통해서 이루어지는 것이고, 또한 미래는 단순한 시간의 흐름이 가상의 어느 한 때에 정지되어 있는 것이 아니라, 우리의 모든 사유와 고려가 그곳에 함께 하는 그야말로 사려깊은 판단을 통한 미래의 기획이 되어야 할 것이다.

그런데 이러한 창조성은 강한 자기 정체성을 바탕으로 하여야 할 것이다.[60] 그 정체성은 남북한의 분단 이전의 문화에서 찾아질 수도 있고, 현재의 남북한 문화에서도 찾아질 수 있다. 특히 군대문화는 일반사회 문화와 밀접한 관련을 갖고 있기 때문에, 과거의 역사성을 바탕으로 하되 현재의 상호 군대문화에 대한 분별을 바탕으로 해야 할 것이다.

황성모(1985: 48)는 통일문화의 창조원리를 사회계약사상에서 찾고, 유교적 중화가치관을 극복하고 근대 자연법적 보편가치관으로 발전하

---

[60] 여기서 말한 '강한 자기 정체성'은 자기문화만을 강조하는 '보수주의' 또는 '자문화 중심주의'와는 다른 의미이다. 나름의 문화적 정체성을 가지고 있어야 한다는 의미이다.

지 못했던 점을 보완해야 한다고 주장하고 있다. 그래야만 비로소 개인의 확립, 개인주의의 발달, 이성주의, 그리고 경험주의 등의 보편주의가 정착될 것이고, 이러한 것들의 종합적인 결과로서의 새로운 인간관계의 정립이 가능하다고 주장하고 있다.

문화의 창조성은 문화형성의 종결단계라고 할 수 있다. 김태길(1982)은 윤리를 문화의 창조를 위한 수단으로서의 기능을 가졌다고 한다. 하지만 윤리의 확립 그 자체가 문화의 중요한 일부라는 사실을 부인하는 것은 아니라고 말하면서, 훌륭한 도덕은 그 자체가 자랑스러운 문화의 일부인 동시에, 그 문화의 창조를 위한 추진력이기도 하기 때문에, 도덕의 문화 종속성은 아님을 강조하고 있다. 그는 문화란 인간이 그 사회생활을 통해서 창조하는 건설이라고 하고, 일정한 특색과 내용을 가진 문화를 창조하기 위해서 우리 모두가 지켜야 할 사회적 규범이 있다고 전제하고, 다음과 같이 그 방향을 제시하고 있다. 첫째, 민주성 내지 대중성이다. 문화가 민주적이요 대중적인 것이 되기 위해서는 우선 정치와 경제를 중심으로 한 사회생활에 있어서 정의가 실현되어야 한다. 즉 모든 개인의 정당한 권리가 실천적으로 존중되어야 한다. 특권층이 서민을 유린하거나 다수가 소수를 억압하는 것이 되어서는 안 된다.

마찬가지로 군대문화도 어느 특정 계급이나 출신이 중심이 되어서는 안 된다는 것이다. 통일 군대문화 창조도 남북한의 군대성원 모두가 참여하는 것이 되어야 한다.

둘째, 고유한 특색 내지 독창성을 간직하는 일이다. 이 조건의 만족을 위해서 특히 강조되어야 할 덕목은 주체성이다. 민족적 주체의식은 정치적 자주독립을 위해서 필요할 뿐만 아니라, 제 나라가 문화적 식민지로 타락하는 것을 막는 데도 절대로 필요한 마음가짐이다.

남북한의 군대문화는 그 성원들이 다른 나라와는 상당히 다른 군대의 특성을 가지고 있다. 남북한의 군대는 병사들의 의무복무제와 간부들의 전문직업군이 동시에 공존하고 있다. 이러한 점을 토대로 하여 통일 한국의 군대가 갖는 존재론적인 정체성을 바탕으로 그 군대문화의 정체성을 간직하는 노력을 해야 할 것이다. 이것이 바로 문화의 독창성이라고 말할 수 있는 것이다.

셋째, 모든 개발된 정신에 대하여 공감을 줄 수 있는 보편성, 즉 인류의 역사의 척도로 본 높은 수준에 달해야 한다. 인류의 역사상 문화에 견주어 뛰어나야 하는 것이라면 더 이상 바랄 것이 없겠지만, 적어도 그러한 문화와 교류될 수 있는 보편성을 가져야 한다는 의미이다.

통일 한국의 군대문화는 이러한 인류 보편성을 가져야 한다고 볼 수 있다. 이 보편성은 앞에서 말한 독창성과 상보적으로 고려되어져야 할 것이다. 보편성을 지향하되 독창성을 유지하기란 상당히 어려운 과제이다. 그 한 대안으로 문화소재의 독창성과 문화창조원리의 보편성의 추구를 예로 들 수도 있다.

2. 군사통합 영역별 과제

가. 군과 일반사회의 관계

일반사회 속에서 군대가 어떤 관계를 가지고 존재하느냐의 문제는 군의 정체성 문제에 있어서 대단히 중요하다. 이러한 차원에서 남북한의 군대가 각각의 체제 내에서 어떤 관계를 가지고 있느냐를 살펴보는 것은 의미가 있다.

설문분석에 의하면, 현재의 남북한의 군과 일반사회의 관계에 대해 다음 〈표 23〉과 같이 남한보다는 북한이 훨씬 가까운 것으로 나타났으며, 통계적으로도 유의미한 결과를 보이고 있다(p<.001).

156

〈표 23〉 남북한의 군과 일반사회의 관계 비교(N=861)

평 균 값		t	p
남 한	북 한		
42.59	69.97	-19.07	.000

주: 평균값은 "매우 가깝다"(100점), "가까운 편이다"(75점), "보통"(50점), "다소 먼
편"(25점), "매우 멀다"(0점)의 가중치를 주어 산출함.

분포 면에 있어서도 다음 [그림 6]에서 보는 바와 같이 상당히 대조
적으로 나타났다.

[그림 6] 남북한의 군과 일반사회의 관계(단위: %, N=861)

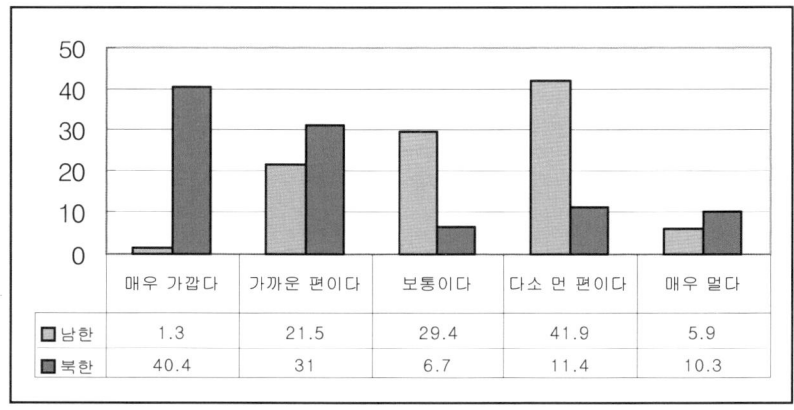

	매우 가깝다	가까운 편이다	보통이다	다소 먼 편이다	매우 멀다
남한	1.3	21.5	29.4	41.9	5.9
북한	40.4	31	6.7	11.4	10.3

남한의 군과 일반사회의 관계에 대해서는 총 응답자 861명 중에서 "매
우 가깝다"가 1.3%(11명), "가까운 편이다"가 21.5%(185명), "보통이다"
가 29.4%(253명), "다소 먼 편이다"가 41.9%(361명), 그리고 "매우 멀
다"가 5.9%(51명)로 나타났다. 가깝다고 보는 것보다는 멀다고 보는 경
향이 높다. 즉 47.8%가 먼 경향이 있는 것으로 보았다.

반면 북한의 군과 일반사회의 관계에 대해서는 총 응답자 860명 중에서 "매우 가깝다"가 40.5%(348명), "가까운 편이다"가 31%(267명), "보통이다"가 6.7%(58명), "다소 먼 편이다"가 11.4%(98명), "매우 멀다"가 10.3%(89명)로 나타났다. 전체적으로 71.5%가 북한의 군과 일반사회의 관계는 가깝다고 평가하였다.

본 연구에서는 남북한의 상대적 평가를 비교하고자 하는 것이 아니라, 그 체제 속에서의 절대적인 의미를 평가하고자 하였다. 왜냐하면 이러한 응답은 남북한을 일정한 틀 속에서 평가할 수 없기 때문에, 남한의 군대는 남한체제 속에서, 북한의 군대는 북한체제 속에서 어떤 관계인가 하는 질문에 대한 답으로 보아야 할 것이다.

북한의 군대는 소위 병영국가로서의 특징을 여실히 드러내고 있는 측면을 높이 인식하고 있는 것으로 보인다. 1998년 소위 김일성 헌법 개정 공표를 통한 김정일의 국방위원장 등극은 이를 잘 대변해 준다고 하겠다.

남한의 군대에 대해 평균값이 낮은 이유는 그 기능 면에 있어서 일반사회의 한 부분으로서 군과 관련되는 많은 것들이 언론을 통해 국민들에게 알려지게 되는데, 이는 각종 사건·사고, 즉 병무비리, 방위력 개선사업상의 문제 등과 같은 소위 '국민의 군대' 위상에 부응하지 못하는 몇몇 불미스러운 일 등에서 기인된 것으로 분석된다.

국방부의 설문조사결과(국방부, 1999: 282)에 의하면, "우리나라 병무행정에서 가장 먼저 개선되어야 할 점"에 대한 질문에 대해 '공정성과 투명성'에 대한 지적이 57.6%나 되는 점은 바로 국민의 군대라고 하는 위상에 부정적인 인식을 갖게 하는 중요한 이유 중의 한 예라고 할 수 있다.

반면 "우리 군이 우리 사회에 긍정적 기여를 얼마나 하는가"라는 질문에 대해 "매우 많이 기여한다"가 20.9%, "어느 정도 기여한다"가

52.2%가 되는데 이는 본 설문의 결과를 고려해 볼 때 실생활에서 느끼는 대민지원 등의 측면에서 국민들이 느끼는 혜택 체감 정도의 표현이라고 분석된다(국방부, 1999: 281).

결국 남북한의 군대가 그 체제 속에서 갖는 사회와의 관계는 상당히 대조적인 것으로 나타났다. 그러나 통일 한국군의 형성에 있어서 군과 일반사회와의 관계는 괴리될 수 없기 때문에 상대적으로 높은 친화 정도를 보이고 있는 북한의 모형을 선택하는 데는 한계가 있다. 즉 북한의 군대는 북한체제 자체가 군사적인 특성을 갖고 있기 때문이다.

나. 외적 군사통합의 과제

통일 한국에서 발생 가능한 군사관련 주요 예상사태로는 통일 한국군 규모의 적정선 유지, 북한지역 핵처리, 생화학무기 파기, 전시 작전통제권 인수, 주한 미군 감축, 주한 유엔사 해체 등의 문제가 있는 것으로 보고되고 있다(옥태환·김수암, 1997: 93-94).

본 연구에서는 이러한 선행연구를 바탕으로 연구목적에 부합되는 주제를 선별하여 남한의 통일예비세대들과 탈북 귀순자들의 설문을 토대로 어떠한 경향을 보이는지에 대해 다음과 같이 분석해 보았다.[61]

(1) 생화학무기 파기 문제

생화학무기는 저렴한 비용으로 생산이 가능하고, 그 영향력은 지속적이고 치명적이다. 그리하여 국제적으로 이와 같은 무기를 규제하기 위해 화

---

[61] 여기서 통일 한국군 규모의 적정선 유지 문제는 제외하였다. 왜냐하면 독일의 경우를 볼 때, 남북한의 주체적인 의사보다는 다른 문제에 비해 주변국의 압력이 너무 강하게 작용할 것으로 예상되기 때문이다.

학무기금지협약(CWC: Chemical Weapons Convention)과 생물무기금지협약(BWC: Biological Weapons Convention) 등과 같은 기구가 만들어져 운영되고 있는 실정이다(국방부, 1998: 102-103).

하지만 화생무기는 비교적 생산에 필요한 시설의 규모가 크지 않으며, 많은 양이 필요1치 않으므로 증거인멸이 용이한 장점이 있다(국방부, 1999: 46: 국제문제연구소, 1999: 271). 바로 이러한 감시상의 어려운 점을 이용하여 북한 당국은 이를 이용하고 있다고 볼 수 있고, 특히 군사통합 과정에서 북한 당국의 속단에 의해 큰 문제점으로 부각될 소지가 있는 것으로 분석된다.

실제로 북한은 1960년대 초부터 김일성 교시에 따라 화생무기 연구 및 생산기구를 설치하고 무기개발에 주력하였다. 그 결과 1980년대부터는 화학무기 대량생산 능력을 갖추었고, 공격능력을 확보하게 되었으며, 생물학무기는 1980년에 바이러스균 배양실험에 성공하고 1980년대 말에는 생체실험까지 완료하였다(국방부, 1998: 44: 국제문제연구소, 1999: 271).

또한 북한은 현재 화학작용제를 대량 생산할 수 있는 8개의 화학공장, 4개의 연구시설, 6개의 저장시설 및 수포성 · 신경성 · 혈액성 · 최루성 등 다량의 유독작용제를 보유하고 있으며, 생물학무기를 배양, 생산할 수 있는 시설도 다수 보유하고 있는 것으로 추정되고 있다(국방부, 1999: 46).

이와 같은 생화학무기1는 군사통합 단계에서 북한 군대의 최후의 강제력 행사의 수단으로 잘못 활용될 가능성이 충분히 있다. 특히 북한은 다양한 '장거리 투발수단'[62]을 지속적으로 개발하고 있다. 이 점은 북한 당국이 그들의 '벼랑끝 외교'의 일환으로 의지하는 정치 · 외교적인 하나의 수단으로서 이를 이용하는 것이 아니라, 실제적인 군사력 확충의 수

---

[62] 1998년 8월 시험발사된 미사일에 대해, 국방부(국방부, 1999: 46)는 '변형된 대포동 미사일 운반체'로 명명하고 있으나, 북한 당국은 각종 매체들을 통해 '광명성호'로 지칭하고 있다.

단으로 활용할 가치가 있다는 점에서 군사통합 과정에서 중대한 걸림돌로 작용할 소지가 있다.

다음 [그림 7]은 생화학무기의 파기 문제에 대한 설문결과이다.

[그림 7] 통일 후 북한지역의 생화학무기 파기 문제에 대한 인식도(N= 859)

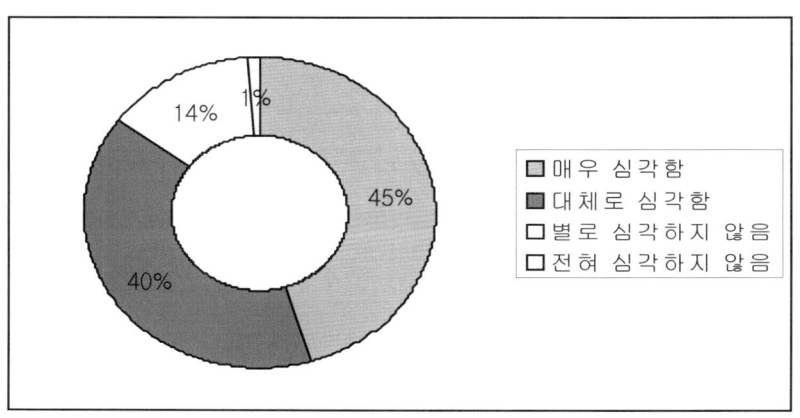

이와 같은 생화학무기의 파기 문제에 대한 질문에 대해 총 859명의 응답자중 45.1%(388명)이 매우 심각하다고 답하였고, 39.8%(343명)이 대체로 심각하다고 답하였다. 반면 별로 심각하지 않다는 13.8%(119명)이고, 전혀 심각하지 않다는 1.0%(9명)이 답하였다. 전체적으로 심각하다고 보는 사람이 85.1%를 차지하고 있다.

이러한 인식은 월남전에서의 고엽제 후유증 환자 등 화생무기로 인한 환자들의 참혹상이 언론보도를 알려지고 있기 때문으로 보아진다. 또한 생화학무기 파기 문제에 대한 심각도의 평균값(76.4)은 실제로 더 큰 파괴력을 가진 핵무기 문제의 평균값(74.02)보다 더 심각하게 인식되고 있는 이유는 핵무기문제는 '한반도 에너지 개발기구(KEDO)', '국제원자력기구(IAEA)', 그리고 '전면핵실험금지조약(CTBT)' 등에 의한 가시적인 각종 국제적 활동들이 알려지고 있기 때문이라고 보여진다.

(2) 북한지역 핵처리 문제

북한은 한반도 공산화와 국제적 영향력 확보라는 두 가지 목적을 이루기 위해 1950년대부터 핵무기 개발을 시작하여, 이후에도 여러 경로를 통한 국제사회의 제재조치에도 불구하고 끊임없는 핵확보 노력에 주력해오고 있다(국방부, 1998: 43-44; 국제문제연구소, 1999: 270).

이와 같은 북한의 핵개발은 위에서 말한 생화학무기의 개발과는 또 다른 상징적인 의미를 가지고 있다. 위의 두 종류의 무기체제가 고유한 군사적 목적 달성 이외에 정치적인 목적을 달성하기 위한 수단으로 이용될 때, 가시적인 효과를 거둘 수 있는 것은 핵무기이다.

왜냐하면 북한 당국에 있어서 이 핵무기는 그 개발과정에 있어서 넓은 면적이 필요하고, 또한 각종 군사감시수단에 의해 외형상으로 감지될 수 있어서 대외적인 협상 카드로 활용되어질 수 있는 장점이 있다.

실제로 북한은 핵무기에 관한 한 개발 일변도의 무리한 공세 전략을 추구해오고 있기도 하지만, 또 한편으로는 유연한 전략으로 위기를 대처하기도 하였다. 1994년 6월 영변 핵시설에 대한 미국의 공격 직전 성사된 김일성의 유감 표명, 1999년 5월 금창리 지하 핵시설에 대한 북한의 사찰 허용, 그리고 미사일 시험 발사 중지용의 표명 등 초강대국인 미국과의 무력충돌을 회피할 수 있었던 점은 바로 그 예라고 하겠다 (George, 1991: 379-392, 전인영, 1999: 34).

다음 [그림 8]은 북한지역의 핵처리 문제에 대한 설문결과이다.

[그림 8] 통일 후 북한지역의 핵처리 문제에 대한 인식도(N＝861)

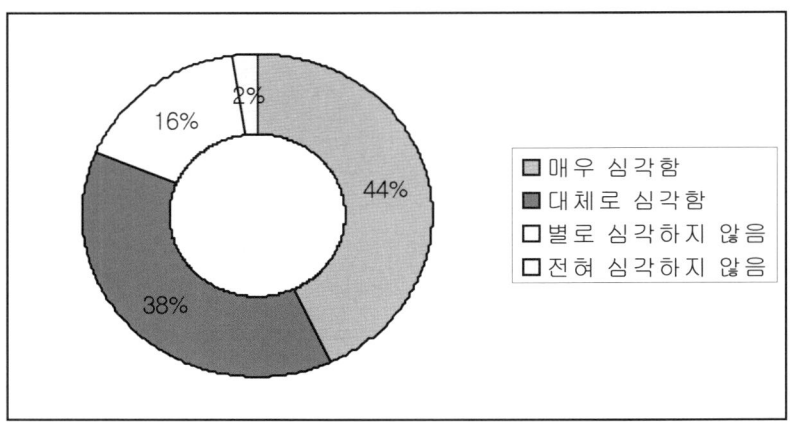

위의 [그림 8]에서 보는 바와 같이 총 861명의 응답자 중 43.1%(371명)가 "매우 심각하다"고 답하였고, 38.2%(329명)가 "대체로 심각하다"고 보았다. 반면 "별로 심각하지 않다"는 16.4%(141명)이었으며, 2.3%(20명)만이 "전혀 심각하지 않다"는 것으로 답하였다. 전체적으로 심각하다고 본 응답자가 81.3%가 된다.

이렇게 전략적으로 무기 이외의 외교적인 수단 등의 목적으로 활용되고 있는 핵무기 및 핵시설 문제는 남북한 군사통합에 있어서 중요한 문제 중의 하나이다.

(3) 주한 미군 문제

기본적으로 남북한의 통일의 주체는 남북한 당사국이다. 그러나 남북한의 통일에 영향력을 행사할 수 있는 외부적인 요소들은 많이 있다. 그 중의 하나가 바로 주한 미군의 문제이다. 그렇다면 현재 남한 내에서 주둔하고 있는 미군의 계속 주둔 또는 감축의 문제는 거론될 수 있는 사안이다. 주한 미군에 대한 남북한의 입장의 차이는 바로 통일 이후 군사통합에 있어서 문제의 소지로 비화될 수 있는 가능성이 있다.

남한에서는 대체로 통일 이후에도 부분적인 개정·보완 작업을 거쳐 계속 존속되어야 한다는 분위기이다. 반면 북한은 굴곡은 있었지만 전체적인 대강은 철수론이 지배적이다(김구섭 외, 1996: 108-109).

독일 통일의 경우, 통독이 NATO 잔류 문제와 소련군 대신 미군이 주둔할 것인지의 문제 등은 전적으로 통일 당사국인 독일의 선택사항만은 아니었다. 이러한 점을 고려할 때, 남북한의 통일과 군사통합 과정에서의 주한 미군의 문제는 적어도 남북한 통일당사국의 문제만은 아님을 알 수 있다. 이는 통일방식과 군사통합 시 북한의 의견이 얼마나 반영될 수 있는지의 여부, 그리고 주변국과의 관계 등이 복합적으로 고려해야 할 문제이다.

그럼에도 불구하고 주한 미군이라고 하는 사안 자체는 남북한의 군사통합에 있어서 중요한 고려요소임은 부인할 수 없다. 다음 [그림 9]는 주한 미군 문제관련 설문결과이다.

[그림 9] 주한 미군 문제에 대한 인식도(N=861)

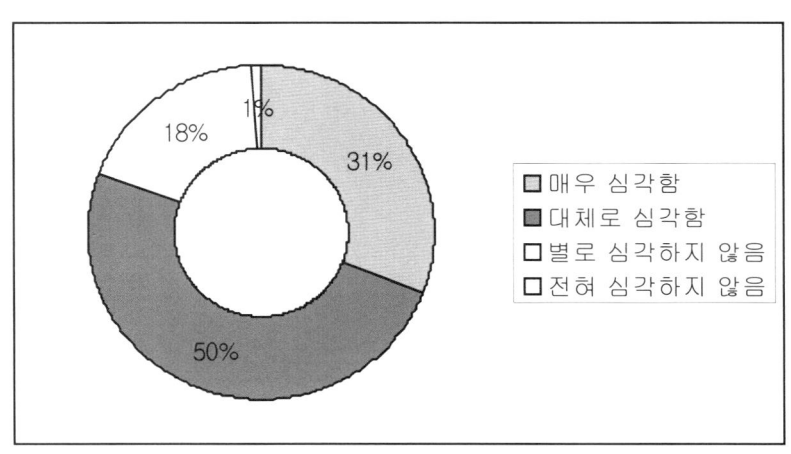

이와 같이 주한 미군의 문제는 유사한 사안인 주한 유엔사 해체 문제보
다 더 심각하다고 평가하고 있다. 응답자 총 861명 중 30.9%(266명)가
"매우 심각하다"고 하였고, 50.1%(431명)가 "대체로 심각하다"고 답했다.
반면 "별로 심각하지 않다"는 18.4%(158명)가 답을 하였고, "전혀 심각하
지 않다"는 0.7%(6명)에 지나지 않는다.

독일의 경우 통일 이후 외국군의 지속적인 주둔 문제는 통일과정에
서의 구소련을 중심으로 한 WTO와 미국을 중심으로 한 NATO의 영
향을 받았다.

특히 미국과의 군사적 관계는 주요 현안 중의 하나로 거론되기는 했
지만 미국과의 긴밀한 군사 및 안보적 관계를 지속해 나가야 한다는
데 대해서는 이견이 없었다. 왜냐하면 얼마만큼의 미군이 주둔해야 하
는가에 대해서는 미국과 협의조차 할 수 없을 정도로 독일의 통일문제
는 밖으로부터의 영향력이 크게 작용했다(손기웅, 1998: 78-79).

그러나 중요한 역할을 수행하고 있던 구소련은 일단 통일이 결정되고
난 뒤부터는 소련군의 지속적인 주둔을 크게 고려하지 않았다(손기웅,
1998: 75-77). 그것은 소련의 국내정치 상황의 불안 때문이었다. 이로 인
해 미국을 비롯한 NATO군도 기존 병력을 축소 조정하게 된다.[63]

구소련과 같은 주변 강대국의 예기치 못한 상황의 변화와 같은 요인
을 배제한다면, 한반도의 통일상황에서도 주한 미군의 문제는 대체로
다음 몇 가지의 측면에서 고려되어져야 할 것이다. 첫째, 남북한의 입장
에서이다. 여기에는 다시 두 가지의 측면으로 나눌 수 있다. 먼저 계속
주둔해야 한다고 보는 측면이다. 남북한 각각은 주변 강대국과의 안보
조약을 체결하고 있다. 이는 모두 안보상의 위협을 상호인지하고 있다
는 데서 비롯된 것이다. 그러나 통일이 된다면 그러한 문제는 적어도
해결되었다고 볼 수 있다. 이때 통일의 주도권을 남한이 가졌다고 가정

---

63) NATO군의 감군 추이는 주독일 한국대사관 무관부(1992)를 참조할 것.

할 때, 잠재적인 외부의 위협에 대비해서 기존의 한·미 상호방위조약의 내용을 수정 보완하여 이 조약에 따라 지속적으로 주둔하는 경우가 있을 수 있다. 반면에 철수해야 한다고 하는 주장은 통일 후 더 이상 한반도 내에서의 적대세력은 없기 때문에 철수되어야 한다는 것이다. 특히 북한주민에게 있어서 미군의 존재는 좋게 인식되지 못할 것으로 추정할 수 있기 때문이다.

둘째, 미국의 입장이다. 다음〈표 24〉는 미국의 21세기 세계전략이다.

〈표 24〉 21세기 미국의 세계전략도

구 분	내 용
전략목표	안보, 번영 추구 및 민주주의 확산
전략수단	세계적 차원의 개입(global engagement)
주요 안보개념	·미 국익에 부합되는 전략환경 조성 ·위협과 위기에 대한 즉각 대처 ·불확실한 장래에 대한 사전 대비책 마련 (사이버 전쟁 등)
지역정책	·다양한 정책수단을 통합한 시너지 효과 도모 ·남북방 정책의 조화로운 조합
방위전략	·해외주둔 미군 유지 ·동맹국과의 결속 유지 및 부담 공유

자료: 미 국방대학(NDU), "세계전략 분석 보고서", 「중앙일보」, 1999. 12. 6. 재구성.

위의 〈표 24〉에서 보는 바와 같이, 미국의 21세기 세계전략은 한반도가 통일이 된다고 해서 해외주둔 미군을 철수하지 않을 것임은 명백하다. 또한 이 보고서의 지역별 정세분석에서 아·태지역에서의 중·일 패권 가능성과 한반도 통일과 안보불안 병존을 꼽고 있다. 이러한 요인들은 주한 미군이 단순히 한반도만의 문제가 아니라 미국의 전략적 전초기지로서 지속적으로 유지될 것임을 입증해주고 있다.

또한 미군의 작전개념도 냉전시대의 전투활동 중심에서 '전쟁 이외의 작전활동(OOTW: Operations Other Than War)'도 중요시하는 안보 영역의 다변화를 도모하고 있기 때문에 이러한 분석은 더 설득력이 있다.[64]

⑷ 군 교범 및 교리 등의 통합 문제

군 교범과 교리는 군사훈련이나 작전 등에 관련된 규칙이나 규정을 말한다. 교범과 교리는 일견 부수적인 재료나 원리 정도로 인식되기도 한다. 하지만 동일국가 내의 군대 내에서도 교범과 교리를 통합하는 문제는 상당한 시일이 걸리며 혼선이 예상된다.

특히 군인은 소위 "배운 대로 싸운다."라고 하는 평범한 명제가 통용된다. 앞서 말한 교범과 교리는 배우는 내용에 해당되는 내용이기 때문에 군에서의 교육훈련의 사실상의 모든 것을 포괄한다고 볼 수 있다. 이러한 측면에서 남북한의 군사통합 시 특히 초기에 이와 같은 통합의 문제는 상당히 심각할 것으로 본다.

군 교범 및 교리 등의 통합 문제에 대한 설문결과는 다음 [그림 10]과 같다.

---

64) Department of Army(1993): 여기서는 미국의 전략적 환경에 있어서의 군사작전의 범위에 대해서 언급하고 있는데, 전략환경 영역을 전시, 갈등 시, 평화 시로 구분하고, 전시뿐만 아니라 갈등 및 평화 시에도 다양한 전쟁 이외의 작전활동이 가능함을 모형으로 제시하고 있다.

[그림 10] 군 교범 및 교리 등의 통합 문제 인식도(N=861)

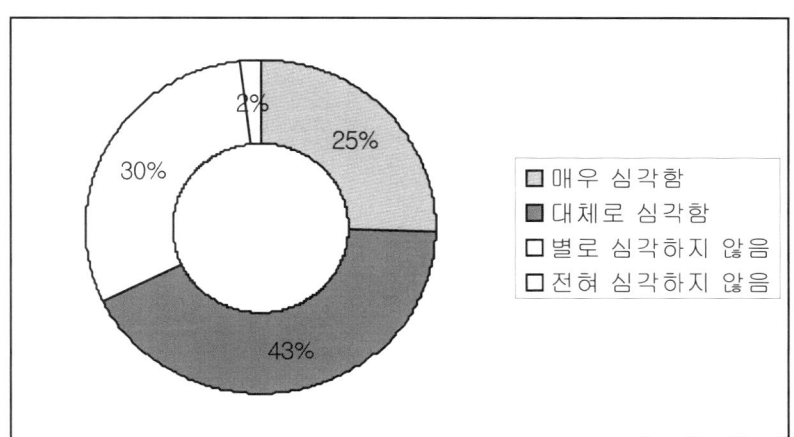

위의 [그림 10]에서 보는 바와 같이, 응답자 총 861명 중 25.4%(219 명)가 매우 심각하다고 하였고, 42.5%(366명)가 대체로 심각한 것으로 보았다. 반면 30.1%(259명)가 별로 심각하지 않은 것으로 보았고, 2%(17명)가 전혀 심각하지 않은 것으로 보았다.

(5) 주한 유엔사 해체 문제

주한 유엔사 해체의 문제는 주한 미군 문제와 연계해서 논의되어질 수 있다. 왜냐하면 주한 미군 사령관이 주한 유엔군 사령관을 겸직하고 있기 때문이다. 이 문제는 미국 이외의 유엔군 소속의 각국의 정규군대가 상주하고 있지 않고, 유엔군의 자격으로 남한 내에 주둔하고 있는 주력 군대는 미군이기 때문에 사실상 그렇게 된 것이지 의무조항은 아니다.

이는 1950년 7월 7일 결의된 유엔 안보리의 결의안에서도 찾아볼 수 있다. 이 결의안에 따르면 "유엔안전보장이사회의 제 결의에 의거하여 병력 및 기타 지원을 제공하는 모든 회원국은 이러한 지원을 미국 주도하의 통합군 사령부가 이용할 수 있도록 할 것을 권고한다."(3항)고 명시되어 있고, "미국에 대하여 이러한 군대의 사령관을 임명할 것을 위임한다."(4항)고 되어 있다(유엔, 1950. 7. 7.).

한반도 내의 군사문제에 대해 유엔으로부터의 받은 권한은 미국이 행사할 수 있는 위임 권한이다. 결국 미국의 필요에 의하면 다른 나라의 군사령관을 주한 유엔군 사령관으로 대체할 수도 있으므로, 주한 유엔군은 엄격한 의미에서 주한 미군과는 다른 측면에서 인식되어져야 한다.

주한 유엔사 해제 문제에 대한 설문결과는 다음 [그림 11]과 같다.

[그림 11] 주한 유엔사 해체 문제에 대한 인식도(N=860)

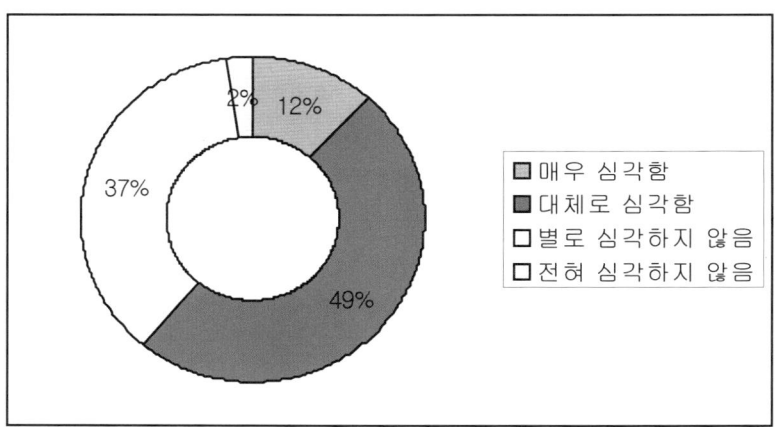

위의 [그림 11]에서 보는 바와 같이, 설문대상 총 860명 중에서 11.7%(101명)가 "매우 심각하다"고 하였고, 48.9%(421명)가 "대체로 심각하다"고 보았다. 반면에 "별로 심각하지 않다"는 36.8%(317명)가 답을 하였고, "전혀 심각하지 않다"는 2.4%(21명)가 답을 함으로써 전체적으로 60.7%가 심각한 것으로 평가하였다.

응답자별로도 다음 〈표 25〉에서 보는 바와 같이 유의미한 차이를 보이고 있다.

〈표 25〉 주한 유엔사 해체 문제에 대한 인식도

단위: %

구 분	문 항 별				N
	매우 심각함	대체로 심각함	별로 심각하지 않음	전혀 심각하지 않음	
전 체	11.7	49.0	36.9	2.4	860
일반대학생	12.7	53.8	32.3	1.2	433
사관생도	8.5	45.0	43.0	3.5	258
장교후보생	15.8	42.1	36.8	5.3	57
훈련병	12.4	41.9	41.9	3.8	105
탈북 귀순자	28.6	57.1	14.3	·	7

주: $F = 4.174$, $p < .01$.

응답자별로 살펴보면, 위의 〈표 25〉에서 보는 바와 같이 탈북 귀순자들이 남한출신보다 훨씬 심각도를 높게 평가하였다. 즉 "매우 심각하다"가 28.6%, "대체로 심각하다"가 57.1%로 약 86%가 심각하다고 보았다.

(6) 외적 군사통합 과제 요약

외적 군사통합은 앞에서 언급한 바와 같이 군대자산의 외형적 통합을 말한다. 즉 유형적, 구조적, 경성적인 군대자산의 통합을 의미하며, 이는 군사통합을 외형적으로 정형화시켜주는 역할을 한다. 완전한 통합은 내적인 통합이 이루어졌을 때 비로소 완성되는 것이지만, 외형적인 통합이 전제되지 않고는 불가능하다.

앞에서 언급한 남북한의 군사통합에 있어서의 외형적인 통합의 문제점들은 다음 [그림 12]에서 보는 바와 같다. 즉 평균값을 살펴보면 ① 북한지역의 생화학무기 파기 문제(76.41)가 가장 심각한 것으로 나타났고, ② 북한지역의 핵처리 문제(74.02), ③ 주한 미군의 계속 주둔 문제(70.38), ④ 군 교범 및 교리 등의 통합 문제(63.80), 다음으로 ⑤ 주한 유엔사 해체 문제(56.67)의 순으로 나타났다.

[그림 12] 외적 군사통합의 과제(N=861)

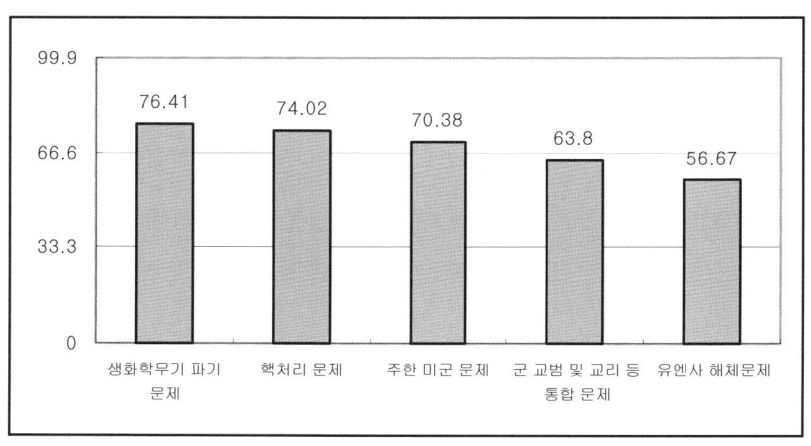

주: 수치는 "매우 심각함"(100점), "대체로 심각함"(100×⅔점), "보통"(100×⅓점), "전혀 심각하지 않음"(0점)을 가중 평균하여 산출.

남북한의 군사통합에 있어서 외형적인 통합의 문제점들은 선행연구에서 많이 논의되어졌다. 그러나 기존 논의의 초점은 외형적 통합의 문제점에 있어서 특히 전투력을 지속적으로 유지할 수 있는지에 관심을 두었다.

본 연구에서의 외적 군사통합 영역은 선행연구의 외적인 통합 영역의 세부 항목과 큰 차이점이 없다. 단지 차이점은 군대가 가지는 기능의 지속적 수행이라고 하는 목적지향적인 적응의 측면이 아니라, 군대가 가지는 정체성을 지속적으로 유지할 수 있느냐에 관심을 두었다.

그러므로 외적 군사통합이란 남북한 군대가 통일 한국군으로서의 정체성을 가지고 하나의 생활양식을 지속적으로 확보할 수 있는 환경설정의 문제라고 말할 수 있다.

다. 내적 군사통합의 과제

통일 이후 남북한 주민 상호간의 정서상의 문제는 장기적 과정을 통해서 개선될 수 있을 것이다. 지난 반세기 동안의 남북한은 사회의 격리, 역사적 경험의 차이 등으로 인하여 남북한 주민 사이의 차이의식과 거리감은 상당 기간 남아 있을 것이다(박형중, 1997: 150).

이와 같은 상황은 군대라고 해서 예외는 아니다. 일반사회보다 오히려 더 강도가 심각할 것으로 본다. 군인들은 안보를 위한 최후의 보루 역할을 수행하고 있기 때문에 그 체제의 존망과 함께 체제 이데올로기 수호의 보수성이 있다. 그러므로 군대 및 군인의 내면적인 통합의 문제는 군사통합의 완성도와 밀접한 관련이 있다.

여기서는 군사통합에 대한 선행연구에서 소홀히 다루어졌던 군 구성원들의 내면적 통합을 위한 논의를 하고자 한다. 연구목적에 부합되는 주제를 선정하여, 남한의 통일예비세대들과 탈북 귀순자들의 설문을 토대로 어떠한 경향을 보이는지에 대해 분석해 보았다.

설문분석 결과, ① 군인들의 가치관의 차이, ② 지휘통솔상의 문제, ③ 국가 및 군의 상징 재평가 문제, ④ 장병 재교육 문제, ⑤ 군대용어 및 속어의 상호 이해 문제, 그리고 ⑥ 군대 내 생활풍습의 차이 순으로 그 심각도를 나타냈다.

(1) 군인들의 가치관의 차이

남북한이 하나의 민족으로서 사회적 통합을 추구하려면 민족통합의 구심점으로 가치체계를 설정해야 할 것이다. 민족통합의 가치체계는 민족적 통합을 지향하는 가치로서 상징적 일반화의 차원을 가리키는 말이다. 남북한이 고통의 집합의식으로 단합하고 통합시키는 매개체의 역할을 수행하는 것이다. 가치체계는 가치관, 신념, 의식, 규범, 태도 등의 정신적 측면에서 일반적으로 수용될 수 있으며, 공통적으로 지향하고자 하는 사회적으로 합의된 가치지향이라고 할 수 있다(한만길 외, 1998: 179).

남북한 통일 후의 상황은 문화충격, 갈등 그리고 적응의 문제로 그 특징을 요약할 수 있다. 그 원인은 남북한 주민들의 각기 과거 생활방식과 가치관 등이 다르기 때문이다. 다행스럽게도 남북한은 분단 이전에 이미 유구한 역사 동안 단일 민족으로 그 문화를 공유해 왔기 때문에 사람들의 가치관에도 큰 문제가 없을 것으로 미루어 짐작할 수 있다.

그러나 해외 이민이나 탈북 귀순자들이 이주한 사회 속에서 잘 적응하지 못하는 문제가 발생하는 점을 볼 때, 같은 문화권이라고 하더라도 개인이 가지고 있는 가치관이 새롭게 변화된 환경 속에서 제자리를 찾지 못할 때, 많은 갈등과 부적응의 양태를 보이고 있음이 지적되고 있다(민성일·전우택, 1996: 2장; 김광일, 1991: 119-153; 고태우, 1994: 329-352).[65]

독일의 경우 군사통합이 성공적이었다고 평가되고 있음에도 불구하고, 당시 군사통합을 실질적으로 수행했던 폰 키르히바하(P. von Kirchbach) 장군은 1991년 4월 29일 당시 연방대통령이 참석한 연설에서 자신의 현장 경험을 토대로 다음과 같이 향후 과제를 제시하고 있다(Schoenbohm, 1994: 280).

---

65) 특히 민성일·전우택(1996: 100-103)은 탈북 귀순자들이 남한사회에서 겪는 갈등의 종류를 심층분석하여 열 다섯 가지로 요약하고 있다.

동·서독 간에 존재하는 많은 이질감들에 대한 극복은 단순한 조직들의 통합으로서가 아니라, 서로 교류를 나누고, 이해하고, 신뢰를 쌓아가는 가운데 조성되는 <u>인간적인 일체감</u>으로서 이룰 수 있기 때문에 이에 대한 각자의 노력이 필요합니다(밑줄: 필자 강조).

여기서 말하는 '인간적인 일체감'이란 군사통합 당사국의 통합 주체인 군인들의 가치관의 일체감을 말하는 것이다. 가치관은 오랜 시간 동안 형성된 것이므로 일시에 어떤 동일한 기준에 작위적으로 맞추어지는 데는 상당한 문제가 초래될 가능성이 있다. 또한 남북한은 이념적으로 대립해 있고, 군대 및 군인은 이러한 이념체제의 수호를 위해 상징적인 역할을 수행하고 있으므로 더욱 어려운 과제이다.

그러므로 남북한의 군사통합 시 가장 큰 문제점은 바로 군인들의 가치관의 차이이다. 다음 [그림 13]은 군인들의 가치관의 차이에 대한 설문결과이다.

[그림 13] 남북한 군인들의 가치관의 차이에 대한 인식도(N＝860)

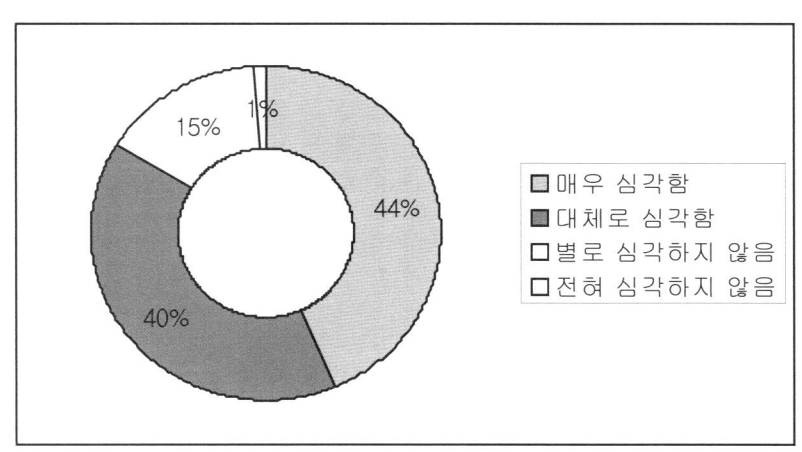

총 860명의 응답자중에서 "매우 심각하다"는 43.7%(376명), "대체로 심각하다"는 40.2%(346명)로 전체적으로 83.9%가 심각한 것으로 보았다. 반면 "별로 심각하지 않다"는 14.9%(128명), "전혀 심각하지 않다"는 1.2%(10명)를 보였다.

이서행(1994: 256-258)도 남북한의 통합과정에서 가장 큰 문제점으로 지적되고 있는 것은 역시 적대적이었던 사상과 이념의 융합과정에서 사회집단 간 또는 개인 간 접촉에서 발생하는 대립이라고 지적하면서, 북한주민 전반에 깔려있는 집단 적개심의 문제에 대해 분석하였다.

이와 같은 집단 적개심의 소재는 바로 북한의 군대이다. 가장 첨예하게 대립되는 이와 같은 군대 간의 통합에서는 일반사회의 통합논의에서 야기되는 문제보다도 더 큰 갈등이 있을 것으로 추정할 수 있다.

(2) 지휘통솔상의 문제

지휘통솔은 여러 학자에 따라 다양하게 정의되고 있다. 대체로 지휘통솔은 부하들에게 동기를 부여하여 스스로 리더를 따르도록 하여 소기의 목적을 달성하는 과정이라고 말할 수 있다.[66] 지휘통솔은 조직의 문화와 관련되는 것으로, '열린 의사소통(open communi- cation)'이 중시된다 (Sharma, Anuradha & Sharma, Aradhana, 1999: 1-11).

남북한 군대가 통합되면, 우선 지휘구조상에 있어서 지휘통솔상의 의사소통이 제대로 되지 않아 여러 가지 문제가 발생할 가능성이 있다. 남한출신의 상급자의 휘하에 있는 북한출신 장병들이 있을 수 있고, 때에 따라서는 북한출신의 상급자 휘하에 있는 남한출신 장병들이 있을 수 있다. 이때 개인자질의 문제와 남북한의 군대문화의 차이 등에서 기

---

66) Barnard(1968: 174); Koontz & O'donnel(1980: 660); Szilagy & Walace(1990: 385), 문형구(1995: 148-149)를 종합하여 재구성: 최근의 다양한 지휘통솔 개념에 대한 정리는 이종인 외(1999: 16)가 있다.

인된 복합적인 요인이 작용하여 지휘통솔에 상당한 문제가 초래될 수 있을 것이다.

다음 [그림 14]는 남북한 군 통합 시 지휘통솔상의 문제점에 대한 설문결과이다.

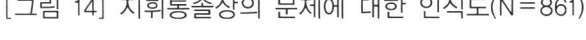

[그림 14] 지휘통솔상의 문제에 대한 인식도(N=861)

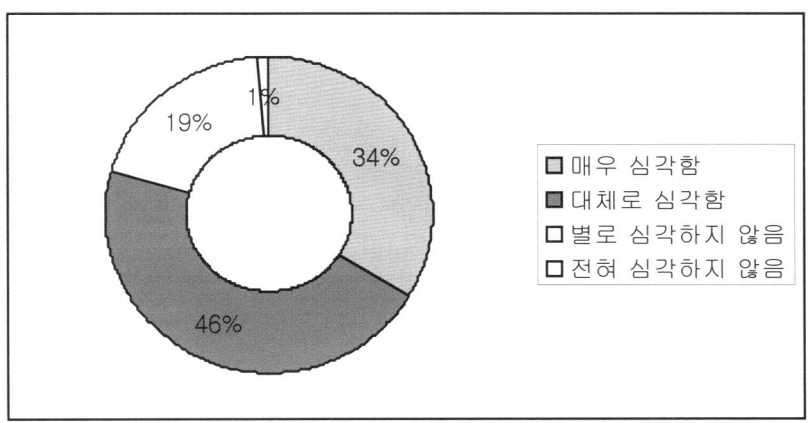

위의 [그림 14]에 나타난 바와 같이, 응답자 총 861명 중에서 "매우 심각하다"는 33.8%(291명), "대체로 심각하다"는 45.6%(393명), "별로 심각하지 않다"는 19.4%(167명), "전혀 심각하지 않다"는 1.2%(10명)로 나타났다. 전체적으로 심각하다고 답한 비율이 79.4%에 이른다.

군은 국가와 민족을 위한 마지막 보루이다. 자신의 목숨보다 국가와 민족을 위해 언제든지 자신의 목숨을 바칠 준비가 된 집단이어야 한다. 군 지휘관은 바로 귀중한 목숨을 담보로 부대를 지휘하는 것이다. 그러므로 군 통합에 있어서 지휘통솔은 중요한 의미를 가진다.

현재 군에서는 지휘통솔에 대한 많은 연구가 축적되어 있다. 각 군 사관학교의 부설 연구소와 군관련 연구원에서 지속적으로 연구되고 있다. 그러나 현재 지휘통솔에 대한 연구는 모병제를 채택하고 있는 미국의 모형을 많이 원용하고 있는 실정이다. 무기체계나 군수지원 같은 분야는 연합작전의 효율성 때문에 미국식이 바람직하겠으나, 굳이 지휘통솔에 대한 기준까지도 미국식으로 하는 조류는 바람직하지 못하다고본다. 왜냐하면 장병 충원방식이 한국과 미국은 다르기 때문이다. 그러므로 한국의 병력충원양식과 비슷한 모형을 채택하고 있는 지휘통솔모형을 참고로 하는 것이 효율적이라고 본다.[67]

또한 미래환경대비 연구에 있어서 '통일 후 군의 지휘통솔'에 대한 연구도 이루어져야 할 것이다.

(3) 국가 및 군의 상징 재평가 문제

북한에서의 김일성에 대한 개인적인 상징은 1998년 개정된 김일성 헌법의 명칭에서도 볼 수 있듯이, 그대로 지속되고 있다. 김정일도 마찬가지일 것이다. 이러한 김일성·김정일에 대한 개인숭배와 함께 교묘하게 자리잡은 민족주의 정서도 통일 후 상징 재평가에 있어서 상당한 문제가 될 것이다. 예를 들면 '단군릉'과 같은 것들이다.

남한의 경우 일제 잔재 청산을 위해 문민정부 초기 구중앙청 건물을 해체하였다. 이러한 사안은 건물이기 때문에 구성원 간의 충분한 절충으로 도출할 수 있는 여지가 있다.

그러나 이미 사망한 '혁명영웅'의 경우, 즉 북한의 '대성산 혁명렬사릉'이나 '인민군렬사탑' 등을 통해 북한체제 내에서 지속적으로 추앙받고 있는 상징적인 인물들에 대한 재평가를 어떻게 해야 하는가의 문제

---

67) 의무병제를 채택하고 있는 독일군대의 경우, 임무형 전술(Auftragstaktik)이 그 좋은 예이다. 최근에 이러한 논의가 육군 제3사관학교를 중심으로 교리화가 추진 중인데, 바람직한 변화라고 본다. 임무형 전술에 대해서는 다음 참조: 디르크 W. 외팅(1997) 참조.

는 상당히 쟁점화될 수 있다.[68]

국가 및 군의 상징 재평가 문제에 대한 설문결과는 다음 [그림 15] 와 같다.

[그림 15] 국가 및 군의 상징 재평가 문제에 대한 인식도(N＝859)

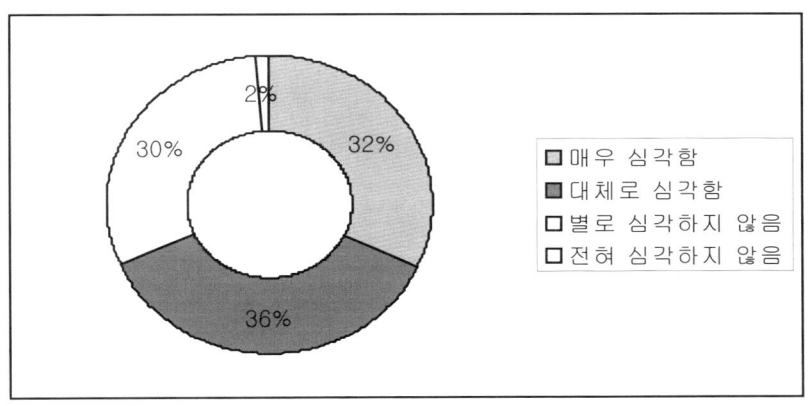

---

68) 북한의 주요한 상징적 시설물에 대해서는 윤재근 외(1991: 260-271) 참조.: 인물에 대해서는 이철수(1999)를 참조.: 이철수(1999: 28-30)에 의하면, 영웅적인 군인에 대한 구체적인 사례들로 항일투사들로는 마동희(항일무장투쟁시기 일본군에게 잡혀 조직의 비밀을 지켜 감옥에서 자신의 혀를 잘랐다고 함.), 최희숙(일본군 감옥에서 고문을 받아 두 눈을 뽑히고도 단두대에서 "나에게는 지금 두 눈이 없다. 그러나 혁명의 승리가 보인다."고 외치면서 굴하지 않았다고 함.), 차광수(일본군에게 포위되어 사령부의 안전을 위해 투항 변절하지 않고 자폭했다는 김일성 항일유격대 참모장이라고 함.), 그리고 오중흡(7연대장이었다고 하며, 그의 정신은 '굶어죽을 각오', '얼어죽을 각오', 그리고 '매맞아 죽을 각오'라고 함.) 등이 있으며, 최근에는 1990년 12월 원산 비행장 상공에서 비행임무 수행 후 귀환도중 비행사고로 김일성 별장 옆에 추락한 길영조 비행사를 김일성 별장을 결사 옹위했다고 해서 영웅으로 받들고 있으며, 또한 1993년 3월 19일 북한으로 송환된 이인모도 혁명영웅에 포함된다고 한다.: 서대숙(1989: 36, 249)의 연구에 의하면, 오중흡은 1939년 11월에 전사했으며, 오극렬의 아버지라고 한다.

위의 [그림 15]에서 보는 바와 같이 상징 재평가의 문제에 대해 "매우 심각하다"가 32%(275명), "대체로 심각하다"가 36.3%(312명), "별로 심 각하지 않다"가 30.2%(259명), 그리고 "전혀 심각하지 않다"가 1.5%(13 명)로 나타났다. 전반적으로 심각하다는 응답은 68.3%이다.

이와 같이 남북한 군 통합에 있어서 상징 재평가의 문제도 심각한 문제 중의 하나임을 알 수 있다. 이온죽(1997: 49)은 미래지향적 민족 통합의 정신적 구심점을 모색할 때, 전통요소를 가미하되 전진적인 정 신적 구심점을 창조하는 방향으로 몇 가지를 제시하고 있는데, 그중에 서 민족공동체 의식을 제안하고 있다.

그러나 동일한 역사적 소재라 할지라도 그에 대한 평가 척도가 상이 한 점이 많이 있다. 북한 내부에서도 이순신 장군이나 실학자 등의 역 사발전에 대한 공헌도의 평가는 최근 들어 많이 달라지고 있다. 이러한 점은 민족공동체 의식을 회복하기 위한 소재의 측면에서 긍정적인 예 라고 할 수 있다.

북한의 경우 역사적 상징에 대한 평가의 기준은 다음 세 가지로 정 리할 수 있다(김한종, 1998: 80-83).

① 외래침략자들을 물리치고 나라의 독립과 민족적 자주권을 영예롭게 지켜온 우리 인민의 자랑스러운 반침략투쟁, 조국방위의 투쟁역사
② 지배계급의 착취와 억압을 반대하여 싸운 우리 인민의 계급투쟁의 역사
③ 자연의 구속에서 벗어나 물질적 부를 생산하고 문화를 발전시켜 온 창조의 역사(금성출판사 편, 1982)

이와 같이 북한은 역사 평가의 틀로서 국토수호, 계급투쟁, 물질적 부 와 문화발전을 중요시함을 알 수 있다. 즉 역사에 대한 보편적인 조류 와 남한의 역사 인식과는 상당히 차이가 난다는 것이다. 이러한 차이를 극복하고 같은 민족의 나머지 하나라고 하는 〈남북 사이의 화해와 불

가침 및 교류·협력에 관한 합의서〉(1992. 2. 19 발효)의 기본정신을 살린다면, 남북한 통합에 있어서 국가 및 군의 역사적 상징에 대한 재평가 작업은 다음 두 가지의 측면에서 고려되어야 할 것으로 본다. 첫째, 소재의 측면에서 본 역사적 상징에 대한 평가이다. 남북한은 분단 이전 역사를 공유하였다. 많은 문화유산이 그 구체적인 예들이라고 하겠다. 이 문제에 대해서는 남북한이 큰 이견이 없이 생각을 공유할 수 있는 문제이다.

둘째, 주제의 측면에서 본 역사적 상징에 대한 평가이다. 이 문제는 통일 과도기 단계에서 특히 쟁점으로 부각될 수 있는 사안이다. 본 연구에서 밝혀진 설문의 결과도 바로 이러한 측면을 인지하고 있는 것으로 분석된다. 한국전쟁 중에 전사한 군인들을 쌍방은 어떻게 평가할 것인가의 문제가 바로 이 범주의 한 예이다. 지금도 남북한은 이데올로기의 전쟁이 지속되고 있고, 통일 이후 완전한 군사통합이 되었다고 하더라도 이데올로기 문제는 큰 앙금이 있을 것이다. 같은 국가 내에서도 어떤 전쟁에 참전할 것인지의 여부에 대해 많은 논란이 있고, 또한 종전 후에도 그 전쟁에 대해 어떻게 생각해야 할지를 놓고 많은 논란이 있는 것을 보면 남북한의 전쟁영웅의 문제는 매우 심각하게 대두될 가능성이 있다.

군대의 영웅은 바로 그 군대의 바람직한 군인상에서 찾아볼 수가 있다. 통일 후 남북한 군대의 군인상을 설정하는 것은 군대의 상징을 세우는 작업이다. 이 과정에서 참고할 수 있는 각국의 바람직한 군인상은 다음 〈표 26〉과 같이 정리할 수 있다(임창희, 1996: 160).

<표 26> 바람직한 군인상

구 분	군 인 상	핵 심 요 인
미 국	·청교도 정신과 개척정신 ·민주시민으로서의 군인 ·신사로서의 장교	·용기, 겸손, 진실성, 정의, 충성, 이타성 ·의무, 명예, 조국
독 일	·상무정신과 단합정신 ·사고하는 군인(군사적 천재) ·제복입은 시민	·상무, 단결, 명예 ·탁월한 통솔력, 지략
이스라엘	·선민사상과 민족정신 ·필승의 전투의지 ·탁월한 전술전략가	·애국심, 필승의 신념 ·자율과 책임의 조화 ·방임과 군기의 조화
중 국	·인의와 덕치주의 ·「兵者凶器」의 군인상 ·군자형 인간관	·손자: 智信仁勇嚴 ·오자: 嚴德仁勇 ·육도: 勇智仁信忠
일 본	·사무라이와 무사도 ·가미가제 특공대 ·「자위관」의 마음가짐	·충성, 무용, 명예, 정의, 신의 ·충절, 예절, 무용, 신의, 검소 ·사명완수, 자아실현, 책임, 규율, 단결

자료: 임창희(1996: 160)를 재구성.

남북한 군사통합에 있어서 국가 및 군대의 상징 재평가 작업은 군의 전통을 세워나가는 작업이다. 한 나라의 잘못된 역사도 그 나라의 역사이다. 북한군인들 중 영웅적인 사례에 대해 같은 민족이라고 하는 입장에서 일방적으로 높이 평가하는 일이 있어서는 안 되겠지만, 그렇다고 그들의 모든 행동이 잘못된 것이라고 말할 수는 없다고 본다. 국내외의 전사를 통해 볼 때, 비록 적의 장수였다고 할지라도 용감히 싸우다 전사했을 경우 후하게 장례를 치루어 주던 경우가 있었다. 남북한의 경우에 있어서도 상호간에 과거의 전쟁영웅에 대해 폄하는 지양하고, 보편적인 군인정신을 발휘한 경우에 이를 높이 평가해주는 아량이 요구된다. 이 문제에 대해서는 별도의 논의를 통해 더 많은 연구가 필요할 것이다.[69]

(4) 장병 재교육 문제

통일이 어느 정도 지난 시점에서 남북한 출신 장병이 통일 한국사회 내에서, 그리고 통일 한국군 내에서 정체성을 확립하고 상호간의 이질성을 줄이기 위한 대책으로 마련될 수 있는 것은 교육이다. 교육은 이질성 극복을 위해 통일 이전의 양쪽 군 소속 장병 모두를 대상을 실시된다(손기웅, 1996: 173-196).

교육은 군대의 가장 중요한 요소 중의 하나이다. 교육을 통해서 필요한 만큼의 인원을 양성하게 된다. 즉 교육훈련은 가장 빠른 방법으로 하나의 군대로 통합할 수 있는 요소가 된다. 그러나 여기서의 재교육은 새로운 규범의 전달과정을 의미한다. 그것은 정신교육이다.

군대의 정신교육은 남북한 군대에서 공히 강조화되고 있다. 남한의 군대는 사실상 상해 임시정부하의 광복군 태동기인 1940년 전후부터 시작하여 지금까지 지속되어 오고 있다(육군본부, 1991: 27). 교육내용은 대체로 국가관, 군인윤리, 그리고 사상무장의 내용을 담고 있다(국방부, 1998. 8: 육군본부, 1991).

최근의 남한 군대의 정신교육은 위의 세 가지 틀에서 약간의 변화 양상을 보이고 있다. 새롭게 바뀐 교육내용은 전쟁위협, 국방태세, 그리고 우리의 다짐으로 구성되어 있다(국방부, 1999. 9.: 국방부, 1999. 12.). 그러나 그 세부내용에서는 기존 교재와 유사하다. 단지 교육의 편의를 위해 교과내용을 축소 조정한 것이 특징이다.

반면 북한은 독자적인 정부를 수립하고 난 뒤 1950년대 말까지 군내에서 정신교육이 체계화되어 있지 않았다. 그러다가 1958년 김일성이 군부대를 방문하여, "무엇보다도 먼저 군인들 속에서 정치교육사업을 강화해야 합니다. 대포와 비행기로 무장하는 것도 중요하지만 군인들에

---

69) 독일은 역사적 상징 및 과거에 대한 평가는 법적인 기준에 입각해서 논의되어졌다. 자세한 내용은 김영탁(1997: 229-268) 참조.

대한 정치교양사업을 강화하는 것이 더욱 중요합니다."라고 촉구하면서 정치사상교육을 본격적으로 강화하기 시작하였다. 그 교육내용은 물론 김일성 사상과 혁명의 당위성 등 김일성 개인신격화와 체제유지를 위한 공산주의교육으로 이루어졌다(안찬일, 1995: 33).

구체적인 정치교육은 정규교육, 각종 조직활동을 통한 당학습, 집단대회 등을 통하여 실시된다. 그 특징은 다음과 같다(국토통일원, 1973: 196). 첫째, 간단없는 반복의 방법이다. 각종 '로작'과 교시 그리고 교양록을 다 외울 수 있는 길이란 끊임없이 반복 교육하고 학습하는 방법밖에는 해결책이 없기 때문이다.

둘째, 집단의식 주입으로 교육효과를 배가시키고 있다. 대표적인 예가 '붉은 기 중대 운동'이다. 이 운동은 군대 내 사회주의 경쟁운동으로서 개인의 존재를 단체라는 조직에 용해시키는 것이다. 1952년 모범군인운동에서 시작되어 1959년 집단적 모범군인운동으로 전개되었다가 정신전력의 증강을 위해 1968년 이후 전군에 실시되고 있는 이 운동은 인민군을 당과 혁명에 충실한 전투집단으로 강화발전시키는 공산주의 교양의 학교라고 주장하며 실시되고 있다(민족통일중앙협의회, 1992: 45-46).

셋째, 설복에 의한 교수법이 강조되고 있다. 이 방법은 사회주의적 동지애의 발로라고 하는 공식적인 교수교양에서 비롯된 것이기도 하지만 현실적으로는 실제적 가치의 충족이 잘 되지 않는 상황에서 설득을 교묘히 창출해내기 위한 방법으로 보여진다. 하지만 가치중립적인 교육방법의 측면을 고려한다면 긍정적인 면도 있다.[70]

남북한 군대의 정신교육 특징은 다음 〈표 27〉과 같이 요약할 수 있다.

---

[70] C-3과의 면담과정에서 자신의 정치장교 시절에 꾀병을 부리는 병사를 이와 같은 방법으로 교화했던 사례가 있는데, 이와 같은 방법은 통일군대의 정신교육에 있어서도 적용될 수 있을 것이다.

〈표 27〉 남북한 군대의 정신교육 체계 비교

구 분	남 한 군 대	북 한 군 대
교육 내용	· 전쟁위협 -안보환경과 북괴의 전쟁도발 위협 · 국방태세 -우리의 안보·국방태세 · 우리의 다짐 -위기극복을 위한 우리의 다짐	· 혁명 전통학습 (김부자 우상화) · 공산주의 사상(당의 유일사상) · 주체사상 · 주체적 전쟁 관점 · 계급교양 학습 · 당정책 학습 · 김일성 교시 및 김정일 지시 · 국내외 정세
교육 방법	· 지휘관 중심 · 주기별 교육 -주간단위 기본정훈교육을 중심으로, 일일·월간·반기 교육으로 심화교육 · 반복교육 -주간단위 3회+반기 집중정신교육 1회 · 기회교육: 안보초빙강연, 사계전문가 순회강연 등	· 일일교육은 소대 단위로, 주간교육은 전중대원을 대상으로 실시 · 월별 정치학습 (월1회) · 각종 정치교양 활동 -집회활동: 군인초오히, 선전모임, 당 및 사로청 회의, 공개당총회, 당 및 사로청 총회의, 충성노래 모임, 독보회 등 -보도활동: 보도청취, 전투소본, 전투벽보, 모범 게시판 -기타활동: 간행물, 문화예술, 교양 시설을 통한 활동 등

자료: 육군본부(1991): 국군정보사령부(1993c): 국방부(1999.9.: 1999.12.) 재구성.

　이와 같이 현행 남북한 군대의 정신교육은 교육내용 및 방법에 있어서 매우 많은 차이점이 있다. 이와 같은 정신교육의 문제점은 통일 후 장병 재교육에 있어서 대적관 등의 요인에 의해 심각한 문제점으로 대두될 가능성이 있다.

　이러한 차이점은 통일 후 군사통합에 있어서 쟁점으로 부각될 것으로 예측할 수 있다. 다음 [그림 16]은 통일 후 장병 재교육에 있어서 예상되는 심각도이다.

184

[그림 16] 장병 재교육 문제에 대한 인식도(N=860)

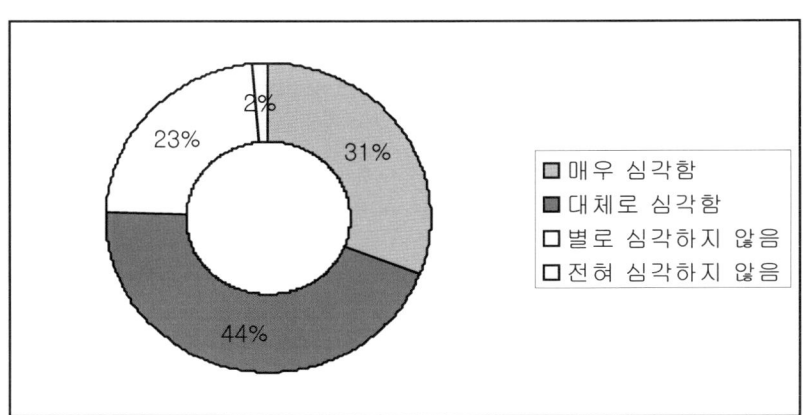

설문결과에 의하면, 통일 후 군사통합 과정에 있어서 장병 재교육의 문제에 대해 "매우 심각하다"가 30.9%(266명), "대체로 심각하다"가 44.7%(384명), "별로 심각하지 않다"가 22.8%(196명), "전혀 심각하지 않다"가 1.6%(14명)의 반응을 보였다. 전반적으로 75%가 심각하다고 답하였다.

독일의 경우도 이 정신교육에 대해 가장 많은 관심을 집중하였다. 1990년 9월 10일 서독 국방장관에 의해 동독인민군 장교 재교육 실시 계획이 발표되었는데, 동독장교들은 정신교육, 군법, 군인질서에 대한 교육을 받았으며, 동년 10월 3일 이후에는 구동독 인민군의 100개 훈련소에 독일연방군 중대장, 소대장 및 1명의 장교로 구성된 175개의 교육 훈련팀이 파견되어 재교육이 실시되었다. 여기서 제일 중요한 문제는 정신교육이었다(주독일 한국대사관 무관부, 1991: 55-56).

통일 후 군의 정신교육은 사전 준비가 없으면 빠른 시간 내에 통일 군대 장병들이 하나의 체제 내에서 동질감을 갖고 쉽게 적응할 수 없을 것이다. 이 분야에 대한 기초적인 연구가 한국국방연구원(1995)에 의해 실시된 적이 있다는 점은 다행스러운 일이다. 더 구체적인 후속연구가 추진되어야 할 것이다. 이와 같이 군의 정신교육은 문제점이기도 하면서, 이것이 잘 되었을 때에는 군대의 내적 완성도를 높일 수 있을 것이다.

⑸ 군대용어 및 속어의 상호 이해 문제

우리 민족이 단일민족이라고 말할 수 있는 것은 오랫동안 같은 언어를 사용해 왔다고 하는 데서 그 이유를 찾을 수 있다. 그러나 남북한 주민의 언어의 이질성은 의사소통이 안 될 정도로 심각한 수준이다(국토통일원, 1978).

이러한 일반사회 전반적인 이질성뿐만 아니라 군대라고 하는 조직으로 인해서 생기게 되는 언어의 이질성은 더욱 심각하다. 말은 상호의사소통을 할 수 있는 가장 중요한 수단이기 때문에 내적인 화합을 하는 데 있어서 중요한 역할을 한다. 현재도 남북한의 기본적인 언어의 차이는 심각하다.

야콥슨(Roman Jakobson, 1984: 347-395)은 언어가 가지는 기능에 대해서 설명하고 있는데, 즉 ① 지시기능, ② 표현기능, ③ 호소기능, ④ 친교적 기능, ⑤ 시적기능(función poética), 그리고 ⑥ 언어분석기능(función metalingüística) 등이다(원재홍 외, 1993: 102-103).

현 상태의 남북한 군대용어는 야콥슨이 지적한 언어의 기능 중에서 지시기능과 표현기능의 측면에서 상당한 차이가 난다. 다음 〈표 28〉은 남북한의 군대용어를 개괄적으로 비교한 내용이다.

<표 28> 남북한 군사용어 비교

남 한	북 한	남 한	북 한
가늠자 자리	높은 흠	개인호	점호
개머리판	총탁	공격준비사격	포병준비사격
걸어 총	모여 총	내무반	병실
결전	판가리싸움	노리쇠	폐쇄철
보행	행보	대항군	가적수
수통	빨병	배치	포치
수하 및 암구호	문답 암호	살상범위	피탄계
식권	양권	암구호	군호
일종과	양식과	약실	폐쇄부
재방공사	호안공사	전방	전연
제식훈련	대열훈련	전투대형	전투대열
총구멍	총신장	전투 시 제반대책	전투보장대책
최루탄	눈물방울 개스	제원	전치량
최초임무	최근 임무	참모회의	간부로습회
취사차	가마차	취사	작식(화식)
탄알	알	폭발불 설치	후가스 장치
탄약실	총알실	화기진지	화점
화학지뢰	화학성 후가스		

자료: 국군정보사령부(1993b: 263).

또한 북한은 군사외래어에 있어서도 다음 〈표 29〉와 같이 남한의 군대에서 흔히 사용되어지고 있는 의미와는 상당한 차이가 난다.

〈표 29〉 북한 군대의 외래어 사용 현황

사용 외래어	의 미	사용 외래어	의 미
구루빠	소집단, 그룹	바루스	세균
그라흐	그래프	바리까다	바리케이트
긴급캄파	긴급조달투쟁	불도젤	불도저
길켐캄파	최후까지 투쟁	빠롭	나룻배
까스토바	화물자동차	빠르끄	차고
나팜	네이팜	세미나루	학습회 토론
도락뜨러	트레일러	서클	소조 동지회
뜨락또르	트렉터	아찌트	비밀공작본부
뜨보끄	연락소	에그자멘	시험
렉카	표적, 목적	쩨마	주제
레포	문서	캄파니아	운동, 투쟁
레포타	정보통신원	판토찌트	정수약의 일종
마리쯔야	경찰		

자료: 국군정보사령부(1998: 448).

이와 같이 북한 군대에서의 외래어가 남한 군대와 매우 다르게 사용되고 있는 것은 남한 군대가 미국과의 관계로 인해 영어식으로 발음하는 데 비해, 북한 군대는 구소련과의 관계로 인해 러시아어식으로 발음하는 것에서 비롯된 것으로 보인다.

그리고 북한 군대에서 은밀하게 사용되어지고 있는 은어(隱語)는 북한 군대의 여러 가지 상황을 간접적으로 볼 수 있는 자료이다. 북한 군대에서 사용되어지고 있는 은어는 다음 〈표 30〉과 같다.

188

〈표 30〉 북한 군대의 은어

사 용 은 어	의 미	사 용 은 어	의 미
고양이, 눈에가시	정치군관	빵카우리, 빵카리	민간인
골림통	옥내외 잠자리, 여관	뽀리	담배꽁초
깡패	청진출신	삽살개	양강도 출신
깍정이	개성출신	서리칸	사회안전부
까까보리	양이 적은 밥	세리, 똥개	안전원
꽃밭	여군	스킨, 양화	담배
노랑개	미군에 대한 비칭	얄개	함흥출신
노메르	정보원	입대포	가까이 맞선 적군을 향해 큰 구호를 부르는 것
늘가지	탈영병	주재비	평양출신
닭다리	권총	쥐새끼	일반군관
따이센타	몸수색	타이딱지	식권, 양권
바보	강원도 출신	파이곽	도시락
똑따기	손목시계	풀자루	아령, 유방
막대기	만년필	하꼬딱지	기차표

자료: 국군정보사령부(1993b: 269).

이와 같은 북한 군대의 은어는 군대 내에서의 체제비판, 생활필수품의 부족, 지역감정 등에 대한 내용이 많다. 이는 북한군인들이 기본적인 욕구충족이 되지 못했다고 하는 점과 구성원 간의 갈등을 나타내고 있지만, 한편으로는 비조직적인 의사소통이 이루어지고 있다는 반증이기도 하다.71)

또한 북한 군대의 생활상과 관련된 용어들은 다음 〈표 31〉과 같다.

71) 남한 군대의 은어에 대해서는 현역 헌병장교인 이성호(1997: 9-14)의 글에 잘 나타나 있다. 남한 군대의 은어는 북한 군대의 것과 유사한 면이 있기는 하지만 대체로 내무생활에 있어서 병사들 간의 상관관계에서 연유된 것들이 많다.

생활의 궁핍, 특히 경제적 빈궁 및 식량난 등을 구체적으로 나타내 주고 있다.

〈표 31〉 북한 군대의 생활상 관련 용어

용 어	내 용
곱빼기 훈련	반복훈련 또는 기합을 지칭
눈치밥	병사들이 군대생활을 빈정대는 말
총마개	병사들이 자신을 비하시켜 부르는 말
뺑까우리	농민출신 군인들을 부르는 말
빵통군대	군인들이 입대 시 화물열차를 타고 온다는 데서 비롯된 말
계급별 별명	·주제비 전사: '전사'들을 꾀죄죄하고 주접스럽다는 뜻 ·맵시 하사: '하사'부터는 맵시를 부리려고 한다는 뜻 ·연애 중사: '중사'가 되면 인근부락 처녀들과 연애도 하는 등 농땡이를 친다는 뜻 ·도태 상사: '상사'가 되면 언제 제대할지 모르며 군에서는 이미 도태된 상태라는 뜻 ·먹세 중위: 군대 내 보위부지도원, 정치지도원, 중·소대장들이 사병급식을 떼어먹는 관행을 풍자 ·각일: 상등병(계급장 모양에서 본 따서 말) ·각이: 하사 ·각삼: 중사 ·각광: 상사 ·왕별: 장성
간부사업	일반병사들이 군관이나 당원이 되려고 노력하는 것을 비유
보따리 장사	군관들이 장사갈 준비를 하기 위해 군수물자를 빼돌리는 것을 비꼬는 말
군 내부 비리에 대한 병사들의 불만 유행어	·무력부에서는 무조건 떼어 먹고 ·군단에서는 군말없이 떼어 먹고 ·사단에서는 사정없이 떼어 먹고 ·연대에서는 연속적으로 떼어 먹고 ·중대에서는 중간중간 떼어 먹고 ·소대에서는 소리없이 떼어 먹고 ·분대에서는 분별없이 떼어 먹는다.

자료: 국군정보사령부(1998: 463).

이상에서의 남북한 군대 간에 있어서의 용어의 이질성에 대해 살펴보았다. 이는 군사통합을 이루는 데 있어서 심각한 걸림돌이 될 것으로 보인다. 다음 [그림 17]의 설문결과에서도 군대용어 및 속어의 상호 이해 문제의 심각성이 지적되고 있다.

[그림 17] 군대용어 및 속어의 상호 이해 문제에 대한 인식도(N=860)

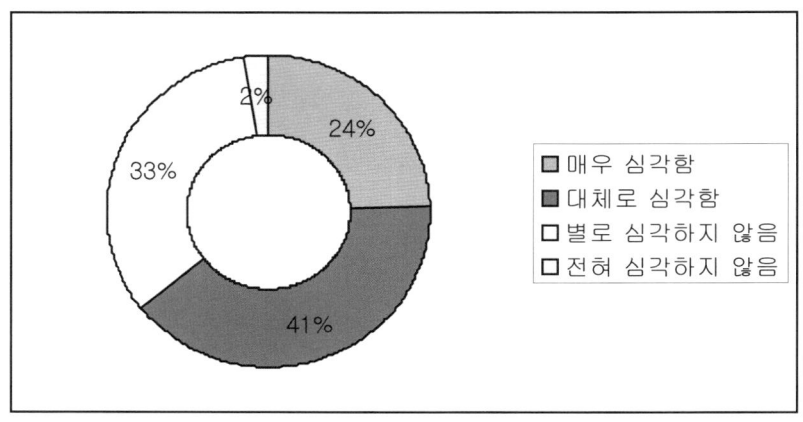

총 응답자 860명 중에서 "매우 심각하다"가 24.3%(209명), "대체로 심각하다"가 41%(344명), "별로 심각하지 않다"가 33.3%(286명), "전혀 심각하지 않다"가 2.4%(21명)로 나타났다. 전체적으로 65%가 심각하다고 보았다.

⑹ 군대 내 생활풍습의 차이

생활풍습이란 일상생활의 풍속과 습관을 말한다. 대체로 본 연구에서 말하고자 하는 군대 내 생활풍습이란 위에서 말한 내적 군대문화의 영역 속에서 언급하지 않은 나머지 분야의 풍습을 포괄적으로 말하는 것이다. 즉 군가(軍歌), 내무반 생활, 기상과 취침, 내무검사, 놀이문화, 외출·외박, 휴식, 진급 등 장병들의 기본적인 생활세계에서 발생할 수 있는 차이점을 말한다.

설문결과는 다음 [그림 18]에서 보는 바와 같이, "매우 심각하다"가 19.8%(170명), "대체로 심각하다"가 41%(352명), "별로 심각하지 않다"가 36.7%(315명), 그리고 "전혀 심각하지 않다"가 2.4%(21명)로 나타났다. 전체적으로 61%가 심각하다고 답하였다.

[그림 18] 군대 내 생활풍습의 차이에 대한 인식도(N=858)

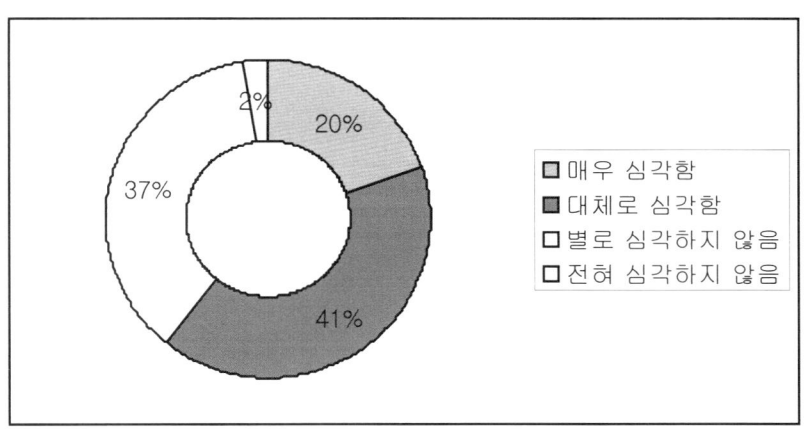

설문결과 응답자들의 특성에 따라 유의미한 차이를 보이고 있다. 다음 〈표 32〉는 신분별, 병역관계별로 구분하여 살펴본 결과이다.

〈표 32〉 군대 내 생활풍습의 차이에 대한 인식도

단위: %

구　　분		문　항　별				N	F 값
		매우 심각함	대체로 심각함	별로 심각하지 않음	전혀 심각하지 않음		
전　　체		19.8	41.0	36.7	2.4	858	
신분별	일반대학생	16.7	35.2	45.6	2.5	432	6.828*
	사관생도	25.2	45.3	21.1	·	258	
	장교후보생	21.1	57.9	21.1	·	57	
	훈련병	20.2	43.3	33.7	2.9	104	
	탈북 귀순자	·	71.4	·	28.6	7	
병역관계별	군　필	22.1	30.5	42.9	4.5	154	3.479*
	미　필	14.8	42.0	42.0	1.2	81	
	면　제	·	50.0	50.0	·	4	

주: *: $p < .001$.

우선 신분별로 볼 때, 남한출신은 "매우 심각하다"가 20% 내외의 분포를 보이는 데 반해, 탈북 귀순자들은 대체로 심각하기는 하지만 극단적으로 심각한 것으로 평가하고 있지 않고 있고, 전혀 심각하지 않다고 답한 사람도 있다.

병역관계별로 볼 때, 병역을 필했거나 필하지 않은 사람에 비해 면제받은 사람들이 군대 내 생활풍습의 차이가 크게 심각하지 않을 것으로 보고 있다. 미필자와 병역을 필한 사람들의 "매우 심각하다"에 대한 응답은 미필자에 비해 상대적으로 병역을 필한 사람들이 더 높게 나타났다.

(7) 내적 군사통합 과제 요약

내적 통일은 구성원의 태도, 가치, 세계관, 인성, 편견, 동정심, 적대감, 행위패턴 등의 점진적 동질화를 지향하고 있다(김학성, 1999: 512). 군대의 내적 통합은 군 구성원 및 군대 공동체의 이와 같은 요소들의 점진적 동질화를 지향하고 있다고 볼 수 있다.

내적 군사통합의 쟁점들에 대한 인식도는 다음 [그림 19]에서 보는 바와 같다. 심각한 문제로 제기될 가능성이 높은 순으로 보면 ① 남북한 군인들의 가치관의 차이(75.5), ② 지휘통솔상의 문제(70.69), ③ 북한출신 장병의 재교육 문제(68.3), ④ 전쟁영웅 등 국가 및 군의 상징 재평가 문제(66.28), ⑤ 군 전문용어 및 속어의 상호 이해 문제(62.05), 그리고 ⑥ 군대 내 생활풍습의 차이 문제(59.4) 순이다.

[그림 19] 내적 군사통합의 과제(N=861)

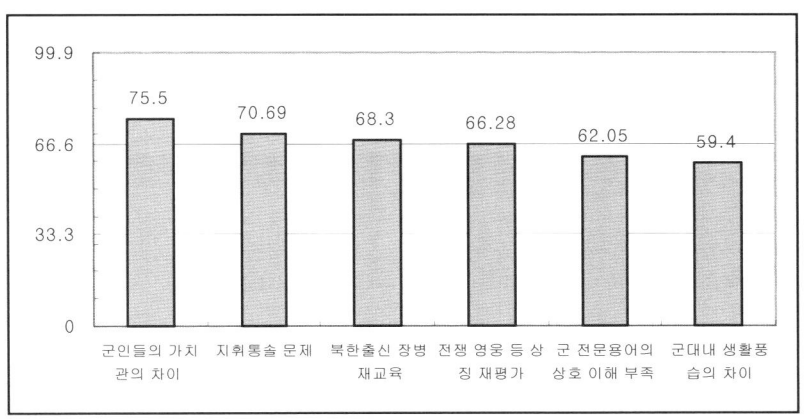

주: 수치는 "매우 심각함"(100점), "대체로 심각함"(100×⅔점), "별로 심각하지 않음"(100×⅓점), "전혀 심각하지 않음"(0점)을 가중 평균한 것임.

3. 통일 군대문화 형성을 위한 실천

통일 군대문화란 통일문화 중에서 군대에 국한된 하위문화라고 말할 수 있다. 그런데 지금까지 통일 군대문화라고 하는 말은 거의 사용되지 않았다. 단지 개념상 군대문화가 일반사회문화의 하위문화이기 때문에 유추해서 개념화할 뿐이다.

통일문화라고 하는 말이 보편화되게 된 계기는 1985년 5월 국토통일원이 개최했던 '통일문화 지향과 문화예술'이라는 심포지움에서 비롯된다(김문환, 1994: 4). 이제 통일 후 군대문화를 형성해 나가야하는 당위적인 명제 앞에서 개념 수준의 통일 군대문화를 상정하는 데 그쳐서는 안 되고 이를 실천에 옮기는 작업이 필요하다.

그런데 통일문화 형성의 전략 속에서 통일 군대문화의 전략을 수립하는 데는 어느 정도의 범위가 전제되어 있다. 왜냐하면 군대문화는 문화의 형성, 지속, 발전의 범위가 비교적 구체화되어 있다는 특징이 있기 때문이다. 이러한 점은 통일 군대문화를 보다 쉽게 구현할 수 있는 장점이 된다.

반면에 군대라고 하는 존재이유가 체제의 존속을 위한 특수한 안보집단이라고 하는 점에서 그 성원들의 가치·규범, 즉 군인정신과 같은 정신문화의 요소 등은 통합의 단점이 될 것이다.

본 연구에서는 이러한 현실적인 어려움이 있음을 전제하고, 실현 가능성을 제고하기 위해, 문화형성의 주체, 단계, 그리고 그 요소로 실천영역을 구분하여 고찰하고자 한다.

가. 통일 군대문화 형성의 주체

통일 군대문화 형성의 주체란 통일 군대문화를 형성해 나가는 데 있어서 실천의 주체에 해당된다. 즉 장병, 군대, 그리고 국가라고 할 수 있다.

본 연구에서 행한 설문결과에 의하면, 통일 군대문화를 형성하는 데 있어서 이 세 가지 주체 중에서 가장 중요한 것으로 본 것은 [그림 20]에서 보는 바와 같이, 국가(40%), 장병 개인(34%), 그리고 조직으로서의 군대(26%) 순으로 나타났다.

[그림 20] 통일 군대문화 형성의 주체에 대한 인식도(N＝861)

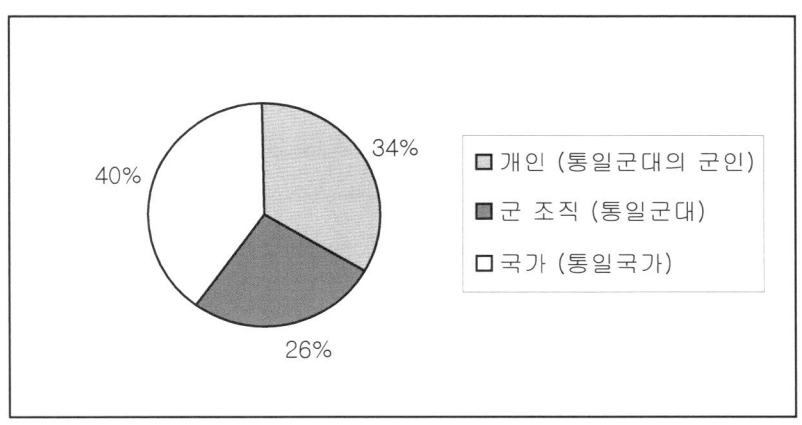

(1) 장 병

통일 군대의 문화를 형성하는 데 있어서 가장 기초적인 실천의 단위는 장병 개개인이다. 즉 군인들이라고 할 수 있는 것이다. 통일 군대의 구성원들은 어느 일방이 주체가 되든지 복합적인 변화환경에 적응해야만 한다.

이러한 변화환경 속에서 장병들은 통일 군대문화 형성을 위해 다음 세 가지를 염두에 두어야 할 것이다. 첫째, '차이에 대한 관용(tolerence of difference)' 의식을 가져야 할 것이다. 통일 군대는 전혀 이질적인 군대문화 속에서 성장한 각개 장병들이 하나의 군대 속에서 생활하게 된다. 이때 서로 상대방의 특성이 나와 다름을 인정하고 이를 수용하려는 관용이 필요하다고 본다.

둘째, 일반 시민으로서의 올바른 문화관을 가져야 한다. 군인도 사회의 한 구성원이다. 즉 일반시민으로서 올바른 문화관을 가져야 할 것이다. 특히 가치·규범문화에 대한 현실인식과 이를 바탕으로 한 문화창조의 사명을 가지고 있다는 점을 잊어서는 안 될 것이다.

셋째, 통일군대에 대한 충성심 견지이다. 정세구 교수(1991b: 212)는 충성심 함양에 대해 말하면서, "우리나라가 우월하니까 충성을 바쳐야 한다는 논리가 항상 옳은 것만은 아니고 무조건적 충성의 요구도 가능한 것이다."라고 말하면서 "조국에 대한 사랑은 바로 어머니에 대한 사랑과 같아서 자기의 어머니가 아무리 못났다고 하더라도 모든 자식은 자신의 어머니에게 지고의 사랑을 마땅히 바쳐야 하기 때문이다."라고 말하고 있다. 즉 남북한 장병들은 이 땅에 나서 자랐기 때문에 그러한 운명을 가질 수밖에 없다는 점을 인정해주어야 할 것이다. 통일군대의 상황이 반드시 통일 이전의 상황보다 더 나을 것이라는 바램은 하고 있지만, 현실적으로 그렇지 못할 수가 있다. 그러므로 비록 통일국가의 수준이 낮다고 하더라도 통일국가 및 통일군대에 대한 충성심은 지속되어야 할 것이다.

끝으로, 적극적인 참여의식이 필요하다. 통일 이후의 상황은 혼란이 가중될 것으로 예측된다. 남한 군대뿐만 아니라 북한 군대도 이러한 과정을 겪게 될 것이다. 이때 급변하는 상황에 대해 지나친 두려움을 갖고 북한지역으로의 부대 발령을 원하지 않는다면 이 또한 문제가 될 수 있을 것이다.

본 연구에서는 "통일 후 북한지역 부대 근무 발령에 대한 어떻게 생각하는가?"라는 질문에 대해, 다음 [그림 21]에서 보는 바와 같은 반응을 보였다. 즉 "적극 선호함"이 7.7%(66명), "대체로 선호함"이 30.8%(265명), "별로 선호치 않음"이 47.3%(406명), "전혀 선호치 않음"이 14.2%(122명)로 나타났다. 전체적으로는 61.5%가 북한지역으로의 발령에 대해 부정적인 응답을 하였다.

[그림 21] 통일 후 북한지역 부대근무발령에 대한 선호도(N=859)

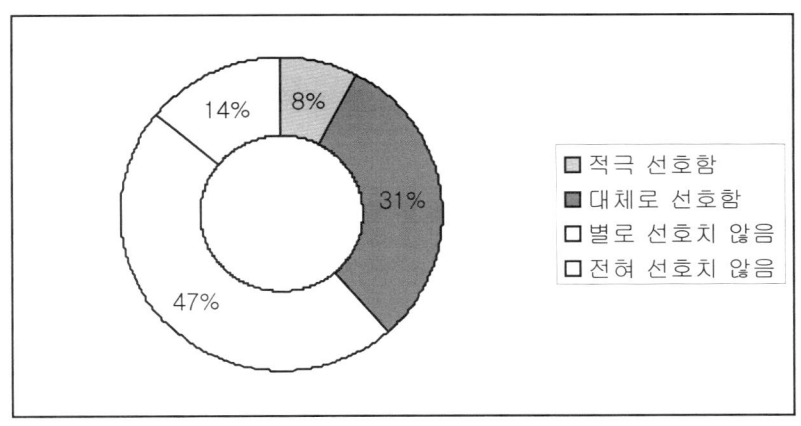

주: 여자 및 탈북 귀순자 포함하여 분석함.

반면에 북한지역으로의 발령을 선호하는 경향은 38.5%에 지나지 않은데, 선호 이유에 대한 질문에 대한 결과는 다음 [그림 22]와 같다.

[그림 22] 통일 후 북한지역 발령 원하는 이유(단위: %, N=428)

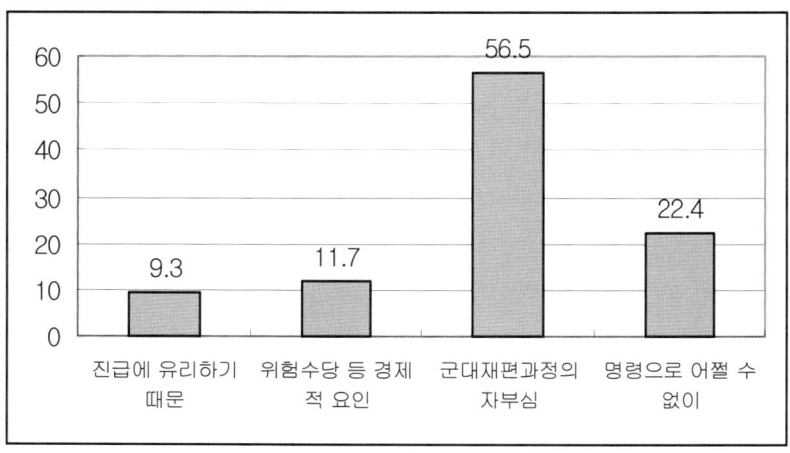

주: 여자 및 탈북 귀순자 포함하여 분석함.

위의 [그림 22]와 같이 북한지역으로 부대 발령을 원하는 가장 큰 이유는 "군대재평 과정에 참여한다고 하는 자부심 때문"이라고 답한 비율이 56.5%(242명)로 단연 최고이다. 다음으로 "명령으로 인해 어쩔 수 없이 원한다"가 22.4%(96명)이며, "위험수당 등 경제적 요인"이 11.7%(50명), "진급에 유리하기 때문"이 9.3%(40명)의 순으로 나타났다.

반면에 북한지역으로 부대 발령을 원하지 않는 이유에 대해서는 다음 [그림 23]에서 보는 바와 같이 "북한체제를 잘 몰라서"가 과반수인 53.9%(314명)로 최고이며, "신변 위협 때문에"가 25%(146명), "가족의 만류 때문에"가 12.3%(72명), 그리고 "북한군인을 상대하기 힘들어서"가 8.7%(51명)의 순으로 나타났다.

[그림 23] 통일 후 북한지역 발령 원하지 않는 이유(단위: %, N=583)

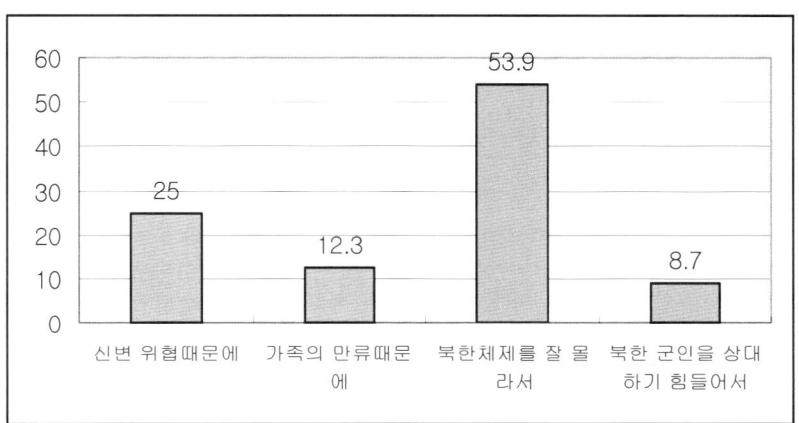

주: 여자 및 탈북 귀순자 포함하여 분석함.

통일 군대문화 형성에 있어서 장병들이 긍정적이고, 적극적인 사고를 갖고 참여할 수 있도록 하기 위해서는 우선 북한지역으로의 발령을 원하지 않는 이유에 대한 적극적인 대안을 마련해야 할 것이고, 또한 발령을 원하는 이유 중에서 높은 응답을 보인 "재편과정에서 자부심"에 대한 촉진 대책을 마련해야 할 것이다.

특히 북한 군대에 대한 내용에 대한 교육에 있어서 대적관 위주의 사상무장 교육뿐만 아니라 북한체제와 북한의 군대 실상을 객관적으로 인식할 수 있는 다양한 계기를 마련해야 할 것이다. 이러한 교육 프로그램은 장병들이 지속적으로 순환되기 때문에 일반사회와 연계하여 실시되어야 할 것이다.

(2) 군 대

다음으로 조직으로서의 군대 단위에서 실천해야 할 과제들이 있다.

독일의 경우 다른 분야의 지원과 협력하에 이루어지기는 했지만 군대는 군대 나름대로의 자부심을 가지고 통합에 임하였다. 즉 "군이 군을 돕는다."라고 하는 슬로건이 바로 그것이다.

군대가 해야 할 실천과제는 장병 개개인들이 통일 군대에 적응할 수 있도록 분위기를 만들어주고 도와주는 역할을 수행하는 것이다. 통일 한국 군대가 군사통합을 잘 이룰 수 있도록 하기 위한 대책은 다음과 같이 설정할 수 있다. 첫째, 반사회화(counter- sociolization) 교육프로그램을 수립, 시행해야 할 것이다(Engle & Ochoa, 1991 : 48-56). 남북한 군인들은 공히 자신들의 문화권내에서 생활해 왔다. 그렇기 때문에 새롭게 변화된 상황에 맞는 반사회화의 프로그램이 필요하다. 즉 자신의 허물에 대해서도 객관적으로 뒤돌아볼 수 있는 제도적 준비를 해야 할 것이다. 이와 같이 시민정신은 동포애나 겨레사랑으로 승화될 수 있도록 해야 할 것이다.

둘째, 통일군대는 장병들에게 건전한 시민정신을 길러줄 수 있도록 해야 할 것이다. 드러커(P. F. Drucker, 1994)는 민족주의는 시민정신이 없으면 애국심을 쇼비니즘(chauvinism)으로 퇴화시키고 말 것이라고 지적하면서, 시민정신 없이는 진정한 의미의 시민을 창조하는 책임 있는 활동을 기대할 수 없으며, 결국 한 나라의 정치적 집단을 묶어주는 책임 있는 참여를 기대할 수가 없다고 보고 있다.

여기서 말하는 시민정신이 없으면, 진정한 의미의 시민을 창조하는 책임 있는 활동을 기대할 수 없으며, 결국 권력을 가진 한 나라의 정치적 집단을 묶어주는 책임 있는 참여는 이 시민정신을 통해서 기대할 수 있다고 볼 수 있는 것이다.

정세구 교수(1991b: 192-193)는 이러한 측면에서 통일 후의 교육방안에 대해 제시하고 있다. 국가에 대한 충성심의 의미를 구체적으로 밝히면서 그중에서 국가는 단순한 시민권이라는 법적인 면에서만 생각하는 것이 아니라 우리들이 아침, 저녁으로 집에서나 거리에서 만나는 보통사람들 자체를 말한다고 하였다. 그래서 국민은 동포나 겨레라고 부르는 것이 더 적합하다고 주장한다.

셋째, 병영문화 창달을 위한 제도적 지원을 해야 할 것이다. 본 연구에서 행한 설문에서는 "군 내부의 단합을 위해 병영문화는 어느 정도 중요할 것으로 생각하는가?"라는 질문을 하였는데, 그 결과 "매우 중요하다"가 25.7%(221명), "비교적 중요하다"가 54.5%(469명), "별로 중요하지 않다"가 19.3%(166명), 그리고 "전혀 중요하지 않다"가 0.6%(5명)의 순으로 나타났다. 전체적으로 80% 이상이 중요하다고 평가하였다.

병영문화는 통일군대의 생명력을 더 해주는 데 큰 역할을 할 것으로 기대된다. 이 병영문화는 주로 병사들의 진중활동 속에서 나타나는 문화유형이라고 말할 수 있다. 그런데 기존 남한의 군대문화에 관한 논의에서는 병사들의 병영문화에 대한 연구가 부족하였다. 장교와 하사관에 비해 비교적 병사들이 같은 계급군에 속한 인원이 많기 때문에 자생적으로 비공식적인 역할분담이 있게 되는데, 이와 같은 행태에 대해 통제보다는 자율적인 활동이 가능하도록 유도하는 것이 더 효율적이라고 본다.

현재 남한의 군대 내 병사들의 비공식 조직 생활상은 다음 〈표 33〉과 같다.

〈표 33〉 남한 군대의 소대 내 비공식 조직 생활상(OO부대)

구 분		직 책	생 활 상	비 고
이등병 (6개월)	호봉이 없음	바닥조	· 절대 웃을 수/말할 수/생각할 수 없다. · 자기주장을 할 수 없다. · 뛰어 다녀야 한다. · 항상 각잡고 있어야 한다. · 항상 담배를 지참해야 한다.	침상대기 (최대 한달) 금전거출 제외
일병 (6개월)	말호봉	일병주임 상관물	· 다림질 가능 · 편지쓰기 가능 · 미소/가벼운 웃음 가능 · 교육 군번으로서 활동	이병 교육 책임
	5호봉			
	4호봉	하관물		
	3호봉			
	2호봉	쓰레기 담당 /침상조		
	1호봉			
상병 (8개월)	말호봉	기지계	· 소대 군기 담당 · 소대 보급품 관리/통제	행동파 실세
	7호봉			
	6호봉	식기조	· 독서 가능 · 커피 자판기 사용 · 내무실 오락기구 사용 · PX/전화 사용 · 소신껏 웃을 수 있다.	시키기 및 독단 행동 가능
	5호봉			
	4호봉	마포/밀대 (전투화)		
	3호봉			
	2호봉	빗자루		
	1호봉			
병장 (6개월)	6호봉	병왕고	힘이 없음(똥차)	말년휴가 복귀
	5호봉	분대장 투 고 쓰리고	· 근무 열외 · TV 리모콘 임의조작 가능 · 자유로이 식사 · 내무반 흡연/취식/눕기 · 휴무일 할 일 없으면 취침 가능 · 구보시 군가를 안함 · 관등성명 생략 · 호탕하게 웃을 수 있다.	병생활 주도
	4호봉			
	3호봉			
	2호봉			
	1호봉			

주: '투고'는 '두 번째 고참'이라는 뜻이며, '쓰리고'는 '세 번째 고참'이라는 뜻임.
자료: 국방부(1999. 3. 29.: 8).

넷째, 미래의 전략환경의 변화에 능동적으로 대처할 수 있는 준비를 해야 할 것이다. 통일 한국군은 군 통합의 과제도 가지고 있지만, 지속적으로 변화, 발전해야 하는 과제도 가지고 있다. 미군의 경우 전쟁 이외의 작전활동을 위해 많은 노력을 하고 있는데, 남북한의 통일상황은 군사력의 운영, 유지라고 하는 고전적 군대 임무 외에 예상되는 다른 많은 임무에 대해서도 능동적으로 준비해야 할 것이다. 현재 진행되고 있는 유엔평화유지활동도 앞서 말한 전쟁 이외의 작전활동의 일환이라고 할 수 있다.

이러한 차원에서 비무장지대에서의 다양한 작전활동도 고려할 수 있다. 비무장지대는 환경, 생태계 등 전 세계적으로 보호해야 할 가치가 많은 자연생태계이다. 이 지역은 비교적 민간인이 접근하기 힘든 지역이기 때문에 군대의 유·무형 자산을 활용하여 다양한 작전활동을 하는 것도 좋은 예라고 할 수 있다.

마지막으로, 통일군대는 통일된 일반사회와의 관계를 잘 유지해야 할 것이다. 군 통합은 사회통합과 궤를 같이 하면서 진행된다. 그러므로 일반사회와의 관계를 원만히 하는 것은 통일 군대문화를 형성하는 데 중요한 조건이 된다. 본 연구에서 행한 설문조사에서도 "군 내부의 단합을 위해 군과 일반사회의 관계는 어느 정도 중요하다고 생각하는가?"라는 질문에 대해 응답자 총 861명 중 "매우 중요하다"가 39.4%(339명), "비교적 중요하다"가 51%(439명), "별로 중요하지 않다"가 9.5%(82명), 그리고 "전혀 중요하지 않다"는 0.1%(1명)의 순으로 나타났다. 전반적으로 89.4%가 통일과정에서의 군과 일반사회와의 관계는 중요하다고 평가하였다.

(3) 국　가

통일 군대문화 형성을 위한 국가 단위의 실천은 개인과 군대가 통합을 수행함에 있어서 필요한 사항을 지원하고 방향을 유도하는 역할을 수행해야 한다.

　군은 독자적인 문화 영역을 가지기는 하지만 국가적인 지원이 절대적으로 필요한 부분이다. 특히 외적인 통합 부분에서는 그러하다. 군정·군령체계, 무기체계, 군 시설물, 장병복지 등의 과제가 여기에 해당된다고 하겠다. 이러한 문제는 기존 군사통합 논의에서 다루어져 왔던 외형적인 군사통합의 문제라고 말할 수 있는데, 이것이 국가가 해야 할 과제라고 볼 수 있다.

　본 연구에서 행한 설문에서도 "군 내부의 단합을 위해 국가정책적 지원이 얼마나 중요하다고 생각하는가?"라는 질문에 대해 "매우 중요하다"가 53.9%(460명), "비교적 중요하다"가 38.8%(331명), "별로 중요하지 않다"가 7.3%(62명)의 순으로 나타났다. 여기서 "전혀 중요하지 않다"고 답한 사람은 단 한 명도 없다.

　또한 앞서 언급한 군의 단합을 위한 요소의 측면에서 볼 때도 국가정책적 지원이 가장 중요한 것으로 나타났다. 그 결과는 다음 [그림 24]와 같다.

[그림 24] 통일 후 군 내부 단합요소(N＝861)

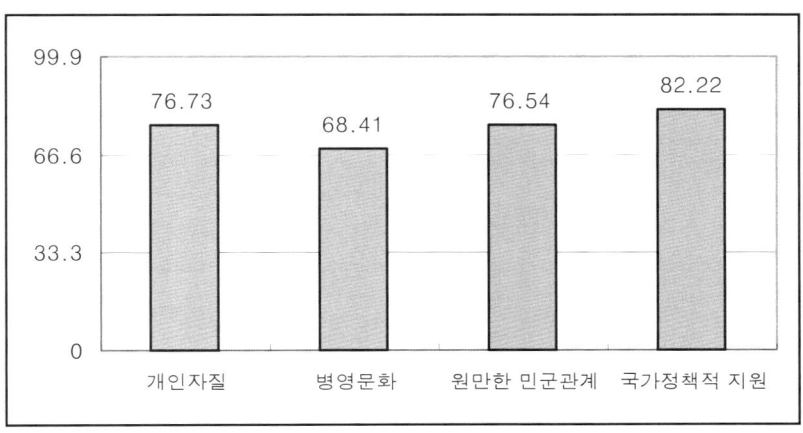

주: 수치는 "매우 중요함"(100점), "비교적 중요함"(100×⅔점), "별로 중요하지 않음"
　　(100×⅓점), "전혀 중요하지 않음"(0점)을 가중 평균한 것임.

　이와 같이 통일 군대문화 형성을 위해서는 국가정책적 지원이 대단
히 중요하다. 국가정책적으로 해야 할 과제는 다음과 같은 요소들이 있
다. 첫째, 국가지도자의 통일 및 통일국가에 대한 비전 제시와 강한 추
진력이다. 즉 국가지도자는 통일을 이루고자 하는 강한 의지와 미래를
예시하는 지혜를 갖추고 기회를 적극적으로 활용하며 강력한 추진력으
로 통일의 주도권을 장악해야 한다(하정열, 1996: 65).

　둘째, 국민으로부터 지속적인 지지를 확보해야 한다. 통일은 엄격히
말하면 국민의 몫이다. 국가지도자는 방향을 제시하고 그 대표가 된다.
군대는 이러한 국민의 지지를 통해서 그 존재이유가 정당화된다. 그러
므로 통일 군대문화의 형성은 국민의 지지 없이는 불가능하다. 여기서
국가는 정책적으로 이와 같은 환경을 조성해 줄 수 있는 구체적인 방
안들을 강구해야 할 것이다.

　끝으로, 통일 군대문화 형성을 위해 국가는 군대가 군의 문제를 해결

할 수 있도록 환경을 조성해주어야 할 것이다. 예를 들자면 주변국과의 관계 정상화와 같은 문제이다. 흔히 통일 이후 가상의 적으로 주변 나라들을 거론하는 경우가 있는데, 내부적인 단합을 위한 계기는 마련할 수 있을지라도 더 많은 재앙을 불러들일 수 있는 가능성도 있다. 이때 국가는 건전한 방향으로 주변국과의 관계가 정립될 수 있도록 노력해야 할 것이다. 또한 군대가 결정할 수 없는 군사적인 사안, 즉 적정 군사력 유지의 문제, 주한 미군의 문제 등의 사안에 대해서는 국가가 사전에 범위를 설정해주어야 할 것이다.

나. 통일 군대문화 형성의 단계

통일 군대문화 형성을 위해서는 실천의 효율성을 위해 대체로 다음 세 단계로 구분할 수 있다. 첫째, 통일이전 단계, 둘째, 통일과도기 단계, 그리고 통일 후 내적 통합단계이다. 통일이전 단계는 통일선언이 되기 직전까지의 상황을 말하며, 통일과도기 단계는 통일선언 이후부터 하나의 체제로서 내적인 통합을 이루기 직전까지를 말한다. 내적 통합단계는 하나의 통일 한국군으로서의 정체성을 형성하기 시작하는 시기를 말한다. 잠정적으로 독일의 경우를 고려해서 통일선언 후 10년 이후의 시기부터 시작된다고 볼 수 있다.

(1) 통일이전 단계

통일 군대문화를 형성하기 위해서는 단계별로 구분하여 그 구체적인 실천방안을 검토해야 할 것이다. 기능주의적 접근법에 의하면, 이를 파급 효과에 의해 부단한 교류와 협력이 지속되면 체제적인 이질성도 극복할 수 있을 것이라고 한다. 통일이전 단계가 바로 교류와 협력이 가장 중요한 실천이라고 말할 수 있을 것이다. 현재 정부가 추진 중에 있는 대북정책 일환의 제반 노력들이 바로 여기에 해당된다.

그러나 군이라고 하는 조직은 특수성이 있음을 간과해서는 안 된다. 즉 군의 '안보전문성'의 정서에 저촉되는 일은 신중히 추진해야 할 것이다. 예컨대 서해에서 '연평해전'이 벌어지고 있는데, 군의 '정신교육의 날 행사'에서 '정부의 햇볕정책'에 대한 교육이 진행된다면 그 교육의 효과는 매우 낮다고 말할 수 있을 것이다. 이것이 곧 군이 통일을 지향함에 있어서 갖고 있는 내부적인 하나의 난점이라고 할 수 있다. 사실 이 문제는 장병들의 대적관에 상당한 문제를 초래할 수도 있는 것이기 때문에 신중히 고려되어져야 할 것이다.

이러한 어려움에도 불구하고 현실적인 군의 특수성만을 강조할 수만은 없다. 군 또한 사회의 일부분임은 주지의 사실이듯이 사회의 많은 분야와 보조를 맞춰야 할 것이다. 일반사회의 전반적인 교류와 협력은 통일을 보다 순조롭게 하고 통일되고 난 뒤, 내적인 통합을 보다 내실 있게 할 수 있는 가능성을 제고한다는 의미에서 추진해야 한다. 군대라고 하는 조직도 일부 특수한 분야만을 제외하고 교류와 협력을 통해 상호 구성원 간의 비군사적 교류와 협력을 추진할 수 있는 세부적인 분야를 개발해야 할 것이다. 예컨대 군가, 국방백서, 군 인사 현황, 군복제(軍服制) 등의 상호교류를 통해 상호간의 군대문화적 요소에 대한 공감대를 확산해 나가는 노력이 필요하다고 본다.

이러한 통일준비 단계에서 한 가지 더 선결되어야 할 문제점이 있다. 그것은 현재 남한 군대 내 군대문화의 정체성을 제고하는 노력이다. 즉 현재 우리의 모습에 대한 본원적인 반성의 노력을 해야 할 것이다.

군의 자체적인 문화 정체성 형성을 위한 노력은 대체로 다음 몇 가지 점들을 염두에 두어야 할 것이다. 첫째, 세계 문화 보편성이다. 군대 문화는 어느 나라를 막론하고 그 나라의 국가문화의 영향을 받게 된다.

그럼에도 불구하고 그 구성원들은 세계시민임은 부정할 수가 없다. 어떤 형태의 문화를 가지고 있다고 하더라도 세계의 여러 나라들과 교류될 수 있는 보편적 성격을 가지고 있어야 한다.

둘째, 국가문화 보편성이다. 군대문화는 일반 시민문화의 일부분이면서, 또한 축소판이라고도 말할 수 있다. 그것은 국가문화의 보편적 범주 속에서 그 군대문화가 형성됨을 말하는 것이다. 극히 예외적인 경우이기는 하지만 군대의 문화가 일반사회의 문화를 형성하는 결정요인이 되는 병영국가체제가 되어서는 안 될 것이다.

셋째, 군대문화 정체성이다. 군대문화는 문화 보편성을 가지고 있어야 하면서도 군대문화다운 독특한 성격이 있어야 한다. 독일의 경우 군인을 '제복입은 시민'이라고 말하고 있는데, 이 경우에도 제복은 군대를 상징적으로 나타내는 것일 뿐 군대의 특성을 지니지 않은 철저한 안보의식의 시민을 말하는 것은 아니다.

이와 같이 보편성과 정체성이 확보되었을 때, 비로소 통일상황과 부합되는 합목적성을 가진 군대문화의 방향이 설정되어야 할 것이다. 흔히 현실에 발을 두지 않고, 먼 이상만을 지향하는 경우가 있는데, 통일 군대문화의 형성은 이와 같은 철저한 현실인식을 바탕으로 추진되어야 할 것이다. 즉 상대방의 입장이나 주장을 도외시하고 남한 군대문화만의 순수성을 주장하는 실천태도는 지양되어야 할 것이다. 이에 이홍구(1985: 42)는 이러한 "환상적 사고는 남과 북의 통일을 목표로 하면서도 오직 남한의 문제에만 몰두하는 '감각의 불균형'에서 비롯된다."고 지적하고 있다.

통일 군대문화의 논의는 현재적 군대문화에 대한 재인식과 그 지평 위에서 추진되어야 함은 위에서 언급한 바와 같이 매우 중요한 선결과제이다. 그 구체적인 노력들이 현재 국방부와 각 군 본부를 중심으로 추진 중에 있다.

우선 국방부(1999. 3. 29.)가 마련한 병영문화 창달관련 노력은 현재
적 군대문화의 개선노력을 공식적으로 실천할 수 있는 방향을 마련해
주고 있다는 점에서 의의가 있다고 하겠다. 이 보고서에는 군 스스로의
'병영문화 창조'와 국민의 군대로서 '병영의 국민교육 도장화'로 구분하
여 현상진단에서부터 개혁과제, 그리고 추진계획에 이르기까지 상세하
게 현실진단과 그 방향을 제시해주고 있다.

육군의 경우 군대문화 실천계획은 다음 〈표 34〉와 같다.

〈표 34〉 육군 군대문화 실천계획

추진중점	정　의	행　동　화　과　제
권위주의적 지휘체질	비민주적, 비합리적, 무사안일한 지휘 및 업무수행 체질을 개선하고 창의적, 자발적이고 활력이 넘치는 업무수행 풍토 조성	① 권위주의적 태도 탈피 ② 지휘권의 공정한 행사, 하급자의 기본권 보장 ③ 보고, 토의, 회의문화 개선 ④ 예산과 사업계획에 미반영된 시범 금지 ⑤ 규정에 입각한 업무수행 풍토 조성
병영문화 선진화	통제위주의 병영생활을 자율과 책임이 조화된 풍토로 전환하고 병영생활 저변의 비합리적인 관행을 개선함으로써 화합과 단결 도모	① 활기찬 병영생활 보장 ② 음주 및 회식관행 개선 ③ 건전한 여가활동 정착 ④ 신앙전력화를 위한 야전 군종활동 활성화 ⑤ 전투체육의 날 활성화
상징문화 개 선	실용성과 전투적 사고를 견지한 복제, 행동규범 발전을 통해 군인기본자세 확립 및 군인정신 함양	① 군인다운 복장 착용 ② 군인다운 태도와 언행 준수 ③ 경례 및 군대예절 준수 ④ 각종 부대행사 적극 참여 ⑤ 군가 가창 활성화

자료: 「국방일보」(1999. 6. 12)의 내용을 도식화함.

하지만 위의 두 가지 실천 프로그램에서 한 가지 아쉬운 점은 미래
의 통일상황을 상정하고 있지 않다는 것이다. 건군 이후 50년이 넘었는
데도 불구하고 아직까지 현재적 군대문화에 대한 내실을 기하지 못하
고 있음은 통일 이후의 복합성을 가정해 볼 때, 더 많은 문제점이 도출

될 것임은 자명하다. 그러므로 통일대비 군대문화 실천계획을 수립, 시행해야 할 것이다.

(2) 통일과도기 단계

통일과도기는 통일선언이 되고 난 직후부터 하나의 체제로서 내적 통합을 이루기 직전단계까지를 말한다. 대체로 그 시기 구분은 독일의 경우를 참고해 볼 때, 통일선언 이후 10년 정도가 내적 통일을 이루기 시작한 것으로 보아 통일선언 이후 적어도 10년이 경과한 시점까지를 말한다.

본 연구에서는 단계에 대한 설문을 했는데, "통일 군대문화 형성에 있어서 어려운 일이 가장 많은 것으로 추정되는 통일단계는 어떤 단계인가?"라는 질문에 대해 응답자의 58.8%가 통일과도기 단계가 가장 어려운 일이 많을 것이라고 평가하였다. 다음 [그림 25]는 단계별 중요도의 평가에 대한 비교이다.

[그림 25] 통일 군대문화 형성을 위한 단계별 중요도(단위: %, N＝860)

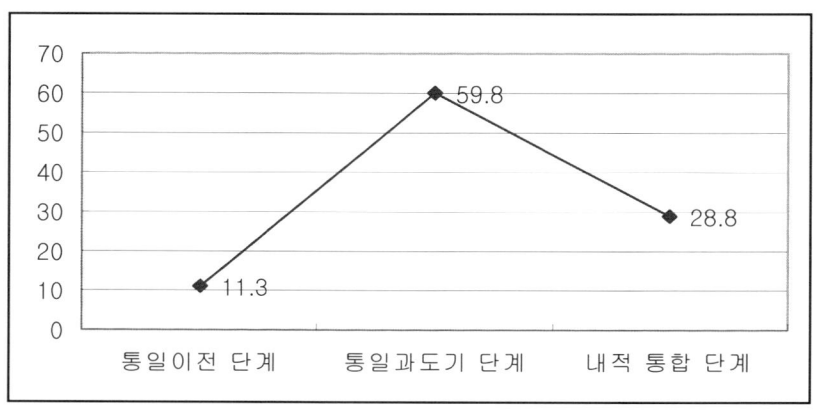

앞서 통일이전 단계는 통일 군대문화 형성을 위한 현재적 노력과 통일 군대문화를 위한 구심적인 노력이라고 말할 수 있는 반면, 통일과도기 단계는 구심적 문화형성에 내실을 기하고 원심적인 문화를 형성해 나갈 수 있는 바탕을 마련하는 시기라고 할 수 있다. 즉 통일 한국의 문화적 보편성 위에 군대로서 갖추어야 할 정체성을 다지는 시기라고 할 수 있다.

통일 이전의 남북한은 각각 상대방의 존재가 자신의 입장에서 보면 상대방은 나의 적이면서, 자신은 상대방의 적이 되는 것이다. 이러한 요인은 통일과도기 단계에 있어서 일반시민들이 느끼는 동포로서의 상대방에 대한 인식과는 상당히 다른 느낌으로 군인들에게는 다가오게 될 것이다. 우선 먼저 이와 같은 군대의 정체성 확립을 위한 과거의 대적관에 대한 인식의 전환이 필요할 것이다. 지휘통솔, 군정신교육 등 많은 가치관 재정립을 위한 노력이 여기에 해당된다고 할 수 있겠다.

한편 남북한의 통일군대는 독일과는 달리 주변 4국이 분단을 관리할 권리나 분단의 극복에 관여할 권리가 국제법적으로 전혀 보장되어 있지 않다. 그러나 현실적으로 주변 4국이 분단의 극복에 관해 가질 수 있는 사실상의 영향력을 간과되어서는 안 될 것이다(손기웅, 1997a: 289).

이러한 사실상의 주변국과의 역학관계는 통일군대의 규모와 성격을 규정짓는 중요한 요인으로 작용할 수 있다. 특히 통합으로 인한 잉여장병의 사회방출의 문제는 대량 실업문제를 불러일으켜 사회통합의 악재로 작용할 소지가 많다.

현재 남북한은 통일 당시 독일과는 비교가 되지 않을 정도로 많은 정규군을 확보하고 있다. 북한의 경우 인구대비 약 4.85%를 유지하고 있고, 남한의 경우 인구대비 1.5%의 병력을 유지하고 있다.[72]

주변국들이 대체로 인구대비 1% 미만의 정규군을 유지하고 있음을

---

72) 국방백서(1999년판)를 기준으로 하여 산정함.

고려해 볼 때, 사실상의 영향력을 감안한다면 통일 한국군의 규모 또한 이를 상회할 수는 없을 것이다. 결국 남북한 군대 모두 병력 감축의 아픔을 겪게 될 것으로 추측할 수 있다. 이와 같은 제도적 상황은 전제조건임에도 불구하고 충분한 통일 한국군의 내적 통합을 위한 배경요인이 될 수 있을 것이다.

그러므로 통일 한국군의 내적 통합을 위한 대책 또한 남북한 군대 출신을 구분하여 그 대책을 마련해야 할 것으로 본다. 첫째, 남한출신 장병들을 위한 대책이다. 우선 강제 퇴역하게 되는 장병들을 위한 직업 보도를 위한 제도적 장치를 체계적이고도, 다양하게 준비해야 할 것이다. 남한출신 장병들은 북한출신 장병들에 비해 사회와의 유기적인 관계가 보다 나은 것으로 평가되기 때문에 상대적으로 큰 문제점을 없을 것으로 추정되지만, 북한출신 장병들로 인하여 강제 퇴역된다는 좋지 못한 감정을 갖지 않도록 하는 대책이 마련되어야 할 것이다.

반면 통일 한국군의 주축이 될 잔류장병들에게는 과도한 우월감이나 위화감을 조장하는 행동을 자제할 수 있도록 하는 정신교육과 타 문화에 대한 이해를 할 수 있는 준비를 해야 할 것이다.

둘째, 북한출신 장병들을 위한 대책이다. 북한의 경우 이 문제는 아주 심각하다. 한 연구에 의하면 약 4만 명 정도만 북한출신 장병들이 필요할 것으로 추정하고 있다(손기웅, 1997a: 294). 이는 북한지역에 산재한 방대한 양의 무기, 탄약, 시설, 그리고 지형지물에 익숙한 장병들이 주류를 이루게 되는데 이들을 제외한 총병력 대비 95% 이상(117만 명 중 113만 명에 해당)에 이르는 대부분의 장병들은 통일 한국군의 구성원이 될 수가 없다. 단순 수적인 문제만을 고려한다고 해도 사회배출 직전에 필요한 상당 기간동안의 통일사회적응을 위한 한시적인 부대가 창설될 필요성이 있고, 적어도 이 문제에 대해서는 주변국들의 양해를 확보해낼 수 있어야 할 것이다.

주변국의 협조가 불가능할 경우, 신분상의 행정절차를 고려하여 교육목적상 국방부가 아닌 다른 행정부처에서 관할 교육을 실시하는 방안도 강구해야 할 것이다. 그러나 군의 문제는 우선적으로 군에서 먼저 준비해야 할 것이다. 왜냐하면 통일군대가 형성됨으로 인해 전역 조치되어야 하는 사람들이 갑작스럽게 사회로 유입될 경우 이는 또 다른 사회문제를 불러일으킬 수 있기 때문이다. 이는 주변강대국들에게 설득을 위한 논리이다. 그리고 단서조항으로 이들은 즉각 동원되는 군인들이 아니라 단지 사회적응교육(직업보도) 기간이 긴 예비 퇴역장병들임을 강조해야 할 것이다.

독일의 경우 동독출신 장병들에 대한 법적 지위보장과 복지수준 향상을 위해 1990년 11월부로 일반병사의 급료를 동서독출신 장병들에 동일하게 적용하였으며, 1991년 7월 1일부로 전역 자금 및 크리스마스 상여금을 동일하게 지급하였다. 또한 연방고용청(Bundesarbeitsamt)과의 업무협조로 전역군인들에게 민간인 직능을 부여하고 직업교육을 강화하였다. 구동독지역에 위치한 한 사관학교에서는 직업훈련과정을 개설하였고, 한편 동독지역으로의 파견을 꺼리는 서독연방군 장병들에 대해서는 수당을 지급함으로써 동서독 지역으로의 인적 교류를 활성화하고자 하였다(손기웅, 1997a: 302).

반면 계속해서 잔류하는 소수의 북한출신 장병들을 위한 조치는 비록 그들의 숫자가 적다고 하여 상대적으로 그 중요성이 적다고 과소평가해서는 안 될 것이다. 이들은 통일 한국군을 만들어 가는 동반자의 역할을 할 상징성을 가진 구성원들이다. 그렇기 때문에 이들과의 내적 통합을 위한 노력은 그 수가 가지는 것보다 더 많은 배려가 필요할 것으로 보여진다.

일반적으로 두 국가, 혹은 체제 간에 자발적 통합이 이루어지게 되는 이유는 두 말할 필요없이 통합이 가져다주는 쌍방 간의 기대 이익이 기대 손실보다 크기 때문이다. 그러나 적어도 통일과도기 단계에서는 단기적인 기대 이익은 현실적인 기대 손실보다도 더 클 확률이 짙다고 보여진다.

도이치(1968)는 체제 간 통합에 따른 기대 이익으로 평화의 달성과 유지, 체제 능력의 확대, 특정 과제의 성취, 그리고 새로운 역할 정체성의 확립 등을 제시하고 있다(황진환, 1997: 145-158).

통일과도기 단계는 바로 이러한 기대 이익을 제고할 수 있는 방향이 되어야 할 것이다. 당장에 그 기대효과가 제고되지는 않는다고 할지라도 그러한 가능성과 심리적 희망을 가질 수 있도록 하는 준비가 필요할 것이다.

통일은 서로 다른 삶의 양식과 이념을 지닌 채 살아오던 사람들이 한 공간에서 섞여 살아가게 되는 것이다. 통일 이전에 남북한이 상호 이해와 접근의 노력을 통해 대비를 철저히 한다고 해도, 기존의 남북한 문화의 이질화 정도를 감안할 때 통일과정에서 적지 않은 문화적 갈등의 양상을 예측하고 이를 해소하는 방안을 마련하는 것이 필요할 것이다.

윤덕희(1994: 88-93)는 이와 같은 문화적 갈등 양상을 다음과 같이 지적하고 있다. 즉 ① 남북한 주민 간의 문화적 접촉에 의한 문화충격, ② 남북 주민간의 문화적, 심리적 불평등, ③ 세대 간의 갈등, ④ 통일 후 남북한 주민들이 겪게 될 문화갈등은 통일 이후 경제적 여건이 만족스럽지 못할 때 여러 형태로 표출, ⑤ 통일 이전에 존재하고 있던 지역감정의 증폭가능성, ⑥ 통일 후 사회적 과도기적 현상인 가치관의 혼란, 그리고 ⑦ 여성문제를 중심으로 한 갈등 등이다. 이러한 지적은 통일상황이라고 하는 단일 환경변인 속에 내재되어 있는 기존의 남북한 내부의 각각의 문제와 통일상황이라고 하는 새로운 상황과 마주칠 때 나타나는 복합적 문제를 동시에 고려해야 한다는 것으로 요약된다.

한편 차재호(1993: 78-100)는 두 개의 서로 다른 문화의 접촉에서 생기는 갈등에 대한 당사자들의 반응방식으로 ① 규범화(normalization), ② 동조(conformity), 그리고 ③ 혁신(innovation)을 예로 들고 있다.

그런데 이러한 쌍방 간의 갈등이 빚어진 경로에 대해 유심히 살펴보아야 할 것이다. 앞서 언급한 바와 같이 그것은 남북한의 문화가 동일한 척도에 있어서의 이질성에서 비롯되는 것이 있고, 한편 동일한 척도라고 하더라도 그 척도에 대한 해석이 달라서 빚어지는 경우도 있다. 예컨대 '민주주의'라든지 '인간주의' 또는 '평화' 등의 용어 자체가 각기 다른 의미로 사용되어지고 있는 시점에서 상호간의 교류와 협력이 지속되는 것은 한계가 있다는 뜻이다. 남북한의 현실적 이질화는 자본주의·사회주의, 민주주의·전체주의, 개인주의·집단주의, 자유주의·평등주의 등과 같은 이념형에 대한 이질화뿐만 아니라, 같은 단어라고 하더라도 다른 의미를 가지고 사용되어짐으로 해서 발생하는 이질화도 있다. 단순한 교류와 협력은 상호간의 관계(rapport)를 형성하는 통일전 단계의 목표는 될 수 있을지라도 이것이 통일과도기 단계의 전체 전략이 되는 데는 제한점이 있다고 본다.

그래서 통일과도기 단계의 전략은 근본적인 접근이 필요하다. 위에서 언급한 두 가지의 갈등 요인, 즉 이질적인 문화요소상의 요인, 그리고 동질적인 문화요소에 대한 평가상의 요인을 포함하는 접근이어야 할 것이다. 첫째, 이질적인 문화요소에 대한 극복을 위한 노력이다. 이는 체제이행적 접근에서 찾아야 한다. 흔히 우리는 교류와 협력을 지속하다 보면 가장 핵심적인 부분(정치적·군사적 부분)에까지 그 변화가 나타날 것으로 본다. 하지만 북한의 사회주의 체제상의 문제는 단순 교류와 협력으로는 그 해결책을 찾기란 매우 어렵다고 하겠다.

이와 같은 맥락에서 기존의 '민주화'를 중심으로 한 '체제전이(System-transition)'를 대체하는 개념으로 '체제이행(Systemtrans- formation)' 개념이 제시되고 있다. 이는 사회변동의 한 특수 형태로서 정치, 경제, 사회, 문

화 전반에 걸친 근본적인 변혁, 즉 구체제의 한계성을 극복한 새로운 사회
구성체의 확립을 의미한다. 체제이행적 변동은 체제이행을 목표로 원칙적
으로 구체제 특유의 체제문화, 체제구조, 체제기능 및 구체제 권력 엘리트
의 창조적 파괴와 동시에 신체제 특유의 체제문화, 체제구조, 체제기능 창
조 및 반권력 엘리트의 대체를 지향한다고 말한다(박자숙, 1999: 488).

이러한 체제이행적인 접근은 북한에서의 '시민사회' 형성을 통해 통일
환경을 조성하고자 하는 입장과 일맥상통한다고 하겠다(윤덕희, 1995:
3-67: 장경섭, 1995: 419-455). 여기서 시민사회란 시민·민간단체의 교
류·협력이라는 말을 할 때 사용되는 시민 또는 민간단체의 의미와는
다르다. 시민사회라고 하는 것은 서구 민주주의 사회의 시민권을 가진
시민이 정상적인 생활을 할 수 있는 정치·경제·사회·문화 등의 제
반 환경을 말한다.

그러나 이와 같은 논의들은 통일선언이 되고 난 뒤에 진행되는 것이
다. 물론 통일준비 단계에서 이러한 문제에 대해 논의는 할 수 있겠으
나 그 실행 시점이 통일과도기부터이기 때문에 그 실행가능성뿐만 아
니라 유효성도 잘 살펴보아야 할 것이다.

마찬가지의 논리로, 북한 군대 내 '시민권의 형성'에 대해 살펴보자. 즉
징병절차상에 있어서 병역의무의 행사는 시민으로서 반드시 해야 할 의무
라고 하는 점을 특히 북한장병들이 인식할 수 있도록 해야 할 것이다. 이
와 같이 통일과도기의 군대 내에서의 이러한 체제이행적인 노력은 이질적
인 문화요소에 대한 이해의 폭을 넓히고, 상호간의 공감대가 형성될 수 있
도록 해야 할 것이다.

둘째, 동질적인 문화요소에 대한 상이한 평가의 극복을 위한 노력을
해야 할 것이다. 남북한 간의 진정한 통일은 단순히 외형적인 정치·경
제 제도상의 통일만을 의미하는 것은 아니다. 보다 더 중요한 통일의
의미는 양쪽 구성원들의 '삶의 양식'을 통일하는 일일 것이다. 바로 이

통일을 위해서는 남북이 서로간의 삶의 방식의 차이점을 극복하기 위한 노력이 필요할 것이다. 그리고 이 노력을 위해서는 무엇보다도 먼저 서로 얼마나 다른 정치체계를 지니고 있는지부터 명확히 해야 할 필요가 있다(이종석, 1998: 155-156).

남북간의 문화적 이질화의 본질에 대한 평가에 있어서 차이 · 차별 · 괴리 · 단절 등에 대해 전문화사의 맥락에서 분단시대라고 하는 특정의 시기에 존재하는 분단문화로 보아야 한다는 견해가 있다(권영민, 1992: 336-349). 이는 현재 상황에 대한 쌍방 간의 문화적 실체를 남한의 입장에서 고려하고자 함에서 기인된 논리이다. 이는 배타성이 짙으며, 통일을 위한 당위성이 앞선 논리라고 볼 수 있다. 즉 문화는 그 실체에 대한 가치 평가 이전에 존재의 의미를 갖고 있는 것이고, 또한 변화하는 속성을 가지고 있다. 역사성과 사회의 속성을 대변하는 것이다. 현재적 분단문화라고 하는 것도 그 나름대로의 의미가 있는 것이고, 단지 전체적인 통일문화의 틀 속에서 볼 때 그 원근후박(遠近厚薄)의 차이는 다소 있을 수 있을 것이다.

결국 통일과도기 단계에서 가장 중요한 점은 숫자의 논리로 말해서는 안 된다는 점이다. 즉 통일 한국군에 동참하는 북한의 인민군 출신 장병들의 숫자가 적다고 하여 그들의 인권과 통일 군대문화 형성에 있어서 참여 기회를 소외시켜서는 안 된다는 것이다. 그리고 113만에 이르는 북한출신 전역장병들의 취업문제가 4만 정도의 소수 잔류 장병들의 통일군대 적응문제보다 현저히 덜 중요하다고 폄하되어서도 안 될 것이다. 전반적인 사회통합의 단기적 과제를 해결하는 데는 중요한 문제이지만, 장기적인 차원에서 보았을 때 그들의 자녀들이 통일군에 훗날 다시 참여할 수 있게 될 때, 그들에게 가장 중요한 산 교훈을 들려줄 수 있는 사람은 바로 그 강제 퇴역한 북한출신 장병들이 될 수도 있을 것이기 때문이다.

(3) 내적 통합 단계

통일 한국의 군대는 과도기 단계를 거쳐 내적인 정착의 단계로서 독자적인 군대문화의 정체성을 형성해나가는 과정이라고 볼 수 있다.

내적 통합이라는 용어는 독일의 통일 이후 많은 갈등과 완전한 의미의 통일이 확보되지 않음으로 해서 그 과제로 등장하게 된 말이다. 즉 영토와 체제통합의 외형적인 통합이 이루어졌음에도 불구하고 사회, 문화적인 분야의 통합, 이른바 내적인 통합은 쉽게 이루어지지 않음에서 비롯된 것이다.

내적 통합을 이루기 위해서는 과도 상태의 문제점에 대한 완결의 의미가 있고, 이를 토대로 해서 새로운 문화적 정체성을 형성해나간다는 의미가 있다. 우선 전자는 역사 재평가의 완성이고, 두 번째는 새로운 문화창조의 노력이라고 할 수 있다.

통일과도기 이전까지의 상황에 대한 분석과정에서 우리는 현재의 남북한 상황에 있어서의 많은 요소들이 이질적인 면이 많아 통합에 장애가 되는 요인들이 많음을 알 수 있었다. 이러한 것 중에서 특히 군대의 정신적인 정체성을 가장 극명하게 드러내주고 있는 과제가 정체성의 문제이다.

헌팅턴(1997)은 집단 또는 국가가 경쟁자를 지정하면서 정체성을 가지기도 한다고 하면서, 공동의 적을 규정하는 것이 국가 자체적인 정체성 형성에 기초가 된다고 하였다.

현재의 남북한 군대는 이러한 입장을 지향하고 있다. 양쪽의 정부 차원에서 공식적으로는 상호간의 실체를 인정하고 평화공존의 대상으로 생각하고 있다고 할지라도 명백히 상호간의 실체에 대해 그렇게 호의적이지는 못한 것이 사실이다.

북한 군대가 이와 같이 자신의 정체성을 확보하기 위한 도구로서 남한 체제와 군대에 대해 적대감을 갖는 것은 많은 탈북 귀순자의 증언과 북한의 끊임없는 국지도발을 통해 볼 때 명백하다.

남한 군대는 국방백서(국방부, 1998: 58)에서 "북한은 궁극적으로 공존공영을 추구해야 할 평화통일의 동반자이나, 북한이 대남적화전략을 포기하지 않고 군사적 도발을 계속하는 등 우리의 생존을 위협하는 한 북한이 우리의 주적이라는 것은 너무나 명확하다."고 정의하고 있다. 그리고 정신교육교재(국방부, 1999. 8: 21)에서도 "우리의 주적은 북괴집단이며, 그 핵심세력은 노동당, 정권기관, 그리고 북괴군과 준군사조직이다."라고 명시하고 있다.

이와 같은 자신의 정체성 확보를 위해 상대방의 실체에 대한 실질적인 태도는 얼(Edward Earle, 1949)이 주장하고 있는 "주적을 언급하는 것은 다이너마이트를 가지고 노는 것처럼 위험한 것이지만, 주적을 언급하지 않는 것도 마찬가지로 위험한 것이다"라고 입장과 같은 맥락이라고 볼 수 있다(김재한, 1999: 264).

이렇듯 평시의 대적관은 통일에 상당한 장애요인이 됨은 자명하다. 또한 우여곡절 끝에 통일군대가 형성되고 난 뒤에도 그러한 대적관 문제는 완전한 내적 통합을 이루어내는 데 있어서 상당한 장애요인이 됨은 자명하다. 심리적으로 어제까지는 적이었는데, 오늘은 동료로서 생활해야 한다고 할 때, 아무리 상명하달의 지휘체계가 잘 되어 있다고 하더라도 이러한 상황에 쉽게 적응할 수 없음은 남북한 공히 어떠한 통일모델인지와 무관하게 상당한 갈등요소로 제기될 수 있을 것이다.

김재한(1999: 284)은 과거의 남북한의 상대방 체제에 대한 인식문제에 대해 언급하면서 "남한에서 가끔씩 대두되는 주적 논쟁과 색깔 논쟁은 과연 누가 우리에게 위협이 되고 있는가에 대한 검증과 토의가 되지 않고 상대방을 매도하거나 아니면 스스로 색깔을 불분명하게 하는 행태만을 보여왔다."고 진단하고 있다.

흔히 우리가 통일 한국군의 내적인 통합을 위한 연구에서 간과하기 쉬운 점은 북한 군대의 인적 자원에 대한 관점을 통일시점에 국한시키고 있다는 것이다. 내적인 통합이라고 함은 하나의 체제로서 작동되는 것을 말한다. 군대도 예외가 될 수는 없다. 설령 통일 당시의 군인들이 모두 강제전역을 하게 된다고 한다면 당연히 북한출신 청소년들이 통일군에 입대하게 될 것이다.

이러한 이유로 인해 북한출신의 장병들을 어떻게 재사회화할 것인가 하는 것도 중요한 과제이기는 하지만 북한출신 청소년들이 군에 입대했을 때, 어떻게 대하는가하는 점도 중요한 과제이다. 적어도 이러한 문제는 일반사회와 연계를 통해서 이루어져야 할 것이다.

그런데 현재 이러한 제도적 필요성에 역행하고 있는 사례가 있다. 통일부의 경우는 탈북 귀순자들의 남한사회 적응을 위한 프로그램으로 '하나원'이라고 하는 교육기관을 증설하고 있는 상황인데,[73] 군은 1999년 말 군의 정신교육을 총괄하는 '국방정신교육원'(국정원)이 국방부의 구조조정 계획에 의해 폐지되었다. 그중 필수적인 정훈교육의 기능은 '육군종합행정학교'의 일개 부서(정훈공보학처)로 명맥을 유지하게 되었지만, 통일 이후의 문제와 연계해서 생각해 볼 때 단기적인 경제논리로 인해 폐지했던 것이 과연 옳은 것이었는지에 대해서는 재고되어져야 한다고 본다. 군의 정신전력을 담당하는 기관이 일반적인 행정병과와 같은 선상에서 평가되어져서는 안 될 것이다. 이는 곧 통일 이후의 상황을 고려해 볼 때, 반드시 필요한 통일군대의 정신적 메카를 잃어버린 셈이다. 그렇다고 통일대비 군사통합에 대한 군대 자체적인 노력을 총괄할 수 있는 부서가 현존하고 있는 상황도 아니다. 진정한 통일을 위

---

73) http://www.unikorea.go.kr/kr/load/a14/a14207.htm: '하나원'은 탈북 귀순자들의 애로사항 등에 대한 각종 상담 및 생활지도를 통해 심리·정서적 안정을 찾는 데 중점을 두고, 이들이 우리 사회에 조기 적응할 수 있도록 3개월간의 사회적응교육과 6-8개월간의 직업훈련도 실시함. 이 자료의 뒷부분에는 "4. 북한이탈주민 정착지원체계 구축방안(기본계획)"이 첨부되어 있다.

한 노력은 의견의 산술적 종합만으로 되지 않을 것이라는 점이 자명하다면 이를 주관하는 부서가 반드시 있어야만 할 것이다.

내적 통합단계에서 시행해야 되는 정책은 현 시점에서부터 구상이 이루어져야 할 것이다. 통일군대의 내적 통합은 단일 군대로서의 정체성을 확립하는 것이다. 그 정체성이라 함은 독자적인 단일 군대문화를 형성하는 것이라고 볼 수 있다. 이 단일 군대문화를 형성하기 위해서는 현재의 남한 군대문화에 있어서 통일 군대문화의 배아를 형성해 나가야 할 것으로 본다. 그러기 위해서는 몇 가지 측면을 고려되어야 할 것이다.[74] 첫째, 학문화이다. 현재 군대문화에 대한 연구는 공식적으로 단위 부처 또는 기관에서 공식적으로 정례화되고 있지 못하다. 한국국방정책학회, 한국사회학회(통일 · 북한사회 분과), 통일연구원, 그리고 한국국방연구원 등 일부 학회나 연구기관이 관련이 있고, 그 외에는 대부분이 관심있는 학자들의 개별적인 연구를 통해 이루어지고 있다. 학문화가 되지 못하고 있는 데는 군의 특수성(보안문제 등)이 그 이유가 될 수도 없다. 그것은 군 내부에서 군대문화에 대한 연구를 단순히 조직의 운영의 묘를 살리는 정도로만 인식하고 있기 때문이다.

둘째, 체계화이다. 위의 학문적 연구를 보다 체계적으로 정리하고, 토대를 닦을 수 있는 방안은 군 내부적으로 체계적인 준비를 해야 할 것이다. 이를 위해서는 현재 국방부 군비통제관실이 주관이 되어 발간되고 있는 '한반도 군비통제'지를 '군대문화'지로 제호를 바꾸어 그 학문적 영역을 확대하는 방안을 우선적으로 고려할 수 있고, 두 번째는 국방부 정훈공보관실 예하의 '홍보기획과'를 '문화과'로 개칭하여 여기서 주관이 되어 '군대문화'지를 발간하고, 더불어 통일 군대문화와 관련된 연구의 창구 역할로 그 장을 마련한다면 실효성이 있을 것으로 본다.[75]

---

74) 학문화, 체계화, 붐 조성의 단계 설정은 정세구 교수(1996: 15-39)가 윤리교육의 당면과제로 설정한 정당화, 체계화, 내실화의 모델을 원용하여 재구성하였다.

셋째, 붐 조성이다. 초청 학술세미나, 국방부 정신전력강화논문 공모 주제 선정, 국방부 산하 연구기관의 기획프로젝트 선정, 그리고 안보유 관부처 산하 연구기관과의 협조하에 연구의 붐 조성이 이루어지고, 군 내부적으로도 이와 같은 문제에 대한 관심 영역을 확대해야 될 필요성 이 있다고 본다.

다. 통일 군대문화의 요소

통일군의 군대문화에 대한 논의는 내적인 통합을 보장하기 위한 것이다. 그러므로 이 내적 통합을 보장해주는 통일 한국군의 문화요소는 정신적인 핵심문화일 것이다. 이는 현재 우리 군의 모습과 과거 우리 군에서 전해 내려오는 전통을 참고해서 통일군의 군대문화를 발전시켜 나가야 할 것이다.

본 연구에서 행한 설문에서 "통일 후 내적 통합을 하는 데 중요한 관건이 될 것으로 보는 군대문화의 요소는 어떤 것이라고 보는가"라는 질문을 했는데, 이에 대해 다음 [그림 26]에서 보는 바와 같이 정신교육이 52.2%(447명)로 가장 중요하다고 보았고, 지휘통솔이 27.5%(236명)로 그 다음 중요한 것으로 평가했으며, 진중놀이가 9.1%(78명), 군종(Military Religion)이 3.3%(28명), 군대용어가 3%(26명), 군 공보(Military Public Affairs)가 2.3%(20명), 마지막으로 군가가 0.8%(7명)의 순으로 나타났다.

---

75) 홍보기획과를 문화과로 개칭하는 문제에 대한 구체적인 언급은 논외로 함.

[그림 26] 통일 군대문화 요소 중요도(단위: %, N＝842)

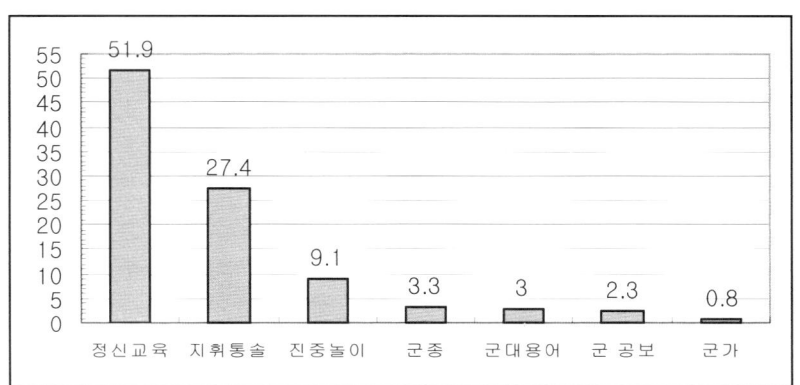

그런데 이와 같은 군대문화의 요소는 그 분류방식에 있어서 재검토되어져야 한다. 사실 문화의 구성요소를 묻는 문제에 답하는 것은 매우 어려운 과제이다. 왜냐하면 문화의 개념이 다양하기 때문이다. 키징 (Roger Keesing, 1974: 74)에 의하면, 문화에 관한 논의가 문화의 다양성 속에 내재하는 보편적인 유형, 그리고 그 문화를 서술하는 것이 어떻게 가능하지 등의 문제를 탐구하는 데 부심했다(전경수, 1996: 54).

키징이 말하는 문화의 개념이 가지는 다양성은 적응체계로서의 문화, 구조체계로서의 문화, 인지체계로서의 문화, 그리고 상징체계로서의 문화에 대한 인식을 복합적으로 고려함을 말한다. 그리하여 그는 다양한 문화이론들 사이의 통합을 이루려고 노력하였다(전경수, 1996: 54-81).

이와 같은 키징의 문화 다양성을 기초로 해서 군대문화를 인식할 때, 군대가 가지는 상대적인 특수성을 고려하여 재검토해야 할 필요성이 있다. 그리고 통일 군대문화의 형성이라고 하는 시대적인 당위성까지 같이 안고 있는 통일 한국의 군대문화는 객관적인 문화 개념에 대한 분류보다는 더 구체적이어야 한다는 당위성을 요청받고 있다.

도흥렬(1985: 156)은 북한과의 문화교류의 관점에서 "문화체제는 구조적 분화형태에 따라 가치문화, 규범문화, 생활문화로 3분될 수 있고, 여기서 가치문화는 바람직하다고 생각하고 있는 목표지향의 문화이고, 규범문화는 사람들이 따르고 있는 절차나 관습의 문화이고, 그리고 생활문화는 생활용품 시설 등의 생활수단 및 생활방식에 관련된 문화이다."라고 말하고 있다.

군대문화와 관련해서는 그 소재의 특수성으로 말미암아 문화 일반에 대한 분류만큼이나 다양하다. 우선 조승옥(1997: 24-27)은 군대문화 발전방안을 제시하기 위하기 위한 요소로서 가치관, 행동규범문화, 병영생활 문화, 리더십 문화 등 네 가지로 구분하였다.

원재홍 등(1993: 8-9)은 기업문화를 연구한 파스칼과 에토스(R. T. Pascal & A. G. Ethos, 1981), 그리고 피터스와 워터만(T. J. Peters & R. H. Waterman, 1982) 등이 말한 기업문화의 구성요소인, 공유가치, 전략, 구조, 시스템(제도·절차), 구성원, 기술, 리더십 스타일 등의 일곱 가지 요소에다 보제 등(D. M. Boje et al. 1982: 18)이 제시한 언어적 요소를 포함하여 여덟 가지 요소를 군대문화 구성요소로 보았다.

육군은 다음 〈표 35〉와 같이 군대문화의 구성요소를 분류하고 있다.

〈표 35〉 육군문화의 구성요소

구 분	개 념	하 위 영 역
가치문화 (관념문화)	장병의 인식과 판단의 기준	국가관, 군인관, 직업관, 인간관 등
규범문화	장병의 행위기준이 되는 제도와 관습	지휘통솔, 부대관리, 군인기본자세, 복제·복식 등
물질문화	장병의 전투 및 생활수단	병영생활, 복지·후생시설, 전기·전술·전법, 무기·장비체계 등

주: ( )안은 해군본부(1998)의 내용임.
자료: 육군본부(1999: 31): 해군본부(1998: 31-34)를 재구성.

그러나 가치문화와 규범문화는 같은 범주에 묶을 수 있다. 흔히 가치규범이라고 하는 말이 같이 사용되고 있는 것으로 보아 구분한다고 하는 것은 작위적인 면이 있다고 본다. 또한 물질문화라고 하는 요소도 하위 영역의 설명과 맞지 않다고 본다.

이러한 논의를 토대로 군대문화의 요소 영역을 다시 설정해보면, 조직문화, 규범문화, 그리고 생활문화로 구분할 수 있다. 이는 키징이 지적한 것처럼 문화의 다양성을 수용하면서, 다양한 문화요소를 포괄적으로 설명할 수 있다고 본다.

위의 세 가지의 기준을 중심으로 통일 군대문화에 대한 요소를 검토하고자 한다.

(1) 조직문화

군대는 사회의 다른 많은 문화공간과 마찬가지로 일종의 조직이다. 이러한 조직은 그 조직에 맞는 독자적인 문화가 있고, 그 문화적 전통의 계승과 창조의 과정을 겪으면서 변화하고 발전해 나간다고 할 수 있다.

조직문화의 개념 정의에 대해서는 군의 리더십을 다루는 연구에서는 규범문화도 포함하는 개념으로 이해되어지고 있다. 즉 오점록 외(1999: 6)에 의하면, 조직문화는 공유된 가치관 및 신념의 종합적인 체계라고 보고 조직 구성원 간에 가치와 신념을 전달하는 상징·신화·의식을 말한다.

그러나 하나의 조직이 생활양식을 가지고 정상적으로 작동될 수 있는가의 문제는 위의 정의로는 부족하다. 왜냐하면 조직 자체가 가지고 있는 문화적 정향을 가치내재적인 규범적 공유가치까지도 포함하게 될 때, 객관화된 조직이 갖는 위상을 정확히 진단할 수 없는 단점이 초래되기 때문이다.

해리슨(Roger Harrison, 1972: 119-128)과 그래이브스(Desmond Graves,

1986: 43-47)에 의하면, 이와 같은 조직문화를 보다 객관적으로 보려고 시도한 바가 있는데, 그들은 기업의 문화분석에서 그 시사점을 찾고 있다. 여기서 공식화(formalization)와 집권화(centralization)의 개념을 설정하였다. 이는 기업경영과 조직구도의 중요한 변수로서 기업성과에 매우 중요한 영향요소로 인식되고 있다. 여기서 말하는 공식화는 구성원들의 업무수행이 규율, 규정, 절차 등에 영향을 받는 정도를 의미하고, 집권화는 의사결정이 상위계층에 집중되어 있는 정도를 의미한다. 이 두 가지 요소를 기업문화에 적용할 때, 공식화와 집권화가 모두 높은 관료조직문화(bureaucratic cluture), 공식화는 비교적 낮지만 집권화되어 있는 권력조직문화(power-oriented culture), 공식화는 높지만 분권화되어 있는 행렬조직문화(matrix culture), 그리고 공식화가 낮고 분권화되어 있는 핵화조직문화(atomized culture)의 네 가지 유형으로 분류할 수 있다(이학종, 1997: 406-407).

이는 다음 [그림 27]과 같이 도식화할 수 있다.

[그림 27] 기업의 조직문화 유형

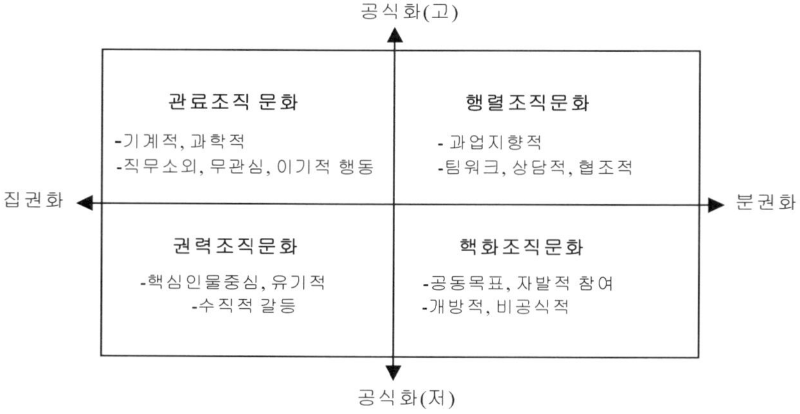

자료: 이학종(1997: 407).

위에서 본 기업문화의 유형을 그대로 군대문화에 적용하는 데는 한계가 있겠으나, 군대라는 집단도 조직으로 구성되어 있다는 점에서 그 유비성을 찾아낼 수 있을 것으로 본다.

또한 기업문화의 올바른 방향이 곧 군대문화의 올바른 방향이 될 수 있는가하는 문제도 대두될 수 있다. 이 문제는 이윤창출이 최우선인 기업과 국가안보의 전문집단이라고 할 수 있는 군대가 그 존재목적이 상당한 차이가 있음에도 불구하고 같은 논리로 비교할 수 있는가의 물음인데, 여기서는 '이윤창출의 기업'이라고 하는 기업의 존재목적에 대해 초점을 둔 것이 아니라, 어떠한 목적을 설정한다고 하더라도 조직으로서 어떻게 작동하는가 하는 문제에 관심을 갖는 것이다. 그렇기 때문에 작동이 된다고 하는 것은 어떠한 존재의 유지방식, 즉 생활방식이라고 다른 말로 표현될 수 있고 그것은 곧 문화라고 하는 논리로 연결되는 것이다. 여기서 이러한 조직으로서의 군대가 갖는 문화가 통일이라고 하는 상황에 봉착했을 때 어떻게 변화할 것인가와 같은 선결과제가 남아 있다고 하겠다.

본 연구에서는 이러한 한계점이 있음에도 불구하고 통일 한국군의 내적 통합을 위해서는 조직으로서의 군대도 그 문화의 정체성을 갖추어야만 된다는 당위성을 바탕으로 하고 있기 때문에 조직문화로서의 군대문화에 대한 범주의 설정은 의미를 가진다고 하겠다.

이러한 논의를 토대로 군대의 조직문화에 포함되는 하위문화요소는 다음과 같은 것들이 있다. 즉 지휘통솔, 부대관리, 교육훈련, 군 공보 등이다. 하위 영역별 통일 군대문화의 형성을 위한 세부적인 연구가 있어야 할 것으로 본다.

(2) 규범문화

규범(norm: L. norma)은 인간의 사유·의지·감정의 평가작용이 각각

진·선·미를 표현하기 위하여 따라야 하는 규준을 의미한다(Simpson, 1975).[76] 규범은 법칙과 비교하여 생각할 수 있다. 양자는 어떤 보편 필연적인 관계이지만 법칙이 대상 그 자체의 것인 데 대하여 규범은 어떤 일정한 가치·목적에 도달하기 위해서 주관이 마땅히 따라야 할 규준이다. 규범의 특성은 당위에 있는 것이다(강영선 외, 1989: 115). 이러한 당위성으로 인해 규범은 가치와 유사개념으로 흔히 사용되고 있다.

가치에 대해 김태길(1982: 50-51)은 조선시대의 소설 속에 나타난 한국인의 가치관을 분석하면서, "양반은 유교사상의 정신적 가치를 중시하고, 농공계급은 기본생활을 위해 어느 정도의 재물이 요청되었기에 경제적 가치에 대한 현실적 요구는 절실했다."고 말하면서 물질적인 것과 정신적인 것으로 구분하여 사용하였다.

그러나 가치란 그 자체가 물질과 정신의 양면성을 가지고 있는 것이 아니라, 물질적·정신적인 것을 추구하려고 하는 가치에 대한 선호 정향(orientation)의 측면도 있다(정세구, 1991a: 16).[77]

그래서 규범문화라고 하는 것은 위의 두 가지의 측면 즉 본원적으로 존재하는 규범 또는 가치와 그것에 대한 선호 정향을 포함하는 의미로 정의하고자 한다. 이러한 범주에서 남북한의 군대문화가 과거에서부터 현재까지 진행되어오고 있는 가운데 나타난 본원적인 규범 그 자체와 구성원들이 그러한 규범에 대해 지향하는 정향을 포괄하는 규범문화를

---

76) 라틴어 norma의 어원은 각(角)이 진 물건을 정확히 잴 수 있는 목수의 자(尺)라는 의미를 가지고 있다.

77) Rokeach(1973)는 가치와 태도를 분명히 구분하고 있는데, 그가 말한 태도(attitude)는 가치 정향 즉 가치관이라고 말할 수 있다. 즉 '가치태도'라고 하는 말은 가치에 대한 태도이므로 가치관이라고 말할 수 있는 것이다. 그러나 그 가치관 또는 가치태도가 물질적인 것에 대한 정향이 강하냐, 않느냐의 문제는 가치 또는 가치관(가치태도)에 대한 것이 아니라 당위적인 평가의 결과라고 말할 수 있는 것이다. 이러한 측면에서 가치 자체에 대한 접근으로 정범모(1992: 120-141)의 지상가치(至上價値)와 조건가치(條件價値), 그리고 일반가치와 특수가치의 구분은 설득력이 있다.

고찰하고자 하는 것이다.

본원적인 규범문화는 군인정신과 같은 문화요소의 측면과 정실주의, 권위주의, 형식주의, 물질만능주의, 개인주의, 향락주의, 그리고 출세지향주의 등의 문화요소에 대한 지향적 측면이 있다.[78]

이러한 논의를 토대로 군대의 규범문화에 포함되는 하위문화요소는 다음과 같이 설정할 수 있다. 국가관, 군인정신, 정신교육, 그리고 군종 등이 그 예이다. 군대 규범문화의 하위요소는 군대문화의 조직문화와 생활문화를 결정할 수 있는 중요한 역할을 하며, 특히 군 통합에 있어서 남북한 군대가 가지는 이념적인 차이점 등을 극복하는 데 가장 큰 걸림돌로 작용할 가능성이 있는 분야이다. 그러므로 이 부분에 대한 세부적인 연구는 다른 영역과의 연계성을 고려하여 더 구체화되어야 할 것이다.

(3) 생활문화

윌리암스(Paymond Williams, 1993: 5-14)는 문화를 일상적이라고 하였다(강영안, 1996: 193). 생활문화의 요소에는 다양한 관계변인들 간의 상호작용을 고려해야 할 것이다. 간부 상호간, 병 상호간, 그리고 간부와 병사 간의 관계까지도 고려해야 할 것이다.

생활문화로서의 군대문화가 가지는 하위 영역에는 진중놀이(play in the field), 군가(軍歌), 그리고 회식문화 등이 있다. 위의 생활문화의 세 가지 영역에 대해 자세히 살펴보고자 한다.[79]

---

78) 전자에 대한 연구는 군인정신과 같은 본원적 가치의 중요성을 강조하고 하는 육군본부(1981: 1983: 1987a: 1988: 1992: 1997: 1999): 박성수 외 (1990): 정신교육연구회(1980) 등이 있고, 후자에 대해서는 홍두승(1996), 이동훈(1995), 그리고 원재홍 외(1993) 등의 연구가 있다.

79) 조직문화와 규범문화는 대체로 앞 절의 쟁점에서 다루어졌기 때문에 그 하위 영역별로 세부적으로 다루지는 않았다. 반면에 생활문화에 대해서는

1) 진중놀이

진중놀이는 병영 내외에서 장병들이 행하는 놀이의 총체를 말한다. 그러나 단순히 먹고, 노는 것이 아니다. 훈련과 전투를 보다 신명나게 할 수 있도록 재충전을 하는 것이다.

옛 신라의 화랑들도 풍류도를 몸에 익히기 위해 다음 세 가지를 교육했다고 한다. 즉 그들은 유·불·선 3교를 포용하면서, 이 3교가 가르치는 도의로서 몸을 닦았으며, 노래와 춤으로서 서로 즐기고, 명산대천을 찾아다니며 노닐었다고 한다(류동식, 1992: 46-47). 이는 단순한 휴식이 아니라 휴식과 노동의 조화, 노동과 함께 하는 유희 등의 민간 개념이 군에서도 그대로 적용된 사례라 할 수 있다. 즉 전쟁을 하면서도 동기부여를 위해 유희도 병행하는 조상들의 지혜를 엿볼 수 있는 대목이다.

조선 태조 이성계도 왜적을 물리치고 대오를 정돈하여 복귀하면서 가면놀이를 했다고 한다(국방군사연구소, 1994: 267). 이순신 장군의 난중일기에도 '종정도(從政圖)'[80]와 '침렵치(沈獵雉)',[81] 그리고 활쏘기를 진중놀이로 하였고, 바둑도 두었다고 하니, 항상 긴장된 생활 속에서도 풍류 있는 진중놀이를 통해 전투의욕을 고취한 것을 알 수 있다. 오늘날에도 각급 부대에서는 해부대의 여건에 맞게 옛 조상들의 이러한 건전한 진중놀이를 발굴하여 재현하려고 하는 노력도 찾아 볼 수 있다.[82]

이는 내적 통합을 위한 중요한 문화적 요소가 될 수 있을 것이다. 북한에도 진중놀이 개념의 어떤 행사나 놀이가 있는지에 대한 연구를 해서

기존 연구에서 많이 강조되지 않았고, 본 연구에서 쟁점으로 선정한 항목에 누락된 부분이기 때문에 자세히 논의하고자 할 것이다.

80) 이순신(1996: 383): 일명 승경도(陞卿圖)이며, 실내오락의 일종으로 넓고 큰 종이에 옛날 벼슬 이름을 품계와 종별에 따라 서놓은 그림에다가 윷놀이를 하듯이 말을 사용해서 내기하는 놀이이다.

81) 이순신(1996: 383): 무사들의 놀이의 일종이다.

82) 『국방일보』(1999. 6. 4): 육군결전승리부대에서 '지상격구'(필드하키와 비슷)라고 하는 운동을 각종 자료를 수집하여 재현하였다고 함.

내적인 단합을 위해 방안을 강구해야 할 것이다. 이동훈(1999)은 건전한 오락문화 정착을 위한 군의 개혁노력을 소개하고 있다.[83] 또한 육군본부 (1999b)도 병영 내 체육활동 및 레크레이션에 대해 소개하고 있다.

C-1, 2, 3은 북한에서도 서양식 카드놀이와 비슷한 '주패놀이'가 성행하고 있고, 바둑과 장기 등도 지급품에 포함되어 있다고 한다.

2) 군가

군가란 군대나팔, 군대행진곡, 군악대용 음악과 같이 군악의 한 종류에 속하는 것으로 군인의 사기를 앙양하고 일반 국민으로 하여금 국방사상을 고취시키기 위해 만들어진 악곡이다. 군가는 총성(銃聲), 함성(喊聲)과 함께 부대의 삼성(三聲)이라고 불리워진다(육군본부, 1999a: 286).

한민족의 역사상 가장 오래된 군가는 '어아가(於阿歌)'라고 하는 주장이 있다. 이 노래는 광개토대왕이 장병들의 사기를 북돋기 위해 부르게 했다는 것이다. 그 내용은 다음과 같다.

어아 어아 우리 조상의 큰 은덕 온 겨레 영원히 잊지 마세
어아 어아 善心은 활이 되고 악심은 과녁되니
우리는 언제까지나 활같이 착한 마음 곧은 화살로 단결하세.
(육군본부, 1992: 46).

그 내용은 적개심과 단결심을 담고 있다. 그 이후 현대 이르기까지

---

83) 이동훈(1999: 163)은 건전한 오락문화 정착을 위해 군이 행한 개혁조치를 다음과 같이 요약하고 있다.: 불건전한 오락문화(화투놀이 · 음담패설 · 군가개창 · 불온가요 군내가창) 성행을 금지하며, 동시에 다양한 동호인 모임을 활성화하고 군인가족의 건전한 여가선용(PC 교육 · 한자 · 서예 등) 방안을 강구하고 있다. 그리고 충 · 효 · 예 전통예절 교육을 비롯하여 군생활의 기본(예절 · 상관존경 · 책임완수)을 확립하고, 군 기강확립의 기조를 구축하며, 핵가족화 경향에 따른 사회소홀 내용(설날차례 · 제사의식 등) 등을 교육하는 데 두고 있다.

군가의 종류는 그 수를 헤아리기 어려울 정도로 많이 있다. 임진왜란 때로 거슬러 올라가는 '강강수월래' 또한 지역민들이 전쟁에 참여하여 불렀던 일종의 군가라고 볼 수 있다.

현재 남한 군대에서 불리워지고 있는 노래는 최소한 700여 곡으로 추정된다.[84] 군가는 병영생활과 밀착되어 군인정신을 함양하고 정서를 순화하며 부대 단결과 부대정신 고양 및 사기진작에 기여함은 물론 국민의 국방사상 고취와 민군 일체감 조성에도 영향을 주는 문화활동이다.

대상에 따라 부대 내 장병들이 부르는 곡은 진중가요라고 하고, 진중가요 중에서도 여단급 이상 부대에서 절차에 의거 제정 애송하는 군가를 부대가라고 한다. 일반적으로 여단급 이하 각급 부대에서도 그 부대의 특성을 고려하여 장병들이 자발적으로 사기와 단결을 위해 개사 또는 개작하여 애창하는 군가가 있는 이를 진중애창군가[85]라고 한다. 그리고 일반사회에서 유행하는 노래를 장병들의 정서함양에 도움이 되도록 군가와는 별도로 불리고 있는 노래는 진중애창가요라고 하는데, 이는 공식적인 행사에서는 사용하지 않는다.

광의의 군가는 일반사회의 시민들이 사회의 특수한 상황을 고려하여 노래를 만들어 전 국민들이 애창하고, 이를 통해서 그 특수한 상황의 향수를 달래곤 하는 노래도 있다. 예를 들면 한국전쟁 전쟁 발발은 이러한 의미에서 큰 영향을 미치게 되는 요인이 되었다. 현인의 〈전우여 잘 자라〉, 〈가거라 삼팔선〉, 〈굳세어라 금순아〉, 〈단장의 미아리 고개〉 그리고

---

84) 군가의 숫자에 대한 문헌은 드물다. 군가총록집(국방부, 1996)의 에는 의식노래(애국가 등) 및 진중애창 가요 등을 포함하여 400곡에 가까운 군가를 싣고 있으며, 김점도 편(1985)에 의하면 총 437곡이 된다고 소개하고 있다. 그런데 각급 부대별로 제정하여 애창하는 부대가와 개사나 개작하여 애창하는 군가를 포함할 때 적어도 700곡은 될 것으로 추정된다.
85) 군에서 주로 권장하고, 많이 애창되고 있는 '10대 군가'가 있다. 즉 아리랑 겨레, 최후의 5분, 멸공의 횃불, 행군의 아침, 진짜 사나이, 용사의 다짐, 전선을 간다. 멋진 사나이, 진군가, 전우 등 10개 곡이다.

〈이별의 부산 정거장〉 등의 노래는 이른바 전쟁가요라고 할 수 있을 것이다. 전쟁이라는 민족사의 큰 아픔은 군이라고 하는 말을 굳이 대비시키지 않더라도 충분히 군과 전쟁에 대해 인식할 수 있는 그러한 노래들이다. 전쟁과는 별개로 이에 부수적으로 등장하는 노래로 김정구의 〈눈물젖은 두만강〉이 있다. 한편 한참 뒤의 일이기는 하지만 1983년의 KBS-TV의 '남북이산가족 찾기'로 일약 히트곡의 반열에 오른 곽순옥의 〈누가 이 사람을 모르시나요〉, 또한 무명가수 설운도의 〈잃어버린 30년〉은 폭발적인 국민들의 성원을 얻어 그를 인기가수의 반열에 올려놓기도 했다. 결국 이와 같은 군가와 전쟁과 관련된 노래는 좁게는 군인들로 하여금 사기와 단결을 강화시키고, 더 나아가서는 국민들의 지지를 확보할 수 있는 좋은 군의 문화적 요소라고 할 수 있다(김영준, 1994b).

한편 북한의 군가는 북한체제 자체가 병영체제이기 때문에 북한의 일반적인 음악 차원에서 살펴볼 수 있다. 북한의 음악 창작과 표현의 기본방침은 사상교양과 김일성·김정일에 대한 충성심을 고양시키는 수단으로 활용하는 것이다. 북한의 음악은 다음 네 가지의 특징이 있다. 첫째, 민족음악을 위주로 하며 서양음악을 동시에 발전시키고, 둘째, 민족적 선율을 바탕으로 현대적 미감에 맞는 선율을 창조하며, 셋째, 기악보다는 성악에 비중을 두고, 넷째, 곡조보다는 가사를 중시하는 데 그 특징이 있다(통일교육원, 1999: 300).

이 군가는 통일 대비 군의 내적 통합을 더욱 가속화시켜 줄 수 있는 군대문화의 중요한 고려요소 중의 하나이다. 최근 전사계급으로 탈북 귀순한 C-2의 증언에 의하면, 자신이 성장했던 학창시절의 동급생들끼리 남한의 가수 '유승준'의 당시 유행했던 노래를 몰래 남한 방송을 통해 듣고, 서로 따라 부르기를 즐겼다고 한다. 북한의 최근 신세대 학생들과 장병들은 이러한 남한의 최근 문화에 대해 큰 부담이 없는 것으로 추측할 수 있고, 이와 같은 비정치적 분야는 내적 통합을 촉진할 수 있는 배아가 상호 형성될 수 있는 부분이라고 할 수 있다.

통일 한국군의 군가는 대체로 다음과 같은 점들을 고려해야 할 것이다. 첫째, 주제 면에 있어서 민족의 동질성을 많이 가지고 있는 소재를 다루어야 할 것이다. 그 예로 광복 이전에 불리워졌던 군가가 주목된다. 이 시기의 군가는 1895년 의병항쟁에서부터 1945년 광복에 이르는 시기까지 50년간에 걸쳐 불리워진 노래들인데, 순수하게 군가로 분류되는 곡은 80곡에 가깝다.[86]

둘째, 정서 면에 있어서 밝은 미래를 제시해주는 곡조를 다루어야 할 것이다. 광복 이전에 불리워졌던 군가의 주제를 보면 대체로 광복·독립의지, 충성심, 필승의 신념, 용기, 그리고 복수심 등이 주류를 이루고 있다(이신 외, 1987: 153). 이러한 주제를 다루면서도 곡의 대부분은 밝고, 경쾌하면서, 긍정적인 장조보다는 비통함과 애절함 등을 주로 표현하는 단조(短調)가 많았다. 다루었다. 통일군대에서는 주제 면에 있어서는 민족의 공통요소를 반영하되 밝은 미래로 나아갈 수 있는 장조(長調)의 군가를 더 많이 준비, 보급해야 할 것이다.

3) 회식문화

전통적으로 음주가무(飮酒歌舞)는 우리 민족의 제사 후 행사 중의 하나였다. 제사를 지내고 음복을 하는 것도 이와 같은 행사의 일환이다. 이러한 음주가무는 단체생활 속에서 엉켜져 있던 앙금을 해소해주고, 공동체의 단합을 제공해 주는 하나의 계기를 마련해주었다. 그런데 여기서 가무(歌舞)는 아예 '춤추고 노는' 것으로 부정적인 이미지를 갖게 되어 현대 한민족에게는 그렇게 친근한 전통이 되지 못하게 되었다.

남한 사회에서는 '춤바람' 등과 같은 선상에서 이해되고 있다.[87] 그런

---

86) 이 시기의 군가 숫자에 대해서는 국방부(1996)는 78곡을 싣고 있고, 이신 외(1987: 152)는 77곡으로 보고하고 있다.

87) 어두운 캬바레에서 춤을 추다가 카메라가 비치면 모두 얼굴을 가리는 것도

데 음주가무의 전통 중에서 음주는 다소 좋은 전통으로 인식되어지고 있다. 서구 문화 유입과 함께 생산량이 제한된 곡주(穀酒)가 아닌 다양한 제조주가 유입됨으로 해서 긴장에 항상 노출되어 있는 군인들은 이러한 긴장을 해소하기 위해 무절제하게 술을 접할 수 있는 기회를 맞게 된다. 술을 잘 마셔야 군인답고 잘 마시지 못하면 군인답지 못한 것으로 인식도 이러한 관행을 부추기는 배경이 되었다.

그 결과 술과 군인은 밀접한 관계를 맺어왔다. 특히 창군초기부터 매점을 주보(酒保)라고 할 정도로 병영생활에서 술은 빼어 놓을 수 없는 것으로 인식되었다(육군본부, 1987b: 81).

그런데 1980년대 이후 남한 사회에서는 한때 '폭탄주'라고 하는 것이 성행했던 적이 있다. 이를 두고 일반사회에서는 이러한 것도 군사문화의 잔존이라고 하면서 없애야 할 요소라고 지적하기도 하였다. 하지만 그것이 비단 군대만의 폐습이라고는 말할 수 없다. 일종의 사회 전반적인 문화소산이라고 할 수 있다. 이를테면 1999년도 초에 있었던 한 · 일간의 어업협상을 특종 보도한 모 신문사의 자축연에서 등장했다고 하는 '쌍끌이 폭탄주'는 분명 군사문화를 빙자한 음주폐단이라고 보여지기 때문이다.

병영생활과 술은 일종의 군대문화의 공간 속에서 같이 해 오고 있고, 음주 자체를 문화라고 할 수는 없을 지라도 군대문화를 형성해 나가는 데 있어서의 문화요소 중의 하나라고 할 수 있을 것이다.

특히 통일군대에서는 복합적인 중압요인이 많이 예상되는데, 그 중압요인을 술로 해결하려고 하는 풍토가 성행할 수도 있으므로 건전한 방향을 생활문화가 형성될 수 있도록 준비해야 할 것이다.

바로 이러한 인식에서 비롯된 것이라고 볼 수 있다. 물론 그 춤 자체가 나쁜 것은 아니고 그것과 함께 이루어지고 있는 비윤리적 행위 자체가 비난의 대상이기는 하지만 같은 선상에서 평가되어지는 것이 관행이라고 한다면 비판의 소지가 충분히 될 수 있는 것이다. 반면 노래는 '노래방'의 출현으로 인해 긍정적으로 평가되어지고 있는 경향이 있다. 남한의 군대 내에서도 현재 진중오락시간에 활용할 수 있도록 노래방 기기가 지원되고 있다.

제6장

통일 한국군의 문화통합을 위한

군 가치교육 방향

제6장 통일 한국군의 문화통합을 위한
군 가치교육 방향[88)]

    국방부는 2005년 초 2004년판 국방백서의 발간에 즈음하여 북한군에 대한 '주적'(major enemy, 主敵) 표기를 지속하지 않기로 결정했다. 그러면서도 한편으로는 군 장병에 대한 교육에서는 기존의 원칙을 지속하기로 결정했다.

    이와 같은 국방부의 이중적인 조치는 국가교육 이념의 연계성 미확보뿐만 아니라 장병 개개인의 입장에서 보더라도 입대 전 → 복무 중 → 전역 후에 이르는 일련의 과정에서 심각한 인식의 괴리현상을 나타낼 소지를 남기고 있다. 이에 필자는 국방부가 취하고 있는 현재의 군 장병 정신교육에 있어서 북한군을 주적으로 상정한 대적관 교육이 타당성이 있는 것인지를 심층 분석하고, 이를 토대로 군 장병에 대한 대적관 교육을 어떻게 개선해 나갈 것인지 방향을 제시하고자 한다.

    이 장에서의 대적관 교육을 위한 총론적인 기준은 군인의 행동 근거인 '임무'(mission)에서 찾아진다. 이를 토대로 필자는 군인에게 있어서의 적은 임무수행에 방해되는 일체의 실체·관계·상태를 포괄하는 것으로 상정하였고, 나아가 몇 가지 현실적인 개선방안을 제시하였다.

---

88) 이 장은 다음에 게재한 필자의 논문을 발췌한 것임: 박균열, "임무중심의 군 장병 대적관 교육 방안", 『정신전력연구』 제36호, 국방대학교 안보문제연구소, 2005. pp.3-34.

1. 북한을 '주적'으로 보는 인식에 대한 개관

가. 주적인식 개관을 위한 시기 구분

북한을 주적으로 인식하는 문제는 국방부의 국방목표에 북한을 주적으로 명시하는 문제와 밀접한 관련이 있다. 그런데 그 국방목표는 국방백서에 표기되었기 때문에 결국 북한 주적의 문제는 국방백서의 문제이기도 하다. 국방백서는 1967년 처음 발간되었다가 북한 무장공비 침투, 북한에 의한 미군 푸에블로호 납치 사건 등 국가위기 사태가 발생하게 되자 전력노출 차원에서 1969년 이후부터 1987년까지 중단되었다. 1988년 창군 40주년을 맞아 민주화의 일환으로 재발간되어 2000년까지 매년 발행되었다.

따라서 북한을 주적으로 인식하는 문제는 세 시기로 구분된다. 첫째, 남북한 간의 2000년 6·15공동선언 이후 변화된 남북한 간의 상황과 주적 표현 지속과 삭제의 국민적 갈등이 지속됨으로 인해 2001년과 2002년의 국방백서 자체가 발간되지 못했던 시기이다. 둘째, 2003년부터 2004년판 국방백서가 발표되기 이전까지의 과도기이다. 셋째, 2004년판 국방백서가 발간된 2005년 이후의 시기이다.

이후 이 장에서의 논의는 이러한 시기 구분에 따라서 이루어질 것이다.

나. 시기별 주적관련 표현의 변화

(1) 초기의 주적관련 표현: 2000년 이전[89]

국방백서에서 '주적'이라는 용어가 처음으로 등장하게 된 것은 1995년 부터이다. 1972년 말 국무회의에서 최초로 국방목표를 제정할 당시에는 국방목표에 '적' 또는 '주적'이라는 용어가 사용되지 않았으나 1981년 국방목표를 개정하면서 "적의 무력 침공으로부터 국가를 보위한다"라고 설정하면서 적 개념이 국방목표에 포함되었다(〈표 36〉 참조).

〈표 36〉 국방목표의 변천사

	주요 내용
1972년 제정	• 국방력을 정비·강화해 평화 통일을 뒷받침하고 민족을 수호한다. • 적정 군사력을 유지하고 군의 정예화를 기한다. • 방위산업을 강력히 육성해 자주 국방 태세를 확립한다.
1981년 개정	• 적의 무력 침공으로부터 국가를 보위하고 평화 통일을 뒷받침하며, 지역의 안정과 세계 평화에 기여한다.
1994년 개정	• 외부의 군사적 위협과 침략으로부터 국가를 보위하고 평화통일을 뒷받침하며, 지역의 안정과 세계 평화에 기여한다.

자료: 『국방일보』, 2005. 2. 5. 4면.

그러나 1990년대에 들어 세계적 탈냉전으로 위협 영역이 확대되고 포괄적 안보 개념이 대두되면서 북한의 군사적 위협뿐만 아니라 모든 위협으로부터 국가를 보위한다는 의미로 국방목표를 확대할 필요성이 대두되었다.

---

89) 여기서 인용한 내용은 『2004 국방백서』 발간 즈음한 국방일보 보도내용을 주로 참조하였음: 『국방일보』, 2005. 2. 5. 4면.

242

이에 국방부는 1994년에 국방목표를 '외부의 군사적 위협과 침략으로부터 국가를 보위한다'로 개정하고 1995년 국방백서에 이를 공표했으나 당시 북한의 '서울 불바다' 발언 등으로 남북관계가 악화되고 국민의 감정이 격앙된 분위기 속에서 국회와 언론은 북한에 대한 적 개념이 없어진 것으로 오해, 강력히 이의를 제기했으며 이 문제가 비정상적으로 격화되었다.

국방부는 국방목표에 대한 오해를 불식시키려는 의도에서 1996년 국방백서부터 국방목표 해설을 추가하고 여기에 '주적인 북한'이라는 내용을 명시하게 된 것이다. 그러나 2000년 6·15남북정상회담 이후 남북관계 변화가 진행되는 가운데 북한은 국방백서의 '주적' 표현을 구실로 남북간의 군사 회담을 거부함으로써 '주적' 문제가 사회적·정치적으로 쟁점화되었으며 이후 지금까지 소모적으로 논쟁이 계속되어 왔다.

(2) 과도기의 주적관련 표현: 2001~2003년

과도기의 주적관련 표현은 우선 2001년의 경우 북한의 강력한 불만에 의해 국방백서가 발간되지 못함으로 인해 백서형식의 자료에서는 그 내용을 확인할 수가 없다. 하지만 국방부는 나름대로의 국방목표를 포함하는 문건을 계속해서 생산해 왔다. 각 년도별로 그 상세한 내용을 살펴보면 다음과 같다. 첫째, 2001년의 경우 『국방 주요자료집』이 발간되었는데, 여기에서 주적관련 내용을 간접적으로 확인할 수 있다. 이 문건은 총 4개 장(안보정세, 국방정책과 태세, 국방 현황과 과제, 국민의 국방)으로 구성되었는데, 주적관련된 내용은 두 번째 장의 1절과 2절에서 부분적으로 확인할 수 있다.

1절에서는 특이하게 '21세기 신국방'이라는 신조어가 사용되고 있는데 국방비전과 목표로서 "정부의 대북정책을 확고한 국방태세로 뒷받침하면서, 미래 불확실한 안보환경에 대비할 수 있는 '선진 정예 국방' 구현"을 제시하고 있다. 이 '신국방' 구현을 위해 4대 추진방향을 제시하고 있는데, '기본에 충실한 국방', '변화를 관리하는 국방', '미래를 준비하는 국방' 그리고 '국민과 함께하는 국방'이 그 구체적인 내용이다.

2절에서는 '확고한 국방태세/전방위 군사대비태세'라는 제하에 북한에 대한 강한 대비태세를 강조하고 있어 우리의 안보위협 실체로서 북한을 전제하고 있음을 시사한다. 다음은 이와 관련된 부분적인 내용이다.

> 2-1. 우리 군의 주요 대비태세
> (상략)
> • 전면적 도발에 대비하여, 우리 군은 공고한 한·미동맹관계를 기본축으로 한·미 연합 감시자산을 운용하여 북한군의 활동을 24시간 감시하고 있다.……
> • 적 침투 및 국지도발에 대비하여 먼저 적 침투자산과 활동에 대하여 집중 추적 감시하고 있으며, 도발 유형별로 작전태세를 보강함은 물론 취약시기별로 경계기간 및 작전중점을 설정하여 집중 대비하고 있다.
>   - 서부 해역에서의 도발에 대비하여, 작전현장에 북한군 대비 우위전력을 확보하고 작전지휘 및 후속지원체제를 보강하였다.(하략)[90]

둘째, 2002년의 경우 『1998~2002년 국방정책』이라는 책자가 발간되었는데 여기서 주적관련 내용을 확인할 수 있다. 이 책자는 총 6장(국방운영목표와 방향, 완벽한 국방태세 확립, 안정적 대외 군사관계 발전, 선진 정예군 건설 추진, 국민의 신뢰와 지지 확보, 국방실적 평가 및 향후 과제)으로 구성되었는데, 그중에서는 제1장의 1절(국방발전목표와 정책기조)에서 그 관련 내용을 찾을 수 있다. 이 절은 다시 '국방발전 기본개념과 목표'와 '국방정책 5대기조'로 나뉜다. 우선 전자의 내용 중에서 국방발전 기본개념은 주적관련 핵심적인 내용을 담고 있는데, 상당히 많은 변화를 보이고 있다. 다음은 그 관련내용이다.

---

90) 국방부, 『국방 주요자료집』, 2001.

244

    우리 군이 현존하는 북한의 위협에 대비하는 것은 국방의 최우선적인 과제이지만, 이와 함께 장차 예상되는 미래 안보환경과 미래전 양상 등 새로운 도전요인을 극복할 수 있는 국방을 설계해 나가는 것도 미룰 수 없는 중요한 과제이다. 특히, 군사력 건설이나 부대구조 조정, 인력 양성, 새로운 무기체계의 전력화 등 미래 국방을 위한 국방태세의 정비에 10~20년이 걸리는 군의 특수성을 감안할 때, 미래 안보환경에 대비한 국방의 설계는 더 이상 멈출 수 없다는 상황 인식하에 다음과 같은 국방발전의 기본개념을 수립하였다.

    첫째, 북한의 위협에 대비하는 것을 중점으로 하는 국방정책에서 미래의 불확실한 위협에도 동시 대비하는 정책으로 전환한다. 즉, 미래 불확실한 위협에 대비하기 위한 국방의 틀을 설계하고 발전시켜 나가면서 새로운 개념에 의해 건설된 강력한 국방력으로 북한의 도발을 억제하고 평화통일을 뒷받침한다는 것이다.……91) (필자 강조)

  '국방정책 5대 기조'(확고한 국방태세 확립, 선진 정예국방 건설, 대북 군사정책 발전 및 한반도 긴장완화 추진, 한·미동맹관계 발전 및 주변국과의 안보협력 강화, 국민과 함께 하는 '국민의 군대' 육성) 중에서 세 번째 항목에서 주적관련 내용을 확인할 수 있다. 다음은 그 관련 내용이다.

    대북 군사정책 발전 및 한반도 긴장완화는 북한의 군사적 위협을 효과적으로 관리하고 나아가 이를 감소시킴으로써 평화통일 과정을 군사적으로 지원하는 것이다. 6·15남북정상회담의 성사도 우리 군이 정부의 대북 화해협력정책을 튼튼한 안보로 뒷받침했기 때문에 가능한 것이었다.

    따라서 남북관계의 발전은 군사 분야에 한 치의 허점도 없을 경우에만 보장될 수 있다는 사실 즉, '전쟁방지를 위한 안보, 화해협력을 뒷받침하는 안보'를 직시하여 **우리 군은 앞으로도 확고한 안보태세를 유지하면서 남북간 군사적 신뢰구축을 추진하여 군사적 긴장완화를 도모해야 한**

91) 국방부, 『1998~2002년 국방정책』, 2002.

다.[92] (필자 강조)

셋째, 2003년의 경우 국방부에서는 『참여정부의 국방정책』을 발간하였는데, 여기에서 주적관련 내용을 확인할 수 있다. 여기서는 목표와 세부추진방향으로 구분되어 기술되어 있다. 이 책은 우선 국방정책 목표로 '자주적 선진국방 구현'을 제시하고 있는데, 그 상세한 의미는 "자위적 방위역량과 국방태세를 기본으로 상호보완적 한·미동맹관계와 대외군사협력관계를 유지하며, 합리성과 효율성을 지닌 선진적 운영체제를 갖춘 국방의 총체적 상태"를 말한다.[93]

한편 국방정책 세부추진방향으로는 다섯 가지 분야(완벽한 국방태세 확립, 미래지향적 방위역량 구축, 지속적인 국방체제의 개혁, 장병복지와 병영환경 개선, 적정 수준의 국방예산 확보)로 나뉘는데 그중에서 첫 번째 항목의 세부내용에서 주적관련 표현을 확인할 수 있다. 다음은 그 관련내용이다.

　　우리 군은 어떠한 위협에도 대처할 수 있는 확고한 군사대비태세를 유지하고 있다. 한·미 양국은 북한 핵문제의 평화적 해결 원칙을 견지하면서, 대화를 통한 문제해결에 주력해 왔으나, 아직까지 그 전망이 불투명한 상태이며, 북핵문제 해결과정에서 북한이 협상력을 제고하기 위해 각종 형태의 도발을 기습적으로 감행할 가능성을 배제할 수 없다. 따라서 우리 군은 북한의 침투, 국지도발과 테러 및 비군사 도발 등에 대한 완벽한 대비태세를 확립하고, 전투임무 위주의 교육훈련을 강화하며, 민·관·군 통합방위태세를 보강해 나갈 것이다.(하략)[94] (필자 강조)

---

92) Ibid.
93) 국방부, 『참여정부의 국방정책』, 2003, p.30.
94) Ibid., p.31.

(3) 최근의 주적관련 표현: 『2004년 국방백서』

북한을 주적으로 표현하는 문제는 2005년 초 『2004년 국방백서』의 출판을 계기로 새로운 국면을 맞이하게 되었다. 즉 국방백서가 공식적으로 발간되지 않은 중간 과도기간의 표현을 제외한다면 국방백서에서 주적표현을 삭제한 것은 관련된 분야에 많은 상징적 파장을 가져왔다. 심지어 국민적 갈등 양상을 빚는 듯한 분위기도 노정되었다.

이와 같은 국방백서의 국방목표 해설 부분에 대한 변경에 대해서 국방부는 장관이 직접 나서 주요언론 논·해설위원 대상으로 설명을 하는 등 다양한 여론 형성을 위한 시도를 했으나, 여전히 사회 각층으로부터 고른 지지를 확보하는 데는 상당한 과제로 남아 있었다.

이러한 여론을 감안하여 국방부는 최신판 국방백서를 발간함에 있어서 기존 논리 변경을 위한 상세한 이유를 다음과 같이 밝힌 바 있다.

첫째, 국방백서의 문서 성격을 고려했다.
둘째, 각국의 적대적 표현 사례를 고려했다
셋째, '주적' 표현 없이도 우리의 적이 누구인지 국민 모두 이해하고 있다.
넷째, 남북관계의 특수성과 남북간 합의 문서, 그리고 법적 근거를 고려했다.
다섯째, 남북간 상호 적대적 용어 사용 지양 추세를 고려했다.
여섯째, 정부의 안보정책과 연계된 국방 노력의 중요성을 고려했다.[95]

이러한 우여곡절 끝에 출판된 최신판 국방백서는 총 6장(안보환경의 변화와 도전, 참여정부의 국가안보정책과 국방정책, 평화 수호를 위한 국방태세, 우리 국방의 현황과 과제, 미래를 대비하는 국방개혁, 국민과 함께하는 국방)으로 구성되어 있는데, 북한을 주적으로 인식하는 문제

---

95) 『국방일보』, 2005. 2. 5. 4면.

와 관련된 부분은 '국방목표'와 이를 구체화하기 위한 4대 중점(확고한 국방태세 확립, 협력적 자주국방 추진, 일관된 국방개혁 추진, 신뢰받는 국군상 확립) 중 첫 번째 항목에서 찾을 수 있다.

우선 최신판 국방백서에 제시된 국방목표는 1994년 3월 10일 개정본을 그대로 답습하고 있다. 그런데 여기서 쟁점화된 것은 1996년 이후 지속되어 온 국방목표에 대한 '해설' 부분의 변경내용이다. 이 최신 국방백서에서는 국방목표에 명기된 '외부의 군사적 위협과 침략' 부분에 대한 해설이 다음과 같이 기술되어 있다.

> '외부의 군사적 위협과 침략으로부터 국가를 보위한다' 함은 **북한의 재래식 군사력, 대량살상무기, 군사력의 전방배치 등 직접적 군사위협**뿐만 아니라, 우리의 생존권을 위협하는 모든 외부의 군사적 위협으로부터 국가를 보위하는 것을 말한다.[96] (필자 강조)

다음으로 이를 구체화하기 위한 4대 중점 중에서 그 첫 번째에 해당되는 '확고한 국방태세 확립'에서는 다음과 같은 구절이 언급되어 있다.

> 우리 군은 **어떠한 군사적 위협과 침략에 대해서도 즉각 대응할 수 있**는 준비를 갖춤으로써 적의 전쟁도발을 억제하고 도발 시에는 전승을 보장할 수 있는 태세를 유지하고 있다.
> 특히 **북한의 침투나 국지도발, 그리고 테러 등의 군사 및 비군사 도발에 대한 대응 태세를 확립**한 가운데 서북해역의 군사적 안정을 유지하기 위한 작전태세를 유지하고 있다.(하략)[97] (필자 강조)

---

96) 국방부, 『2004년 국방백서』, 2005, p.48.
97) Ibid., p.49.

다. 주적인식 개관

국방백서를 포함한 국방부의 관련 문건에 나타난 북한 주적인식 문제는 국방백서에 '주적'이라는 단어를 사용하느냐 않느냐의 문제로 이해될 수 있으며, 사실상의 대북대비태세를 위한 국방정책과 군사전략의 변함이 있었다고는 볼 수 없다. 다만 이러한 용어의 표기문제로 인해 국내외적인 여론과 북한의 반응으로 인해 그 문제의 심각성이 한층 고조된 데 더 큰 문제가 있었다고 볼 수 있다.

한국사회에서 북한을 '주적'으로 인식하는 문제는 북한과의 군사적 대치관계라고 하는 특수한 상황으로 인해 국방부에 국한된 사안이 아니라 전반적인 국가·사회적 문제로 비화될 개연성을 충분히 안고 있는 사안으로 이해될 수 있다.

2. 현행 군 장병 대적관 교육실태 분석

가. 대적관 교육을 위한 근거

북한을 적으로 인식하도록 하는 군내 대적관 교육의 근거는 크게 『국방백서』, 『정훈홍보활동규정』 그리고 최신판 국방백서의 국방목표를 구현하기 위한 새로운 『정신교육 지침』에서 찾을 수 있다.

우선 최신판 국방백서에서는 장병 정신무장 강화를 위한 내용을 명기하고 있는데, 그 내용은 다음과 같다.

우리 장병들이 확고한 신념을 바탕으로 국군의 사명을 완수하기 위해서는 투철한 국가관, 안보관 및 **대적관이 확립**되고 필승의 군인정신으로 무장되어야 한다. 따라서 우리 군은 장병들이 대한민국의 정통성과 자유민주주의 체제를 수호하겠다는 국가관을 정립하고, 우리의 안보상황과 **북한의 군사적 위협에 대해 정확하게 인식**함으로써 안보관 및 대적관을 확립하며, 군인에게 필요한 정신적 요소와 행동규범을 실천할 수 있는 필승의 군인정신을 함양할 수 있도록 정신교육을 실시하고 있다.[98] (필자 강조)

다음으로 국방부의 『정훈홍보활동규정』(국방부훈령제769호, 2005. 1. 31)에서 북한을 주적으로 인식하도록 하는 교육관련 내용을 찾을 수 있다. 이 규정은 해마다 국방부에서 각 군본부 및 직할기관에 하달하는 장병 대상의 정훈홍보활동에 관한 것인데, 2005년의 경우 그 기본목표를 다음과 같이 설정하고 있다.

> 정훈홍보활동의 기본목표는 장병들에게 확고한 국가관, 안보관, 군인정신을 견지케 하여 군사대비태세를 무형전력으로 뒷받침하며, 전역 후 건전한 안보관을 견지한 민주시민이 될 수 있도록 하며, 국방정책 및 군 활동상을 국민들에게 적극적으로 홍보함으로써 국민의 신뢰와 지지를 얻는 데 있다.[99]

그리고 최신판 국방백서에 명시된 국방목표를 구현하기 위해 국방부는 이와 관련된 특별형식의 『정신교육 지침』을 하달하게 되는데, 그 관련된 내용은 크게 교육목표와 교육내용으로 구분된다.[100]

우선 정신교육의 목표는 "무엇을, 누구로부터, 어떻게 지킬 것인가"에 대한 신념과 의지를 겸비한 장병, 즉 국가관, 안보관 및 대적관이 확립

---

98) Ibid., p.65.
99) 국방부, 『정훈홍보활동규정』(국방부훈령제769호), 2005. 1. 31.
100) 이 지침은 앞서 언급한 『2004 국방백서』의 관련 내용인 "장병 정신무장 강화"(p.65) 부분을 구현하기 위해 각급 부대에 적용할 정신교육 방향으로 제시된 것이다.

되고 필승의 군인정신으로 무장한 정예 장병을 육성하는 것이다.[101]

　다음으로 교육내용이다. 그 세부적인 내용은 기존의 국가관·안보관·군인정신의 전통을 변함없이 답습하고 있는데, 안보관과 병렬하여 대적관을 강조하고 있는 것이 특징이다. 그 상세한 내용은 다음과 같다.

　　첫째, 국가관 확립이다. 국군의 사명을 완수하기 위해서는 먼저 군인으로서 "무엇을 지킬 것인가"를 명확히 인식해야 한다. 『헌법』과 『군인복무규율』에 명시된 국군의 사명을 기초로, 지켜야 할 대상은 무엇이며, 왜 지켜야 하는가를 올바로 이해함으로써 국민의 군대로서의 긍지와 자부심을 견지할 수 있다. 또한 이를 통해 장병들은 대한민국 영토와 주권, 자유민주주의 이념과 체제, 국민의 생명과 재산 등을 반드시 지키겠다는 국가관을 확립하게 되는 것이다.

　　둘째, 안보관 및 대적관 확립이다. 국군의 사명을 완수하기 위해서는 "누구로부터 지킬 것인가"를 명확히 인식해야 한다. 장병들에게 대한민국이 처한 안보현실과 대한민국을 침탈하려는 국군의 적에 대해 올바로 인식시킴으로써 투철한 안보관 및 대적관을 확립시켜야 한다. 대한민국을 침탈하려는 북한군이 국군의 핵심적인 적이다.

　　셋째, 필승의 군인정신 함양이다. 국군의 사명을 완수하기 위해서는 적으로부터 "어떻게 지킬 것인가"에 대한 확고한 신념을 견지해야 한다. 이를 위해 전 장병은 우리의 국방정책인 '협력적 자주국방' 구현에 적극 참여하고, 죽음을 무릅쓰고 사명을 완수하겠다는 필승의 군인정신을 함양해야 한다. 따라서 전 장병은 한·미동맹의 중요성을 이해하는 한편, 자주적 방위역량 강화에 기여할 수 있는 정신자세를 확립해야 한다. 특히 전장 환경을 극복하고 전투에서 승리하기 위해서는 군인정신 6대 요소와 군인의 가치관 및 행동규범을 내면화하고 이를 행동화해야 한다.[102] (필자 강조)

---

101) 『국방일보』, 2005. 2. 5. 5면.
102) Ibid.

나. 대적관 교육관련 교재

대적관 관련하여 국방부가 기간행한 책자로는 『신병 기본정훈교육 교재』, 『기본정훈교육 교재』, 『(교육지도서) 정신교육 교재(교관용)』 등 이 있다. 대부분이 부분적으로 주적 및 대적관 관련 내용을 다루고 있 다. 만화용 교재인 『핑클도 아는 국군의 주적』(국방부, 1998)은 국방부 주관으로 간행되었는데 주적관련 단일주제의 책자이다.

육군본부의 경우 최근 장병 대적관 신념화를 위한 전용 교재로 활용 하기 위해 『(확고한 대적관 정립 100문 100답) 더 넓은 가슴으로 조국 을』(육군본부, 2004. 10)이라는 책자를 배포하여, 국방부 정신교육 기본 교재와 연계하여 활용하도록 하달한 바 있다(세부 목차는 [부록 Ⅵ] 참조). 이 교재는 대상 및 과정별 구분하여 적용된다(〈표 37〉 참조).

〈표 37〉 교육과정별 대적관 교재 활용 지침(육군기준)

		교재 내 해당내용	비 고
신병교육		1·2장	국방부 정신교육 기본교재 2부 (국가관), 3부(안보관) 과제 순으로 하달됨.
부대교육	주간정신교육	3·4장	
	반기집중교육	1-4장	
학교교육		1-4장	

자료: 육군본부 정훈공보실, 「대적관 교재 활용 지침」, 2004.

다음으로 교재의 주요 내용을 좀 더 상세하게 살펴보고자 한다. 우선 국방부의 『신병 기본정훈교육 교재』(2004)는 다음과 같이 총 2부 12과 로 구성되어 있다.

제1부 군인정신
　제1과 군 생활의 참뜻
　제2과 군인의 사명
　제3과 군대의 특징
　제4과 군인의 자세
　제5과 군 생활방법
　제6과 군 생활의 보람

제2주 국가안보
　제7과 대한민국과 국군
　제8과 국군이 걸어온 길
　제9과 우리의 적
　제10과 적의 실체
　제11과 협력적 자주국방
　제12과 싸우면 승리한다

　이 중에서 "제9과 우리의 적"은 '적 개념 및 대한민국의 적에 대한 주지', '유형별, 대상별 국군의 적 이해', '확고한 대적관 확립을 위한 정신 자세'를 주요 교육내용으로 다루고 있다(강의개요는 〈표 38〉 참조). 특히 주적과 직접관련해서는 개념에 대한 고찰, 대한민국의 적, 국군의 적으로 구분하여 살피고 있는데, 특히 국군의 적으로 1) 대남적화통일을 추구하는 북한 공산정권, 2) 대남 적화 무장세력인 북한군과 준군사 조직, 3) 북한의 대남적화기도를 지원하는 국내세력, 4) 북한의 대남 적화 기도를 지원하는 국제 세력으로 상정하고 있다.

〈표 38〉 신병을 위한 대적관 교육 강의 개요

	내용 요약	유의 및 강조점
교육목표	◆ 확고한 적 개념 정립 및 대적관 확립	**정훈장교 교육**
교육중점	◆ 적 개념 및 '대한민국의 적' 주지 ◆ 유형별, 대상별 '국군의 적' 이해 ◆ 확고한 대적관 확립을 위한 정신 자세	명확한 적 개념 확립 및 대비태세 유지
핵심내용	◆ 지금도 계속되는 지구촌의 전쟁 ○ 사소한 마찰이 치열한 분쟁으로 발전 ○ 최근 1백년간 250여회전쟁 *1백여 곳 분쟁 중 (1일 30여 명 사망)	한반도 전쟁 발발 가능성 이해

	◆ 적이란 무엇인가
	 ○ 적의 개념
	  -국가 존립, 안전보장, 자주권 행사, 번영과 발전 등 국가이익에 심대한 위협 세력 및 지원·동조 세력을 의미
	 ○ 대한민국의 적
	  -대한민국체제와 통치권, 국가안전, 국민생존과 자유, 국가이익의 위협세력을 의미
		적의 개념과 우리나라의 적에 대한 이해

	◆ 국군의 적은 누구인가
	 ○ 북한공산정권
	  -변함없는 대남적화전략 추진
	  -동족상잔, 휴전 후 끊임없는 군사도발 등 대한민국의 평화와 번영 위협
	 ○ 북한군과 준군사조직
	  -대남무력적화를 위한 핵심적 수단
	  -남침의 주된 수단으로서 현실적인 위협을 주는 직접적인 적
	 ○ 대남적화 기도를 지원하는 국내 세력
	  -한반도 공산화 지원세력 확보에 광분
	  -인민민주주의 혁명전략 구사 등 국내지원동조세력 확보에 광분
	 ○ 북한 대남적화 기도 지원 국제 세력
	  -대표적인 예: 6·25 당시 구소련과 중공
	  -북한적화 기도 지원 시 적으로 간주
		유형별 '국군의 적'에 대한 명확한 인식

	◆ 우려되는 사회 일부의 안보관 ○ 주한 미군관, 대북관 등 취약점 다수 ○ 남북평화 위한 북한의 가시적 변화 없는 상태의 안보 해이 위험 * 예: 노동당 규약 개정, 대량살상무기 폐기, 병력/장비후방철수 등	투철한 안보관확립 필요성 강조
	◆ 확고한 대적관을 확립하자 ○ 북한군의 철저한 사상교육대비 필요 ○ 국군의 '핵심적 적' 주지, 확고한 적 개념 정립 및 대적관 확립 노력 경주	확고한 대적관확립유도

자료: 국방부, "제9과 우리의 적", 「신병 기본정훈교육 교재」, 2004.

　다음으로 국방부의 『(교육지도서) 정신교육 교재(교관용)』(2003)가 있다. 이 교재는 다음과 같이 18개 과목으로 편성되었으며, 제1부는 원론중심으로, 제2부는 사례중심으로 구성되었다. 따라서 그 목차의 명칭은 동일하다. 이 교재는 매주 국방일보에 게재되는 기본정훈교육을 시행하는데 있어서 중심이 되는 교재로 활용되고 있다.

제1장 군인정신
　제1과 나는 왜 군복을 입고 있는가?
　제2과 우리가 만들어 가는 국군의 역사
　제3과 군대는 사회와 어떻게 다른가?
　제4과 군인의 가치관과 행동규범
　제5과 호국사상의 전통과 상무정신
　제6과 참군인의 길

제2장 국가관
　제7과 자랑스런 우리 역사
　제8과 대한민국의 탄생과 정통성
　제9과 나는 왜 자유민주주의를 수호해야 하는가?
　제10과 군복 입은 민주시민
　제11과 통일 시대의 전망과 대비
　제12과 우리가 열어가야 할 조국의 미래상

제3장 안보관
　제13과 인류의 전쟁은 왜 계속되는가?
　제14과 안보환경과 한·미동맹체제
　제15과 우리의 적은 누구인가?
　제16과 북한 군사위협의 실체
　제17과 끊임없는 대남도발
　제18과 우리는 싸워 이길 수 있다.

이 교재의 제15과 "우리의 적은 누구인가?"는 1) 우리 국군의 주적을 북한군, 예비전력, 노동당과 정권기관이라는 사실을 주지시키고, 2) 북한이 대남 적화전략을 포기하지 않는 한 통일의 순간까지 극복해야 할 대상임을 인식하는 것을 교육중점으로 상정하고 있다(강의개요는 〈표 39〉 참조).

〈표 39〉 기간 장병을 위한 대적관 교육 강의 개요

	내용 요약	유의 및 강조점
교육목표	◆ 적 개념 인식으로 대적관 확립 및 필승의 신념 고취	
교육중점	◆ 우리 국군의 적 주지: 북한군, 예비전력, 노동당과 정권기관 ◆ 북한이 대남 적화전략을 포기하지 않는 한 통일의 순간까지 극복해야 할 대상임을 인식	북한이 우리의 적이라는 데 대한 올바른 인식
핵심내용	◆ 적의 개념 ○ 국가의 존립, 안정보장, 자주권 행사, 번영과 발전 등 국가이익에 심대한 위협이 되는 대상 또는 이를 지원·동조하는 세력 ◆ 적의 구분 ○ 잠재적인 적: 현실적으로 드러난 적은 아니지만 위협으로 부각될 수 있는 적 ○ 현재적인 적: 상호무력으로 대치하고 있어 가장 심대한 위협을 주므로 군사훈련, 배치, 장병 정신교육 등 군사대비태세에 있어 주 대상이 되는 적 ◆ 우리의 적 ○ 북한군 ○ 북한정권기관과 이를 추종하는 세력 등 ◆ '북한군'은 우리의 생존을 위협하는 적 ○ 조선노동당의 혁명적 무장력 ○ 대한민국을 적화시키기 위한 남침의 도구 ※ 북한동포는 인도주의적 측면에서 감싸 안아야 할 포용 대상	적에 대한 개념 정립 및 이해

자료: 국방부, "제15과 우리의 적은 누구인가?", 『(교육지도서) 정신교육 교재(교관용)』, 2003.

다음으로 만화용 교재인 『핑클도 아는 국군의 주적』(국방부, 1998)은 국방부 주관 주적관련 단일주제의 책자이다. 이 책자는 목차도 없이

육·해·공군 및 해병대 휴가병사와 이효리 등이 주축이 된 그룹 '핑클'과의 단체미팅을 상황으로 설정하고 퀴즈게임식으로 꾸미고 있다. 여기서 강조하고 있는 주적관련 내용은 앞선 국방부의 교재의 내용을 축약해서 다루고 있기 때문에 별도의 창의적인 부분은 사실상 없으며, 다만 만화기법을 도입했다고 하는 점이 특이할 뿐이다.

육군본부에서 자체 제작한 대적관 교육의 교재는 앞서 언급한 바와 같이 대상 및 과정별로 구분하여 활용하도록 권장하고 있는데, 그 주요 교육내용은 다음과 같다.

- '적'의 판단기준은 대한민국의 국가이익과 생존권을 위협하는 상대방의 '의도와 능력'에 달려 있다.
- 북한은 6·25전쟁을 비롯, 3천여 회 이상의 대남도발을 자행한 바 있다. 노동당규약 전문에 '최종목적은 온 사회의 주체사상화와 공산주의 사회를 건설하는 데 있다'고 명시하여 대남적화의도를 분명히 하고 있다.
- 또한 북한은 주한 미군이 철수한다면 한국을 곧바로 공격할 수 있는 세계 5위의 재래전력과 대량살상무기를 보유하고 있으며, 주요 전력의 70% 이상을 휴전선에 전진 배치해 놓고 있다.
- 이처럼 우리의 국가이익과 생존권을 위협할 '의도와 능력'을 지닌 북한이 우리의 적이 아니라면 누가 우리의 적이란 말인가?
- 만일 여러분의 가정에 무장 강도가 침입하여 부모·형제·자식들의 생명을 위협하고 재산을 강탈한다면, 과연 그 강도가 동족이라는 이유로 가족의 생명을 내어 주겠는가? 그렇지 않을 것이다.
- 우리의 생명과 재산, 대한민국을 위협하는 모든 집단과 세력은 그것이 동족이든 아니든 간에 분명히 우리의 적이다.[103]

---

103) 육군본부 정훈공보실, "15. 우리의 적은 누구인가?", 『(확고한 대적관 정립 100문 100답) 더 넓은 가슴으로 조국을』, 육군본부, 2004, p.115.

3. 군 장병 대적관 교육정착을 위한 제언

가. 교육계획 수립을 위한 제언

첫째, 군 정훈교육기획자는 교육계획 수립 시 외생변수에 치우지지 말고 자생적인 변수를 기준으로 하는 정체성 있는 정신교육계획을 수립해야 한다. 앞서 언급한 바 있는 NSC 이종석 사무차장의 2004년도 무궁화 회의 시 언급한 바 있는 교육내용, 즉 "북한에 대한 적개심에 기초해서 방어선에 서 있는 것보다 국가에 대한 자부심과 긍지, 시민정신에 기초하는 것이 더 강한 군대가 될 것이다"라고 한 말은 여기에 부합된다고 하겠다. 물론 이러한 발언에는 국가에 대한 강한 애착과 충성심이 전제되어 있었을 것으로 본다. 그러한 전제가 된다면 외부로부터의 침략에 대비하는 것보다는 우리나라가 국가로서 스스로 생존해 나가는 데 있어서 안전을 보장받을 수 있는 여러 가지 대책을 마련하는 것은 당연한 일이 될 것이다.

둘째, 군 정훈교육기획자는 군 정신교육의 핵심가치 체계를 구축해야 한다. 군의 대적관 교육이 제대로 이루어지기 위해서는 이 교육이 상정하고 있는 핵심적인 가치가 무엇이며, 어떤 범주 속에서 가르쳐지는 것인지를 명확히 할 필요가 있다.

군인의 행동 근거와 그 과정, 그리고 행위의 결과 어떻게 되는가를 가장 잘 보여주고 있는 것은 앞서 언급한 바 있는 『군인복무규율』 제6조 '충성의 의무'에 규정된 내용이다([그림 28] 참조).

[그림 28] 군인 행동의 근거 및 군인정신 구현 과정 체계

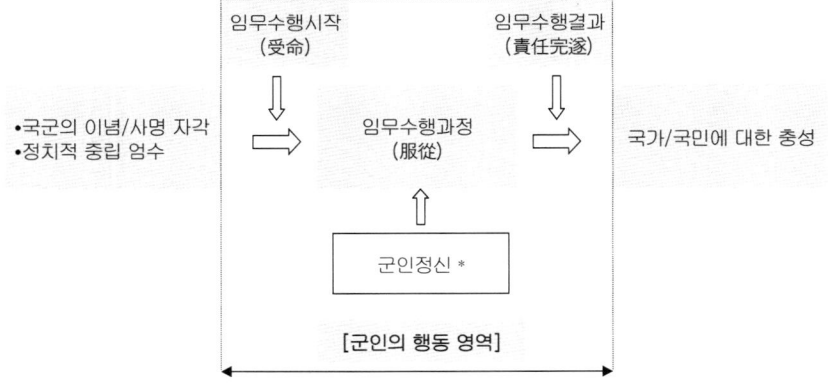

주1) 현행 『군인복무규율』은 '*' 표시의 군인정신 덕목으로, 명예존중, 투철한 충성심, 진정한 용기, 필승의 신념, 임전무퇴의 기상, 죽음을 무릅쓴 책임 완수의 애국애족의 정신 등을 제시하고 있으나, 이 덕목은 군 및 군인의 정체성을 위주로 재편되어야 할 필요가 있으나 여기서는 그 상세한 논의를 생략함.
　2) 점선 영역 내가 실제 전투를 수행하는 군인의 행동반경임.
자료: 『군인복무규율』 제6조를 토대로 재구성.

　여기서 중요한 것은 국가와 국민에게 중요한 것은 『헌법』과 『군인복무규율』에 명시된 '국군의 이념'과 '국군의 사명'을 위해 군인 및 군대가 직접적인 행위를 하는 것이 아니라, 그것에 근거한 임무를 부여받았을 때, 그 행위의 결과로 국가와 국민에게 충성을 하게 된다는 점이다.[104]
　위의 그림은 또한 무엇을 가르쳐야 하는지에 대한 중요한 시사를 주

_____

104) 국군의 사명과 이념에 대해 관련 법령의 문구가 약간 상이한 점이 있는데 다음을 참고: 『헌법』 제5조에는 "국군은 국가의 안전보장과 국토방위의 신성한 의무를 수행함을 사명"으로 한다고 명시된 반면, 『군인복무규율』 제4조 '강령'에서는 다음과 같이 구분하여 명시하고 있다. 즉 "1. 국군의 이념: 국군은 국민의 군대로서 국가를 방위하고 자유민주주의를 수호하며 조국의 통일에 이바지함을 그 이념으로 한다.", "2. 국군의 사명: 국군은 대한민국의 자유와 독립을 보전하고 국토를 방위하며 국민의 생명과 재산을 보호하고 나아가 국제평화의 유지에 이바지함을 그 사명으로 한다."

고 있다. 즉 군인정신의 덕목이 드러나 있기 때문에 이것이 정신교육의 내용이 되어야 함을 시사한다.

현재까지 정신교육을 위한 범주는 군인복무규율의 군인정신 덕목에서 유추한다고 할 수 있는데, 이 덕목은 군인 및 군대의 가치를 제대로 구현해 주지 못하고 있다. 그런데도 불구하고 이 규정은 제정 이후 국방부장관 및 정훈정책입안자의 성향에 따라 이 관련 조항에 대한 재개정 논의는 하지 않고 별도로 정신교육의 덕목과 그 범주를 조정함으로써 근본적인 기준을 바로 세우지는 못하고 있는 실정이다. 2002년의 경우 국가안보, 군인정신, 민주시민의식으로 구성되었는데, 2003년에는 국가관, 안보관, 군인정신이 범주로서 강조되어 왔다.

이에 필자는 명확한 덕목이 도출되기 위해서는 명확한 정체성에 근거하여 덕목이 도출되어야 함을 전제하고 선행연구에서 이미 밝힌 바 있다. 대적관관련 덕목은 '군인정신의 핵심가치' 중에서 군대관의 '명령에 대한 복종심'을 보조해 주기 위한 '군인정신의 보조가치' 중의 군대관에 포함되어 있는 '단결' 등의 덕목과 같은 범주에서 다루어질 수 있을 것이다.[105]

셋째, 군 정훈교육기획자는 대적관 교육에 대한 계획을 수립할 때에 기존 교육관련 법령의 입법취지와의 연계성을 유지해야 한다. 국방부는 '주적'과 관련하여 그 개념은 유지하되 표현은 대내외로 구분하여 사용하기로 했다.[106]

국방부는 내부문서라고 할 수 있는 장병 정신교육 교재 등에는 기존의 '적'이라는 표현을 그대로 유지하기로 했다. 예를 들어 국방부가 발간하는 정신교육 교재에서는 "북한정권과 이를 추종하는 북한군은 우리의 생존과 번영을 부단하게 위협해 오는 가장 핵심적인 적", "북한군,

---

105) 박균열, 『국가안보와 가치교육』, 철학과현실사, 2004. p.188.
106) 『국방일보』, 2005. 1. 29. 1면.

북한 예비전력, 북한 노동당, 북한 정권 기관은 국군의 적"이라고 표현하게 되었다.[107]

윤광웅 국방장관은 2005년 5월 11일 국방부 청사에서 가진 대학생들과의 간담회에서 주적 삭제 배경에 대해 "어느 국가가 다른 국가를 주적으로 지정할 때는 컨센서스가 돼야 하는데 그런 절차가 없었다"면서 "대통령의 허가도 없었고, 절차상의 하자가 있었다"고 밝혔다. 또한 "남북한 간 특수관계로 평화를 추구하는 데 주적을 넣는 것은 문제"라고 말하였다. 이어 안광찬 정책홍보실장은 "주적 용어는 바뀌었지만 개념은 바뀌지 않았다"면서 "표현의 문제이지 개념의 문제가 아니다"라고 부연 설명하였다.[108]

즉 주적이라는 표현은 삭제했지만 북한의 핵심세력을 적대적으로 가정하고 있는 바는 변함이 없으며, 국방백서는 외부로 공개되는 정책적 표현수단이므로 명시할 수 없었지만 내부적으로 지속하겠다는 말이다.

그런데 여기에는 두 가지의 문제가 있다. 첫째, 정책 자체가 갖는 일관성의 부족이다. 아무리 특수한 집단에 대해 특수한 가치를 특정의 기간 내에 가르친다고 해도 그것은 보편성을 가져야 한다. 그런데 내·외부용으로 구분한다는 것은 문제가 있다. 둘째, 국가 전반적인 교육체계상으로 볼 때 특정 기간(=군복무기간) 동안에 행해지는 교육이 일반 사회와의 연계가 되지 않는다면 고립되고 말 것이다. 장기적으로는 더 큰 부작용과 기회비용이 들 수 있을 것이다.

『교육기본법』의 목적과 거기에 명시된 국가의 교육이념은 다음과 같은데, 군 교육에서도 그러한 흐름이 지속되기를 권고하고 있음을 명확히 인식할 수 있다.

---

107) Ibid.
108) 『문화일보』, 2005. 5. 12, 2면.

제1장 총 칙

　제1조(목적) 이 법은 교육에 관한 국민의 권리, 의무와 국가 및 지방자
　　치단체의 책임을 정하고 교육제도와 그 운영에 관한 기본적 사항을
　　규정함을 목적으로 한다.

　제2조(교육이념) 교육은 홍익인간의 이념아래 모든 국민으로 하여금
　　인격을 도야하고 자주적 생활능력과 민주시민으로서 필요한 자질을
　　갖추게 하여 인간다운 삶을 영위하게 하고 민주국가의 발전과 인류
　　공영의 이상을 실현하는 데 이바지하게 함을 목적으로 한다.

　특히 군의 대적관 교육을 포함한 정신교육은 후자의 국가 전반적인 교육대계상의 흐름에 역행하지 말아야 한다는 전제를 수용해야 한다. 국가는 『교육기본법』에 기준을 두고, 학교급별 교육을 위한 『초 · 중등교육법』과 『고등교육법』을 시행하고 있으며, 학교교육을 제외한 모든 형태의 조직적인 교육활동에 관한 『평생교육법』 등을 구비하여 국가의 교육이념이 구현될 수 있도록 규정하고 있다.

　따라서 대적관 교육 또한 국가교육의 중요한 부분 중의 하나이므로, 국가가 교육을 위해 공포한 교육관련 법령과의 긴밀한 연계를 토대로 진행되어야 한다.

　넷째, 군 정훈교육기획자는 대적관 교육을 함에 있어서 적으로 상정한 대상이 반드시 특정한 실체만으로 한정짓는 편견을 극복해야 한다. 흔히 우리 주변에서는 "믿는 도끼에 발등 찍는다"는 말이 있다. 믿었던 도끼가 갑자기 적으로 돌변한 사례로 이해될 수 있을 것이다. 북한만을 적으로 상정하고 있다가, 다른 특정 국가가 돌변하여 우리나라를 공격해 올 경우 대응책이 효율적으로 마련되기란 쉽지 않을 것이다.

　다섯째, 군 정훈교육기획자는 전역병을 대상으로 하는 교육에 관심을 가져야 한다. 전역병은 군대사회화의 시각에서 보면, '반성적 사회화'이고 일반시민사회의 입장에서 보면, '재사회화'가 될 것이다. 군대의 특수성만을 강조해서 전역이전까지의 장병들을 대상으로 특수교육만을 일

방적으로 전수하고 그 상태에서 어느 정도의 새로운 조정단계가 없이 그대로 사회로 돌아갈 때 장기적이고 거시적으로 본다면 매우 부정적 인 결과를 초래할 것이라고 본다.

나. 교육시행 간의 효율성 제고를 위한 제언

첫째, 군 정훈교육기획자는 신념화를 위한 특정의 단계에 너무 집착 해서는 안 된다. 선행연구에서 제시된 단계는 교육학적인 용어로 볼 때 계열성(sequence)이 상당히 길게 늘어져 있기 때문에 예상되는 인지적 발달단계에 피교육자의 인지수준을 거의 맞출 수 있다. 하지만 군 장병 들의 인지발달 단계는 거의 유사연령층에 포함되어 있기 때문에 아동 들의 발달 단계를 그대로 적용한다거나 그 결과를 요구하는 것은 지나 친 기대이다. 다만 발달의 단계별 특징은 원용할 가치가 있다고 본다.

둘째, 군 정훈교육기획자는 신병교육에 있어서는 필수적인 과목군 (群)을 최적화하고, 반성적 사회화와 군대사회화를 주된 골격으로 해서 교육수료 후 야전에서 쉽게 적응할 수 있도록 생활주기를 야전과 맞춰 서 할 수 있도록 배려해야 할 것이다. 예컨대 수요일의 경우 오전은 정 신교육, 오후는 체육활동(또는 유사활동)으로 편성하면 될 것이다(〈표 40〉참조).

〈표 40〉 신병 표준교육 일정표(육군 현역기준)

주차	일차	요일	정과교육								과외시간	내무교육
			1교시	2교시	3교시	4교시	5교시	6교시	7교시	8교시	9교시	20:00-20:50
1	1	월	입소식		제식훈련		정신교육#1		정신교육#2		체력단련	자살사고예방VTR
	2	화	군법	부대내규	정신교육#8	제식훈련					체력단련	군대예절CBT
	3	수	군사보안		정신교육#10	군대예절					체력단련	경계VTR
	4	목	K-2기계훈련				경계				체력단련	개인화기VTR
	5	금	경계								체력단련	야간경계, 야간근무체험
	6	토	병기소질요령									
2	7	월	사격술 예비훈련									군인복무규율
	8	화	사격술예비훈련				대공/야간사격술					총기손질, 인성교육
	9	수	사격전시험				영점사격					내무검사
	10	목	영점사격				기록사격					행군CBT
	11	금	기록사격									야간사격
	12	토	군가교육									
3	13	월	정신교육#9		제식훈련		주간행군					소대장간담회
	14	화	정신교육#3		사단장 정신훈화	제식훈련		지뢰/BT			체력단련	수류탄CBT
	15	수	수류탄									화생방CBT
	16	목	화생방								체력단련	각개전투CBT
	17	금	숙영지설치		주간이동기술							야간이동기술/숙영
	18	토	군장결속요령									
4	19	월	지형지물이용/장애물 통과									야전축성/진지전투
	20	화	종합각개전투				야전축성/진지전투					인성교육
	21	수	정신교육#4		제식훈련		총검술				체력단련	구급법CBT
	22	목	정신교육#11		제식훈련		구급법				체력단련	준비태세CBT
	23	금	정신교육#7		제식훈련		준비태세		군장검사			야간행군
	24	토	분대장 간담회									
5	25	월	총검술				군대예절				체력단련	내무검사
	26	화	정신교육#5		위생교육	사고예방	제식훈련				체력단련	육군가치관CBT
	27	수	병영생활행동강령		총검술		종합평가				체력단련	군대예절CBT
	28	목	정신교육#6/12		제식훈련		정신교육#12		수료식예행연습			이등병이 되는 날 행사
	29	금	제식훈련		수료식/배출							

주: 각 군별로 교육기간에 있어서 약간의 차이가 있는데, 대체로 5-6주 기간동안 신병교육을 실시하고 있는 실정임. 정신교육에 붙은 '#'은 12가지 교육내용의 번호를 말함.
자료: 육군본부, 「신병교육지침서 (교참 25-3), 2003. 12. 1, p.22.

셋째, 군 정훈교육기획자는 지휘관들의 바쁜 일과를 배려해야 한다. 현재 정신교육은 지휘관 위주로 하게 되어 있다. 왜냐하면 정신전력도 전투력의 일환으로 고려되고 있기 때문이다. 일선 중·소대장의 경우 너무 바빠서 정신교육에 대한 강의를 사전에 충분히 준비할 만한 여유가 없다는 점도 정신교육이 제대로 이루어지지 않는 중요한 원인으로 지목되고 있다([그림 29] 참조).

[그림 29] 지휘자(관)(중대장 중심)의 하루 일과표

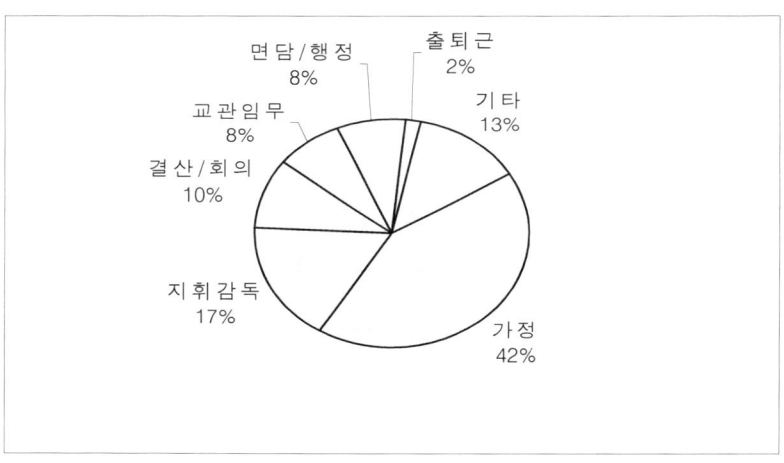

자료: 최광현 외, 『정신전력 육성방안』, 한국국방연구원, 1999, p.62.

다. 교육성과 확산을 위한 제언

첫째, 군 정훈교육기획자는 주적에 대한 명확한 관점, 즉 대적관을 '신념화'하려고 하는 신드롬을 극복해야 한다. 신념화란 첫 발단은 타의에 의해 비롯되었다고 하더라도 최종적으로 그것을 내면화하는 것은 피교육자 본인이다. 그런데 그것을 강제로 하겠다고 한다면 공산주의

국가에서 악용한 바 있는 '세뇌'가 되고 말 것이다. 따라서 국가교육의 보편적인 흐름을 준수하면서, 군대의 특수성만을 지나치게 강조하는 "보다 많이, 보다 강하게"로 요약되는 고답적 신념화 신드롬을 극복하고, "제대로 이해하게 되면 자연스럽게 신념화된다"는 사고를 지향해야 할 것이다. 향후 "신념화"라고 하는 용어보다는 "지속가능함과 견실함"이라는 용어가 더 선호되어야 한다고 본다.

둘째, 군 정훈교육기획자는 임무중심의 대적관 교육을 위한 다양한 소재를 발굴해야 한다. 현실적인 여건을 고려해 볼 때 소재개발의 주체는 국방부가 되는 것이 좋을 것이며, 지원수단은 기존의 기본정훈교육 자료 통로인 국방일보나 별도의 교재형식으로 제공하는 것도 고려해 볼만하다.

예컨대 현행 국방부 정훈교육 제29주차 기본정훈교육 제6과 "참 군인의 길"을 교육할 경우, 기존의 대적관 교육이 북한의 위협에 대한 대응일변도로 교육한 것과는 달리, 자신의 기본임무 수행을 중심으로 교관이 각색하여 실제 교육현장에서 적용할 수 있도록 조치할 수 있을 것이다(〈표 41〉 참조).

〈표 41〉 임무 중심의 대적관 교육을 위한 자료(안)

구 분	주요 내용
제 목	'맛'으로 나라를 지킨다(한 취사병의 각오)
예 화	지난 4월 6일부터 10일까지 코엑스에서 개최된 '2005년 서울세계관광음식박람회'(SIFE: Seoul International Tourism & Food Expo)에서 육군1군수지원사령부와 공군16전투비행단이 금상 3개와 은상 1개를 수상하는 빼어난 요리 솜씨를 뽐냈다. 1년 365일을 단 하루도 거르지 않고 수백 명에 달하는 부대원들의 세 끼 식사를 준비해야 하는 취사병. 그것도 누구보다 일찍 새벽 4시면 기상해 식사를 준비해야 하기 때문에 군대 내에서 소위 3D업종의 하나라고 불리는 취사병들이 어떻게 이와 같은 쾌거를 이뤘단 말인가. 육군맹호포병부대 취사병 연기호(24) 병장은 다음과 같이 말했다. "일반 장병들의 임무가 경계나 훈련이라면 우리 취사병들은 밥을 제공함으로써 장병들에게 임무를 완수할 수 있는 체력을 유지시키고 있습니다. 따라서 전우들이 맛있게 식사하면 내 마음도 흥겹지만 식사하면서 안색이 좋지 않을 때는 마치 전쟁에서 진 것 같은 기분이 듭니다. 따라서 밥이 곧 전투력이기 때문에 우리도 매일 전투를 하는 셈입니다." 그리고 육군1군수지원사령부 조리교육대의 '맛으로 나라를 지킨다'는 구호도 어떤 임무를 수행하든지 부여된 임무를 완수하겠다는 신념과 실천이 중요하다는 의미를 가지고 있다.[109]
상 황 특 성	1. 군인의 행동의 근거는 부여된 임무, 즉 명령에 근거한다는 점 2. 임무가 통상적인 군인의 행위(예, 전투행위)와 다를 경우
탐 구 주 제	1. 취사병 연기호 병장은 군인의 본분을 다한 것인가? 2. 만약 그렇다면 그 근거는 무엇이라고 생각하는가?
요 망 수 준	취사병은 군인의 본분을 다했다고 평가할 수 있다. 흔히 군인이 총을 들지 않고 국방의 의무를 다했다고 하면 폄하하는 경우가 있는데, 오늘날 국가안보가 군사안보에 국한되지 않는 포괄적 국가안보이듯이, 마찬가지로 오늘날 군사안보는 소총수의 임무수행에서만 나오는 것이 아니다. 군사관련 제반 여건이 균형되게 발전을 이루며 각개 장병들이 "그것이 무엇이든지", "그것이 어떤 평가를 받든지"에 관계없이 "맡은 바 소임"을 다하는 임무 위주의 자세가 필요하다. 따라서 연기호 병장의 취사임무는 군인의 본분에 벗어나는 것이 아니라, 적극 부합되는 것이다. 그 근거는 앞서 언급한 바 있는 『군인복무규율』 제6조 '충성의 의무'에서 볼 수 있듯이 군인의 행동에 대한 평가는 '임무를 어떻게 행했느냐'에 따라 결정되는 것이지, 그 행위의 결과가 국가보위와 국민의 생명과 재산을 얼마나 잘 보호했느냐에 따라 결정되는 것이 아니다. 취사병 연기호 병장이 말한 "맛으로 나라를 지킨다"라는 말은 취사임무를 담당하고 있는 전 군의 취사담당 장병들의 슬로건이 될 수 있다고 평가할 수 있다.

---

109) 『국방일보』, 2005. 7. 15.

셋째, 군 정훈교육기획자는 정신교육을 위한 교재의 권위를 제고시켜야 한다. 3-5년 정도 이전시기까지는 다소 불필요한 자료가 포함되어 있기는 해도 교재 자체의 권위는 어느 정도 확보되었다. 현재 권위 있는 단권화된 교재도 없는 실정이다. 이러한 이유로 인해 각 군본부 및 야전부대별로 여건에 맞게 대적관 부교재를 직접 제작하여 활용하고 있다.

교재는 교육목표를 달성할 수 있는 중요한 수단 중의 하나이다. 앞서 언급한 교육내용의 문제 외에도 외형적인 교재에 대한 개발 노력도 중요하다. 교재 개발에 대해서는 대체로 다음과 같은 노력을 해야 할 것으로 본다.

넷째, 군 정훈교육기획자는 교관들로 하여금 교육방법 및 최신 이론에 대한 정보획득을 위해 관련학회와의 연계를 지속적으로 할 수 있도록 지도해 나가야 할 것이다(〈표 42〉 참조).

〈표 42〉 가치교육관련 학회 및 관련기관 현황

	학회/관련기관 명칭	성 격	홈페이지
학회	한국도덕윤리과교육학회	도덕교과관련 학회	http://www.kmeea.com/
	한국국민윤리학회	국민윤리학 분야 학회	http://www.kethics.com/
	한국윤리교육학회	윤리교육관련 학회	http://home.pusan.ac.kr/~keea/
	한국사회과교육학회	사회과교육 권위 학회	http://socialstudies.web.riss4u.net/cgi-bin/hspm00010.cgi?00211
	북한연구학회	북한관련 연구 권위 학회	http://www.nkstudy.or.kr/
	Association for Moral Education	도덕교육관련 세계 최고 권위 학회	http://www.amenetwork.org/
관련 기관	한국교육과정평가원	교육부 산하 교과서개발 주도	http://www.kice.re.kr/
	한국교육개발원	교육부 산하 교육관련 연구 주도	http://www.kedi.re.kr/
	국방대학교 안보문제연구소	안보관련 국내 권위 연구기관	http://rinsa.kndu.ac.kr/
	한국국방연구원	국방정책 현안관련 연구기관	http://www.kida.re.kr/
	통일연구원	통일정책 현안관련 연구기관	http://www.kinu.or.kr/
	통일교육원	통일교육관련 통일부 산하기구	http://www.uniedu.go.kr/
	전쟁기념관	전쟁추모와 평화염원의 전당	http://www.warmemo.co.kr/
	북한연구소	국내 북한관련 최초 연구소	http://www.nkorea.or.kr/

다섯째, 군 정훈교육기획자는 2005년 하반기에 개국하는 국군방송을 활용한 정신교육 프로그램을 조기에 정착할 수 있도록 준비해야 할 것이다. EBS 교육방송식의 정신교육을 운영한다면 교관 자질 문제 등은 쉽게 해소될 수 있을 것이며, 다양한 시각의 토론식 수업을 실제 시청할 수 있게 될 것이다.

군인은 자신의 지휘관과 상관으로부터 부여받은 임무를 수행하는 것으로 자신의 모든 정체성을 부여받게 된다. 따라서 군인 스스로가 행동을 하기 위한 직접적인 근거는 지휘관과 상관의 명령에 근거하는 것이지 더 높은 법령에서부터 근거하는 것이 아니다. 군인의 행동에 대한 평가 또한 마찬가지이다. 특정한 임무를 부여받은 군인의 행동은 그 임무를 얼마나 효율적으로 잘 수행했느냐에 따라 평가받는 것이지, 국군의 이념과 사명에 얼마나 잘 부합하는지에 따라 평가받는 것이 아니다.

지금까지의 군의 대적관 교육의 문제는 각개 장병들의 입장에서 맡은 바 임무를 얼마나 잘 수행하고 그러한 임무수행에 어떠한 방해 세력 또는 관계가 작용하는지의 매우 근원적인 문제에서부터 비롯되지 않고, 국가와 민족과 같은 군대 자체의 정통성과 정체성을 찾을 수 있는 거대담론에 천착하여 논의되어져 왔다.

이에 필자는 군인의 행동 근거를 정당한 명령에 의한 임무에서 찾고, 이를 수행하는 데 방해되는 실체 혹은 관계에서 대적관 교육의 계기를 찾고자 했다. 그 계기가 바로 적 또는 주적이 될 수 있기 때문이다.

이러한 과정을 거쳐, 북한만을 주적으로 한정하는 기존의 대적관 교육은 한계가 있음을 지적하고, 이를 극복하기 위한 몇 가지의 실질적인 방안을 제시하였다. 세 가지 범주로 구분해 보았는데, 첫째, 교육계획 수립을 위해 다섯 가지를 제언했으며, 둘째, 교육시행 간의 효율성 제고를 위해 세 가지를 제언했고, 셋째, 교육성과 확산을 위해 다섯 가지를 제언했다.

결국 군의 대적관 교육은 임무수행이라는 대전제가 가정될 때 그 정당성을 가지며, 그 교육의 중심 주제가 되는 적 또는 주적의 개념도 임무를 중심으로 재해석되어 운용되어야 한다.

제7장

결   론

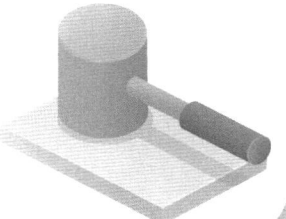

제7장 결 론

　남북한의 완전한 군사통합은 단일한 통일 군대문화를 형성함으로써 달성될 수 있다. 지금까지 남북한의 통일문제에 있어서, 특히 군사통합의 문제에 있어서 내적 통일의 중요성에 대한 관심이 극히 저조하였다. 외형적인 제도 및 조직의 통합만 이루어지면 모든 군대의 통합이 이루어지는 것으로 보았다.

　본 연구는 바로 이 점에 착안하여 남북한의 군사통합은 외적인 통합이 반드시 전제되어야 하고, 또 이의 달성을 위한 노력도 해야 하지만, 동시에 이어서 요청되는 내적 통합에 대한 준비를 해야 한다는 점을 강조하였다. 그 구체적인 방법은 우선 먼저 군사통합에 대한 이론적인 유형분류에서부터 내적 통합과 외적 통합이 동시에 이루어질 수 있는 방안을 염두에 두고 분류의 틀을 재구성하는 작업을 시도하였다.

　기존의 유형분류는 통일접근방법과 분단국의 사례를 중심으로 한 접근이 주류를 이루었다. 이러한 접근에는 여러 가지의 상황을 동시에 다 설명할 수 없는 한계점이 있다고 보았다. 왜냐하면, 우선 통일접근방법에 따른 분류대로 군사통합도 분류할 때에는 군대가 가지고 있는 독특한 특성. 즉 체제 수호를 위한 보수성향으로 인해 국가 전반의 통일전략과 보조를 맞출 수 없는 문제가 생기게 된다. 국가정책적인 흐름이 대북 유화분위기로 흐른다고 해서 군대까지도 같은 모습을 갖게 된다면 대적관이 흐려질 우려가 있기 때문이다. 또한 분단국가의 사례를 중심으로 보는 분류는 한국적인 상황과 접목되지 않는 문제가 생기게 된다. 주변국과의 관계와 그 나라의 고유한 문화적 특성들이 맞지 않는 점이 많기 때문이다.

이러한 선행연구의 한계점을 극복하기 위해 군사통합에 대한 포괄적인 유형분류를 시도하였다. 먼저 의사소통형태에 의해 분류하였다. 첫째, 일방형 군사통합이다. 이는 라스웰이 말한 일방형 의사소통의 개념을 군사통합에 적용한 것이다. 즉 군사통합의 문제에 있어서 통합을 행하는 주체, 통합의 소재, 통합의 방법, 통합의 대상, 통합의 효과 등 모든 군사통합의 과정이 일방적인 의사결정에 의해 논의되어지는 것을 말한다. 여기에는 다시 두 가지의 유형이 있다. 하나는 독일의 초기 군사통합 단계와 같이 평화적 절차가 전제된 일방형이다. 다른 하나는 강제에 의한 일방형이 있다. 후자에는 다시 평화적 강제와 폭력적 강제가 있다. 통일선언 후 독일의 본격적인 군사통합 단계는 평화적 강제에 해당되고, 예멘의 2차 통일 시 군사통합과 베트남의 통일 시 군사통합은 폭력적 강제에 해당된다.

둘째, 쌍방형 군사통합이다. 이는 통합 당사자 간의 의사소통이 원활히 이루어지는 것을 상정하고 만든 모형이다. 라스웰의 쌍방형 의사소통에 있어서 다섯 가지의 의사소통 기제들이 끊임없이 상호작용을 하는 것을 말한다. 그렇기 때문에 군사통합에 있어서 적용해 볼 때, 통합을 행하는 주체, 통합의 소재, 통합의 방법, 통합의 대상, 그리고 통합의 효과 등의 모든 측면에서 무리없이 진행되는 형태를 말한다.

이와 같이 의사소통에 의한 군사통합의 유형분류는 기존의 군사통합을 위한 접근법들이 단일선적 한계를 가지고 있는 데 대한 대안적 모델의 하나로 상정한 것이고, 본 연구에서는 하나의 시안으로 이와 같은 모델을 제시한 것이다. 남북한의 군사통합에 적용해 볼 때, 이 중 어느 한 유형이 적절할 것이라고는 단정할 수 없지만 단계별로 의사소통이 얼마나 잘 진행되는지에 대한 근본적인 과제를 상정하고 군사통합을 논의한다면 보다 쉬운 결론을 도출할 수 있을 것으로 기대한다.

다음으로 군대자산의 형태에 의한 분류가 있다. 즉 외적 군대자산과 내적 군대자산에 따른 유형을 말한다. 갈퉁은 직접적인 폭력의 효과를 자연, 인간, 사회, 세계, 시간, 그리고 문화 등의 여섯 가지 변수에 따라 분석했는데, 그 분류 기준을 물질적·가시적 효과, 비물질적·비가시적 효과로 구분하여 사용하였다. 본 연구에서 말하는 외적·내적 군대자산의 분류와 맥락을 같이한다고 하겠다. 군사통합에 있어서 이와 같은 내·외적인 모든 군대자산이 통합된다면 그것 또한 완전한 군사통합이라고 말할 수 있을 것이다. 그리하여 외적 군사통합과 내적 군사통합으로 분류하였다. 그 특징은 다음과 같다. 첫째, 외적 군사통합이다. 이는 군대자산의 유형적, 구조적, 경성적인 자산의 통합을 말한다. 적정국방규모(인력, 장비, 시설, 그리고 군사비 등) 분야 통합을 말한다. 기존 군사통합의 연구는 대체로 이 분야에 국한되어 있다. 왜냐하면 군대의 존재이유가 무력을 행사하는 전문적인 집단이므로 전투력의 유지를 지속적으로 잘 할 수 있을 것인가에 국한해서 연구가 진행된 결과이다. 외적 군사통합은 완전한 군사통합을 위한 틀을 제공해준다는 점에서 의의가 있다. 즉 군사력을 지속적으로 유지해서 그 존재의무를 다한다는 측면에서는 유용한 접근이기는 하다. 그러나 이것만으로는 부족한 점이 있다. 통합대상의 군대 구성원들이 가지는 생활양식 중에서 외형적인 조직문화만의 통합은 완전한 통합이라고 볼 수는 없다. 완전한 군사통합은 생활문화와 규범문화와 같은 내적인 군사통합이 후속하여 보완이 될 때 가능한 것이다.

둘째, 내적 군사통합이다. 이는 외적 통합이 이루어지고 난 뒤 군대의 구성원 간의 생활문화와 규범문화에 통합이 이루어져서 완전한 군사통합에 이르는 역할을 한다. 독일의 사회통합과 군사통합에서도 이 점은 드러났고, 현재 독일 통일관련 연구보고서들에서도 잘 나타나고 있다.

본 연구에서는 위에서 언급한 두 가지(의사소통 형태와 군대자산 형태)의 군사통합의 유형분류에 있어서 후자의 분류기준에 의해 남북한의 군사통합 모형을 설정하였다. 그 주요 내용은 외적 통합만으로 끝나서는 안 되고 내적 통합에 대한 준비도 동시에 해야 한다는 점이다. 외적 통합은 가시적이면서 물질적인 요소 간의 통합을 말하고, 내적 통합은 비가시적이고, 가치·규범적이면서 생활세계의 통합을 말한다.

이러한 논리에 따라 남북한의 군사통합은 남북한 군대의 문화통합이라고 말할 수 있을 것으로 가정하였다. 그리하여 남북한이 현재까지 보이고 있는 군대문화의 특징을 규명하였다.

우선 문헌분석과 면담을 토대로 한 남한의 군대문화의 특징은 다음과 같다. 첫째, 건국·건군기에는 미국식 민주주의 도입과 역사에 대한 비판적 재평가 없이 문민우위의 조선시대 전통이 그대로 이어져서 군에 대한 주관적 문민통제가 강요되는 특징을 보이고 있다.

둘째, 군 내부적으로 사상적인 문제가 상존해 있었던 점이다.

끝으로, 거시적인 국가·군대의 문제, 즉 군 내부의 일부 지도층의 정계진출, 군대의 국가개발정책 참여 등의 문제가 국민적 관심사가 되고 있었던 반면, 군대 성원의 대다수를 차지하고 있는 병영 내부의 문제에 대해서는 관심을 돌릴 수 없었던 특징이 있다.

반면에 문헌분석과 면담을 토대로 한 북한 군대문화의 특징은 다음과 같다. 첫째, 북한의 군대문화는 선군주의 특성이 강하다. 선군주의란 자구적인 의미로 군이 사회의 다른 제도부문보다 우선시되는 것만을 의미하는 것이 아니라, 군의 사상성, 즉 항일무장투쟁의식과 사회주의 국가체제 유지의식 등을 국가 전체적으로 높이 받들어야 한다는 의미이다.

둘째, 북한의 군대문화는 정치성이 강하다. 지금까지는 정치장교가 군부의 정치적 세력으로 인식되어져왔는데 탈북 귀순자들과의 면담에 의하면 최근에는 정치보위부 소속의 장교들이 정치세력화 되었다고 한다. 결국 북한 군대는 시대적 변화와 군내 정치장교의 역할분담으로 인해,

군내 정치화의 경향이 약해지고 있는 것이 아니라, 견제를 통해 더욱 강화되고 있음을 알 수 있다. 그 새로운 정치화의 주역은 기존의 정치 장교 집단에서 보위장교 집단으로 전이되고 있다고 하겠다.

셋째, 북한의 군대문화는 간부중심주의 특성이 강하다. 귀순자들의 증언에 의하면 북한의 총정치국 간부부를 타 참모부서와 동격으로 개편하였다고 한다. 이러한 간부부 개편에 대해 북한군 야전에서의 여론은 군관들의 인사를 주관할 수 있으므로 지휘관의 위상이 제고되었고, 일반군관들은 정치부 권한 축소에 따라 위화감이 다소 해소되었다고 한다. 이러한 북한 군대의 간부중심주의는 과거에서부터 지속적으로 유지되어왔다. 최근에 와서 북한의 군대 내에서 간부중심주의가 강화되고 있는 것은 정치장교(보위장교 포함)에 대한 견제용이라고 볼 수 있다. 이는 지속적인 군의 혁명투쟁을 확대, 가속화하기 위한 일종의 혁명 강화조치로 분석된다.

넷째, 북한의 군대문화는 정의적 특성이 강하다. 즉 선정성이 강하다고 할 수 있다. 본질적으로 이와 같은 정의적 특성은 사회주의적 사실주의에서 비롯된 것이다. 북한식 사회주의의 사실주의는 항일민족주의라고 하는 정서를 바탕으로 하고 있다. 북한정권 초기 역사재평가과정에서 국가 이데올로기적으로 선전 선동의 목적으로 강조된 사실주의는 더욱더 정의적인 경향으로 흐르게 된다. 북한체제 내에서 군대가 가지는 무력행사의 상징성은 북한체제의 전반을 대표하고 있고, 또한 그들이 주장하고 있는 '남조선 타도'와 '자본주의 타도'라고 하는 실질적인 목표 수행을 위한 대리인으로서의 군대가 지니는 상징성은 북한의 군대문화가 정의적이라고 말할 수 있는 근거가 된다.

끝으로, 북한의 군대문화는 규범성이 강하다. 북한 군대에서는 지켜야 할 규범들이 아주 많이 있다. '열 가지 공산주의 전투 도덕 품성', '10대 중대 관리 준칙', '인민군 군인선서 5개항', '전투력강화 5대 방침', '군무생활 10대 준수사항', 그리고 '충성 맹세문' 등의 내용에서도 알 수 있듯이 북한 군대가 가지는 군대문화의 규범성은 실로 강하다고 할 수 있다.

다음으로 실증조사 분석을 통해서 본 남북한의 군대문화에 대한 인식 비교를 시도하였다. 그 분석의 기준은 선행연구들을 참고하여 20개를 설정하였다. 즉 ① 개인주의, ② 권위주의, ③ 단기성과주의, ④ 명예주의, ⑤ 무사안일주의, ⑥ 물질만능주의, ⑦ 보수주의, ⑧ 실적주의, ⑨ 연고주의, ⑩ 완전무결주의, ⑪ 진취성, ⑫ 집단책임성, ⑬ 출세지향주의, ⑭ 특권의식, ⑮ 합리주의, ⑯ 향락주의, ⑰ 형식주의, ⑱ 획일성, ⑲ 효율성, 그리고 ⑳ 희생·봉사정신이다.

이 분석기준은 다시 긍정적인 요소와 부정적인 요소로 구분하였다. 먼저 긍정적인 요소는 ① 명예주의, ② 진취성, ③ 집단책임주의, ④ 합리주의, ⑤ 효율성, 그리고 ⑥ 희생·봉사정신이다. 이 중에서 남한의 군대문화가 북한의 군대문화보다 높은 점수를 받는 요소는 집단책임성을 제외한 나머지 모두였다. 이러한 요소들은 통일 군대문화 형성을 위해 더욱 발전시켜야 할 과제들이다. 여기서 남한 군대의 집단책임주의는 현재에도 부족한 점이 많이 있지만, 특히 통일 군대문화 형성을 위해서는 더 많이 개선되어야 할 것이다.

다음으로 부정적인 요소에 대한 분석이다. 부정적인 요소는 ① 권위주의, ② 단기성과주의, ③ 무사안일주의, ④ 물질만능주의, ⑤ 보수주의, ⑥ 실적주의, ⑦ 연고주의, ⑧ 완전무결주의, ⑨ 출세지향주의, ⑩ 특권의식, ⑪ 향락주의, ⑫ 형식주의, ⑬ 획일성, 그리고 ⑭ 개인주의 등이다.

여기서 남한 군대의 점수가 북한의 것에 비해 더 높아서 비교적 더 부정적으로 인식되고 있는 것은 출세지향주의, 실적주의, 연고주의, 물질만능주의, 무사안일주의, 개인주의, 향락주의 등이다. 한편 물질만능주의, 개인주의, 향락주의는 북한의 군대에서는 보통 이하의 점수를 얻고 있으므로 군사통합에 있어서 이 점들은 남한 군대가 고쳐야 할 점들이다.

　남북한의 군대문화에 대한 문헌분석, 면담, 실증조사 분석 등을 토대로 본 종합적인 평가는 남한의 체제가 우월하다고 하여 모든 측면에서 남한의 군대문화가 우월하다고는 볼 수 없다. 이는 기존의 동질성 제고, 이질성 극복의 논리만으로는 해결할 수 없다는 것이다. 즉 남북한 군대문화 간에 있어서 동질적이면서도 공통적으로 나쁜 평가를 받는 요소가 있을 수 있고, 이질적이면서도 공히 보통 이상의 평가를 받는 요소가 있기 때문이다. 따라서 남북한의 군대문화에 대한 비교평가는 단일 선적인 이질성·동질성의 척도에서 탈피하여 보다 복합적인 분석이 필요하다고 보았다.

　이를 바탕으로 문화철학적인 이론에 입각하여 통일 군대문화를 형성하기 위한 원리를 설정하였다. 먼저 문화적인 정체성을 형성하기 위한 구심적인 원리로 문화의 본원성, 문화의 상호성, 그리고 문화의 통합성을 제안하였고, 통일 한국군으로서의 지속적인 문화창출을 위한 원심적 원리로는 문화의 전승성, 문화의 소통성, 그리고 문화의 창조성을 바탕으로 해야 함을 언급하였다.

　이러한 원리에 입각하여 통일 한국의 군대문화를 형성해나가는 데 있어서 제기될 중요한 쟁점에 대해서는 세 가지의 분석틀을 중심으로 구분하여 살펴보았다. 첫째, 군과 일반사회와의 관계 정립에 대한 문제이다. 둘째, 외적 군사통합의 쟁점들이다. 셋째, 내적 군사통합의 쟁점들이다. 첫째와 둘째의 쟁점들은 선행연구들에서 많이 제기되어 왔듯이 설문조사 결과에서도 중요한 문제점으로 제기됨을 알 수가 있었다. 이와 더불어 기존 연구에서는 소홀히 했던 점들, 즉 군인들의 가치관의 차이, 지휘통솔상의 문제, 국가 및 군의 상징 재평가의 문제, 장병 재교육의 문제, 군대용어 및 속어의 상호 이해 문제, 그리고 군대 내 생활풍습의 차이 등의 문제점들도 상당히 중요한 것으로 나타났다.

　이러한 문제점들을 극복하고 통일 군대문화를 형성하기 위한 실천의 문제에 있어서도 세 가지의 틀 속에서 분석하였다. 첫째, 문화형성 주체의 측면이다. 설문분석 결과에 의하면 장병, 군대, 그리고 국가 차원에서 비슷한 비율로 그 주체의 중요성을 평가되고 있다. 논의의 전개를 위해 구분해 보았지만, 사실상 이 주체의 문제는 실천 가능성을 기준으로 보다 다각적인 연구가 필요할 것으로 본다.

　둘째, 문화형성 단계의 측면이다. 단계는 통일이전기와 통일과도기, 그리고 내적 통합기로 구분하였는데, 이 중에서 가장 많은 문제점이 제기될 것으로 예상되는 단계는 통일과도기의 단계로 나타났다.

　셋째, 문화요소의 측면이다. 군대문화 요소별로는 정신교육이 가장 높게 나타났고, 다음은 지휘통솔이다. 기타 진중놀이, 군종, 군대용어, 군공보, 군가 순으로 나타났다. 이러한 측면은 대체로 내적 군대문화에 대한 문제인데, 외적 군대문화를 고려하여 본 연구에서는 요소별 분석내용을 토대로 조직문화, 규범문화, 그리고 생활문화의 세 가지의 틀을 중심으로 통일 군대문화 요소를 재구성해 보았다.

　본 연구는 이론적인 연구에 바탕을 두고, 실제적인 목표를 달성에 도움을 줄 수 있는 실용 연구이다. 그래서 연구결과를 바탕으로 다음 몇 가지의 실제적인 제언을 하고자 한다. 첫째, 통일 군대문화의 형성을 위한 전략이 수립되어야 할 것이다. 본 연구에서 그 시안적 원리를 제시하였지만 더욱 전문적인 연구가 필요하다고 본다. 동시에 현재의 군대문화를 보다 내실있게 하는 노력이 필요하다고 본다.

　둘째, 통일군대상을 고려한 정신교육의 발전방안을 개발해야 할 것이다. 현재의 군 정신교육은 군인정신, 국가관, 대적관의 3대 기조가 지켜지고 있는데, 그중에서 통일군대에서는 특히 기존의 대적관 기조와 상충할 수 있다. 이를 효과적으로 극복할 수 있는 전략수립이 필요할 것으로 본다.

셋째, 통일군대상을 고려한 지휘통솔 기법을 개발해야 할 것이다. 새롭게 구성되는 지휘통솔의 환경은 새로 유입되는 북한장병뿐만 아니라 이들과 마주하게 되는 남한장병들을 위한 대책도 동시에 수립해야 할 것이다.

넷째, 복잡한 통일환경에 대비한 창의적인 교육훈련기법을 개발해야 할 것이다. 통일 한국군의 상황은 우선 장병들의 선행 교육훈련의 내용 자체가 다를 뿐만 아니라 더불어서 그 원리도 다르다. 그러므로 새롭게 다가올 미래 통일군대의 상황에 맞는 교육훈련기법의 개발은 매우 중요하다고 하겠다.

다섯째, 군과 일반사회 관계의 이론적 틀을 탄력성 있게 적용해야 할 것이다. 기존의 남한의 군대는 군과 일반사회의 관계가 분리형 모델에 입각해 있다. 현재 상태에서도 물론 수정 보완해야 할 부문도 많이 있지만 통일상황과 관련하여 심도 깊은 논의가 이루어져야 할 것이다.

여섯째, 남북군대 간의 적극적인 군사 신뢰구축 활동이 있어야 할 것이다. 현재까지의 군비통제 정책은 남북한 간의 위기관리, 분쟁예방, 평화공존의 안정적 위기관리체제를 성립시키고 평화통일 기반을 조성하기 위한 조치로서 현 상황에서 최악의 사태를 방지하고자 하는 소극적인 예방조치의 수준이라고 본다. 향후 통일을 대비하여 보다 적극적인 군사신뢰구축 활동, 예를 들자면 북한이 비공식적으로 남한의 국방백서를 획득하기는 하겠지만 이를 공식적으로 전달한다든지 군대 내의 군대문화의 개별 요소들 간의 교류를 실천하는 등의 노력을 강구해야 할 것이다. 이때 남한 군대 장병들의 대적관과 상충하는 활동은 지양해야 할 것이다.

일곱째, 국민적 신뢰를 지속적으로 받을 수 있도록 해야 할 것이다. 무엇보다도 군대는 국민이 부여해 준 안보전문집단이라고 하는 위상 제고를 적극적으로 구현하기 위한 노력을 지속적으로 해야 할 것이다. 기존의 대민지원과 같은 노력이 국민적 신뢰를 받을 수 있는 한 계기이기는 하지만 보다 근본적인 국민의 신뢰를 받을 수 있는 노력을 통일상황과 연계하여 추진해야 할 것이다.

여덟째, 가상공간(cyber space)에서의 통일 한국 및 통일군대의 문화적 상징에 대한 대책을 마련해야 할 것이다.

아홉째, 통일 군대문화 및 현재의 군대문화지표를 개발해야 할 것이다. 일반적인 사회·문화지표에 대한 개발은 국내외의 많은 연구물들이 있다. 이와 같은 지표의 개발은 과거 및 현재에 대한 진단에 좋은 도구가 될 수 있으며, 미래의 문화를 형성해 나가기 위한 틀이 될 수 있다는 점에서 의미가 있다.

이상의 논의를 토대로 통일 한국의 군대문화 형성을 위한 군 가치교육을 위한 방향을 제시하였다. 통일 한국군의 정체성 있는 군대문화 형성을 위해서는 현재의 군 가치교육이 매우 중요하다. 그러나 사실 한국군은 현재 북한군을 어떻게 인식해야 하느냐의 사안에 대해 비판의 여지를 남기고 있다. 국방부는 2005년 초 2004년판 국방백서의 발간에 즈음하여 북한군을 공식적인 주적으로 표기하는 것을 철회했다. 그럼에도 불구하고, 군 장병에 대해서는 기존의 원칙을 지속하기로 결정했다.

이와 같은 국방부의 이중적인 조치는 국가교육 이념의 연계성 미확보뿐만 아니라 장병 개개인의 입장에서 보더라도 입대 전 → 복무 중 → 전역 후에 이르는 일련의 과정에서 심각한 인식의 괴리현상이 노정될 수 있을 것으로 보인다. 필자는 국방부가 취하고 있는 현재의 군 장병 정신교육에 있어서 북한군을 주적으로 상정한 대적관 교육이 타당성을 갖고 있는지를 심층 분석하고, 이를 토대로 군 장병에 대한 대적관 교육을 어떻게 개선해 나갈 것인지 방향을 제시하고자 했다. 방향의 제시를 위한 총론적인 기준은 군인의 행동 근거인 '임무(mission)'이다.

군의 대적관 교육은 임무수행이라는 대전제가 가정될 때 그 정당성을 가지며, 그 교육의 중심 주제가 되는 적 또는 주적의 개념도 임무를 중심으로 재해석되어 운용되어야 한다. 즉 적이란 기존의 인식대로 특정한 세력 또는 실제에 국한되는 것이 아니라 군의 임무수행에 방해되는 일체의 실체·관계·상태를 포괄하는 것으로 상정되었다. 필자는 이러한 사고를 토대로 몇 가지 현실적인 개선방안을 제시하였다.

결국 본 연구는 남북한의 군사통합의 완성이 통일 한국군의 단일 군대문화의 형성을 통해서 이루어진다는 점을 강조하였고, 이를 입증하기 위한 여러 가지 노력을 했다. 더불어 이를 위한 현실적인 노력으로 현행 군 내부의 가치교육을 보다 체계적으로 준비해 나가는 과정이 필요하다는 점을 강조하였다.

보 론

제8장

군사사(軍事史) 연구방법론

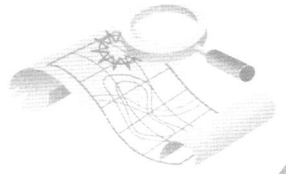

제8장 군사사(軍事史) 연구방법론110)

1. 존 키건의 사상적 특징

　존 키건(John Keegan)은 인문학적 바탕하에 전쟁을 연구한 학자이다. 학문적 장르로 본다면, 그의 관심 분야는 군대 역사학(military history)이다. 이 용어 자체에 대한 국내에서의 용례는 국방부 산하 군사편찬연구소에서 시사하듯 군사사(軍事史) 또는 군사(軍史) 등이 있다. 하지만 학문 자체에 대한 호칭과 그 분야의 전문가에 대한 호칭의 편의성 등을 감안한다면 줄여서 말하기보다는 '군대 역사학'이라고 말하는 것이 좋을 듯싶다. 이와 비슷한 사례로는 '군대 사회학'이 있다.

　키건은 전쟁을 "정치의 연장"이라고 말한 카를 폰 클라우제비츠(Karl von Clausewitz)의 견해를 비판함으로서 그의 학문적 출발점으로 삼는다. 전쟁이란 외형상 드러난 싸움의 행위 그 이상의 또는 더 깊은 의미가 숨겨진 문화적 맥락 속에서 이해되어야 한다는 것이다. 한국에 널리 알려진 그의 저술로는 『세계전쟁사』[A History of Warfare](1996)[1993]와 『전쟁과 우리가 사는 세상』[War and Our World](2004)[1998] 등이 있다.

　한국에서의 전쟁에 대한 연구풍토는 대체로 무기체계와 전략·전술 등의 측면에 국한되어 있다. 즉 외형적인 시각과 승패를 도모한 전략·전술에 관심이 모아졌던 것이다. 학문 공동체에서의 인문학이 기초적

---

110) 필자가 존 키건의 국내 번역판 책자에 대한 서평을 발췌한 것임: 박균열, "인문학적 전쟁 연구의 새로운 지평", John Keegan, 정병선 역, 『전쟁의 얼굴』, 지호, 2005, pp.406-415.

지위를 가지듯이, 전쟁에 대한 인문학적 접근은 무기체계나 전략·전술 등이 당장에 드러내고 있는 피상적 특징에 대한 분석뿐만 아니라 그와 관련된 사회·문화적인 배경과 그 자체의 역사적 변천 등을 일괄할 수 있는 바탕이 된다.

이렇듯 키건의 전쟁연구 산물은 한국에서의 전쟁연구에 신선한 반향을 불러일으킬 것으로 본다. 더욱이 존 키건의 초기 저술인『전쟁의 얼굴』이 국내에 번역되어 소개되는 것은 군대 역사학 분야의 한 대가로서의 그의 학문적 진수를 통시적으로 조명해 볼 수 있는 하나의 계기가 될 수 있을 것이다.

2. 존 키건의『전쟁의 얼굴』의 개요와 의의

키건의『전쟁의 얼굴』은 1974년에 출판되었다. 그의 핵심사상이 담겨 있는『세계전쟁사』보다 무려 20년 이전에 출판되었다. 그는 이 저술을 통해서 이후 자신의 전쟁사 연구를 위한 전체적인 방향을 제시했을 뿐만 아니라 전쟁사를 위한 인문학적 연구의 새로운 지평을 사실상 처음으로 펼쳐보였다. 이 책은 전쟁의 기원과 성격, 원시부족의 군인과 현대의 군인들의 정신세계(ethos), 그리고 고대전투에서부터 현대 핵전쟁에 이르기까지 무기체계의 발전사를 상세하게 다루고 있다.

이 책이 출판되기 한 해 전, 문화인류학자인 클리포드 기어츠는 *The Interpretation of Cultures*(1973)를 저술하여 세상에 내놓았는데, 그는 여기서 문화에 대한 "두터운 서술(thick description)"을 주장한 바 있다. 즉 다층적 문화 맥락을 동시에 다루어야 한다는 권고이다. 또한 이 말은 사실(facts) 자체를 하나도 빠짐없이 기술하는 것이라기보다는 역사적 존재로서의 개개인의 삶의 역사가 균형 있게 역사적 서사과정 속에 등장할 수 있도록 하는 배려를 말하는 것이다. 역사 속의 조연에 불과한 인물이나 사물일지라도 거기에 합당한 의미부여를 하는 것을 말한다.

이와 같은 당시의 인접학문의 조류를 고려한다면, 키건의 『전쟁의 얼굴』은 전쟁 역사에 대한 '두터운 서술'을 하고 있다. 그가 이 책에서 다룬 주목할 만한 내용을 소개하면 다음과 같은 것들을 꼽을 수 있다.

첫째, 키건은 역사 편찬의 큰 줄기를 "정치와 국가에 의한" 로마식의 역사관과 "지리적 위치와 인간의 행동에 의한" 그리스식의 역사관 중에서 후자를 선호한다고 밝히고 있다. 인간의 삶과 과정을 시간적으로 정리한 것이 역사라고 한다면, 역사란 인간의 소산이다. 따라서 역사를 기술하는 데 있어서 인간의 요소가 배제된다면 그것은 벌써 비인간적 역사이요 삶의 숨소리가 느껴지지 않는 역사가 될 것이다. 이러한 점을 키건은 높게 평가하고 있다.

둘째, 전쟁의 다양한 대립양상을 보여주고 있다. 기존의 전쟁연구는 거대 국면단위로 한꺼번에 평가해버리는 경향이 있다. 그런데 키건은 궁수 대(對) 보병, 기병 대 보병, 기병 대 기병, 기병 대 포병, 보병 대 보병 등에 대해 많은 사료를 동원하여 다양한 대치국면을 예시하고 있다.

셋째, 역사 해석에 있어서 중요한 관건을 놓치지 않고 있다. 예컨대 아쟁쿠르 전투에 관한 분석을 다루면서, 키건은 군기(軍旗)에 대해 매우 상세하게 언급하고 있다. 전투행위에 있어서의 익명성이 극대화된 오늘날에 있어서의 군기는 하나의 장난감이거나 도로표지만에 불과할 수도 있겠지만, 적어도 전쟁행위의 '실질적인 모습(signifié)'과 '상징적 모습(signifiant)'이 거의 구분되지 않았던 면대면(face-to-face) 전투시기에 있어서 군기는 한 집단의 공동체 문화 전체를 상징적으로 나타내 주는 것이다. 이 점을 키건은 매우 중요하게 다루고 있다. 그는 또한 면대면전투에서 하나의 일탈이 있게 되었는데, 그것은 바로 고각을 이용한 화살공격이라고 지적하고 있다. 즉 실제로 장기이용 화살로 목표물을 겨냥할 경우, 그 전사에게 있어서의 가상목표(=허공 또는 제3의 지형지물)와 실질목표(=표적이 된 人馬)는 상징적으로는 연계되어 있지만, 실제로는 전혀 별개이다.

넷째, 전투가 진행되면서 개개의 전사들이 겪는 경험과 군대문화의 장(場)이 되는 병영공동체에 대한 다양한 예화를 제시하고 있다. 즉 전투 중 부상병의 입장, 말단 병사의 심리, 질병과 상처치료 등을 다루는 군진의학, 전투 중 음주 및 부대인근의 선술집 얘기, 군사용어의 어원(차단, 봉쇄 등), 전쟁명칭의 유래(아쟁쿠르전투), 부대명칭의 유래(키치너 부대), 독가스 사용의 유래(솜전투에서의 영국군), 극한적 보급상태(스탈린그라드 전투에서 병사들이 허리띠를 삶아 먹은 사례), 전장에서의 가혹행위, 군종(軍宗)의 기원, 다양한 리더십의 양태 등이 그 구체적인 예들이다.

결국 키건이 그리고자 한 전쟁의 얼굴은 클라우제비츠가 그리고자 한 승패 위주의 그림이 아니라고 할 수 있다. 키건의 그림은 초등학생이 갖는 사물에 대한 순수함과 저명 화가가 견지한 미학적 기법을 동시에 표현하고 있다.

3. 존 키건의 사상 및 『전쟁의 얼굴』이 갖는 아쉬움

군대 역사학 분야에 있어서 존 키건의 기여는 지대하다. 특히 이 분야에 대한 인문학적 토대가 미진한 한국적 상황에서는 더욱 기대되는 바가 크다. 하지만 존 키건의 군대 역사학적 방법론은 몇 가지의 아쉬운 점을 갖고 있다.

첫째, 전쟁 자체에 대한 시각의 문제이다. 키건은 전쟁에 대해 다음과 같이 정의하고 있다.

전쟁은 그리스의 신 프로테우스가 보이는 양상과 비슷하다. 예측할 수 없을 정도로 그 형태를 바꾸기 때문이다. 그런 이유 때문에 강연 내내 나는 전쟁의 본질을 정의하려고 하지 않았다. 질병처럼 전쟁도 돌연변이 능력을 과시하며, 자신을 통제하거나 제거하려는 시도에 맞서 최대한 신속하게 변화한다. 전쟁은 어떤 집단적 목적을 위해 행하는 집단적 살인이다.(『전쟁과 우리가 사는 세상』, 143쪽)

키건의 주장을 요약하자면, "전쟁은 살인행위"이다. 이러한 정의 자체는 그의 전쟁과 군대에 대한 다양한 연구방법론의 업적에 비하면 매우 빈약하다. 왜냐하면 이 정의가 매우 많은 비판의 여지를 남기기 때문이다. 전쟁을 피상적으로 바라보고 있다는 증거이다. 키건을 포함한 대부분의 군대 사학자들이 전쟁을 이와 같이 정의하게 된 데에는 몇 가지 이유가 있는데, 전쟁 규모의 광폭화(=전면전), 전쟁 지속 기간의 장기화(=장기전), 전쟁 수단의 상징화(=무기의 상징화, 첨단화) 등을 예로 들 수 있다. 모든 인간은 전쟁을 한번 쯤 실제로 경험했거나, 선조들이나 주변의 각종 문화적 기제 등을 통해서 전쟁과 관련된 문화를 전수받았을 것이다. 이로 인해 모든 인간은 전쟁의 와중에서 태어나서 전쟁 자체를 대전제로 출발하게 된다. 키건은 이러한 상식적인 전쟁관을 계승하고 있는데, 사실 전쟁이란 공동체의 평화를 위한 노력이라고 재정의할 수 있다. 따라서 전쟁을 통한 결과는 그것이 그 공동체 구성원들에게 있어서 평화를 위한 노력의 결과라고 할 수 있는 것이다. 이러한 논리로 본다면 "무기체계의 변천"과 같은 현상도 "효율적인 살인행위를 하기 위해서"가 아니라 "평화를 보장받기 위해서"라고 치환해서 사용할 수 있을 것이다. 이런 점에서 보면, 키건이 고답적 선행 군대 역사학자들의 연구경향을 반복하는 듯한 느낌을 준다.

둘째, 키건의 '정치'에 대한 인식의 한계성이다. 키건은 스스로 말하기를 클라우제비츠를 반면교사(反面敎師)로 삼고 있다고 했다. 다음은 관런 대목이다.

> 전쟁은 다른 수단에 의한 정치의 연장(continuation of policy)이 아니다. 만약 카를 폰 클라우제비츠(1780-1831)의 명제가 사실이었다면, 아마도 이 세상은 보다 더 단순하고 이해하기 쉬운 곳이 되었을 것이다. (『세계전쟁사』, 17쪽)

그런데 키건은 클라우제비츠가 사용하는 '정치'라는 용어에 너무나 천착하는 듯한 느낌을 준다. 클라우제비츠 당시의 정치제도는 전제군주제였다. 따라서 당시 정황에서의 정치라는 용어는 3권 분립이 보장되고 정치엘리트의 주기적 순환이 제도화되는 오늘날의 자유민주주의 제도 하에서의 그것과는 판이하게 다르다는 점이다. 다만 클라우제비츠가 승패 위주의 전쟁개념에 의해 전쟁을 바라보고자 했기 때문에 전쟁에 대한 해석이 단조로울 수밖에 없었다고 하는 점은 높이 평가할 만한 진단이라고 본다. 그럼에도 불구하고 전쟁을 실제로 행하는 군인의 입장에서 볼 때, 클라우제비츠의 "전쟁목표 달성을 위한 집중"의 원칙에 대한 강조는 여전히 적실성이 있다. 이와 관련된 논의는 별도로 다루어져야 할 것이다.

키건이 저술한 『전쟁의 얼굴』이라는 이 책자에서 중대한 결점을 발견해 내기란 쉽지 않다. 다만 시간적으로 많은 차이를 두고 발생한 아쟁쿠르전투(1415), 워털루전투(1815), 솜전투(1916)를 동시에 다루고자 했다는 점은 저자의 과욕이라고 본다. 이 세 전투를 비교하기 위해서는 분석을 위한 일정한 틀이 필요할 것이고, 또한 비교분석을 위한 별도의 논의가 필요한데, 이 책에서는 다루어지고 있지 않다. 이러한 점은 계량학문의 방법론 측면에서 보면 아쉬움을 다소 남기는 대목이다. 하지만 이것이 논문이 아니라 책자의 형식으로 저자의 전쟁에 대한 관점을 세 가지의 전투를 통해 구현했다는 점에서, 앞선 사소한 아쉬움은 포용될 수 있다고 본다.

4. 종합평가

　존 키건은 신체적으로 다리가 불편한 불구자이다. 그래서 군대를 가지 못했다. 하지만 그는 언청이임에도 불구하고 서구철학의 흐름을 주도하고 있는 독일의 하버마스(J. Habermas)나 군인이 아니면서도 군인 묘지에 묻히고자 했고 또한 그렇게 된 미국의 군대 사회학자인 자노위츠(M. Janowitz)와 같이 자신의 한계를 극복하면서도 군대에 대한 강한 애착을 갖고 자신의 학문적 영역을 공고히 하기 위해 노력해 왔다.

　이 책 『전쟁의 얼굴』은 군대 역사에 대한 연구에 있어서 인문학적 바탕의 중요성을 일깨워주고 있다는 점에서 가장 큰 의의를 갖는다. 키건의 이러한 방법론은 한국에서의 전쟁연구와 전사기술상에 있어서 전쟁에 대한 다양한 층위에서의 해석 지평을 열어주고 있다. 또한 키건은 영국의 한 시민으로서, 자국의 고유한 연대(regiment) 단위의 군대전통을 구현하려고 했다. 요컨대 존 키건은 군대 역사학자로서의 인문학적 풍요로움과 공동체의 구성원으로서 시민으로서의 본분을 겸비한 인물이라고 할 수 있다.

제9장

병영 내 독서문화

제9장 병영 내 독서문화[111]

독서의 중요성은 동서고금을 통해서 입증되고 있다. 그렇다면 군대에서도 독서는 여전히 중요성을 가질 수 있을까? 흔히 군인이 총 잘 쏘고 싸움만 잘하면 되지 무슨 독서를 하냐는 식으로 비아냥거릴 수 있다. 하지만 군인들이 생활하고 있는 병영이야말로 독서의 중요성이 그 어느 공동체에서보다 더 크다. 전쟁을 위한 전략·전술을 수립하고, 실제 전투를 수행하면서 느끼고 겪은 체험담은 향후 전쟁을 수행하면서 발생할 수 있는 각종 위험을 예방할 수 있고 피치 못 할 경우 최소화할 수 있는 간접적인 경험을 제공해 준다.

이러한 현실적인 이유뿐만 아니라 최근에는 장병들의 문화욕구 충족을 위해 2003년 5월에 개정된 『도서관및독서진흥법』 제37조의2에 의거 '병영도서관'을 병영 내 설치·운영할 수 있게 되었다. 국방부에서는 2005년 1월에 『정훈홍보활동규정』 개정령에 이와 관련된 내용을 포함하였다. 이 규정에 의거 대대급 이상 병영도서관을 '국방시설기준'에 포함하여 공식화했고, 운영이 제한되는 중대급 이하 부대에서는 병영시설 내에 도서함을 비치하여 장병들의 독서여건을 보장하기 위한 조치를 강구하고 있다. 물론 국방부에서는 이전시기에도 장병들을 위해 '진중문고' 사업을 통해 양서 보급에 노력해 왔지만 법령의 개정을 통한 병영 내 독서의 중요성과 그 제도화가 이루어짐으로 해서 한층 독서여건이 정비되는 듯한 느낌을 받는다.

그런데 최근 발생한 최전방 전초(GP, Guard Post)에서의 총기 사고

---

111) 필자가 교보문고 자매지에 기고한 내용을 발췌한 것임: 박균열, "군대의 근본적인 문제, 독서로 사수하라", 『사람과 책』, 2005. 8, pp.18-25.

등 일련의 군내 사건·사고와 관련하여 그 근본적인 대책의 일환으로 병영문화 개선 또는 군의 인적자원개발 등을 위해 각종 위원회를 만들어서 장병들의 선택적 복지혜택을 질적으로나 양적으로 제고시키기 위한 시도를 하고 있다. 물론 그 대책의 근본적인 취지는 당연한 것이며, 또한 그에 따른 효과도 상당히 긍정적일 것으로 예상된다.

하지만 병영 내 독서문화를 정착시키고 그 성과를 지속해 나가기 위해서는 장병들이 소위 "원하니까 또는 원할 만하니까" 하는 식으로 일방적인 하향 베품식이 되어서는 안 될 것이다. 기본적으로 병영 내 각종 부조리가 독서를 하지 않았기 때문에 빚어진 것이 아니라 독서를 통해서 다양한 효과가 생기게 되는데 그중에서 정서의 순화와 자기계발 등을 통해 사고를 일으킬만한 요인을 충분히 줄일 수 있는 계기가 찾을 수 있다. 독서는 국가 공동체뿐만 아니라 전 세계적인 문화적 보편성을 가진 하나의 문화양식이기 때문에 평생교육이나 국가 전체적인 교양증진 차원에서 고려되어야 한다.

군대 내에서 이루어지는 모든 문화적 양식은 '사회화(socialization)'와 '탐구(inquiry)'로 요약된다. 전자는 군대 공동체 문화를 장병들에게 전수하는 것이고 흔히 '교육'이라는 용어로 대체될 수 있고, 후자는 고유성과 자율성을 가진 장병 개개인이 병영 내에서 스스로 지적·정서적인 탐구 활동을 하는 것을 말하는 것으로 '복지'라는 용어로 대체될 수 있다. 최근 군 내부에서 사건·사고를 예방하기 위해 각종 위원회를 만들어 장병들의 문화적 욕구충족 차원에서 독서를 권장하려고 하는 시도를 하고 있는데 이는 전자를 염두에 두지 않고 후자만을 강조하는 경우가 될 것이다. 한편 같은 독서라고 해도 군사적 전술·전기를 배우고 익히는 것과 관련된 책을 읽는 것이라면 전자의 성격이 강할 것이다.

향후 병영 내에서 지속가능한 독서문화를 정착해나가기 위한 다양한 대책을 강구해야 할 것이다. 이 대책은 두 가지의 기본적인 요건을 충족해야 한다. 즉 장병들이 독서를 함으로 해서 "목숨을 바쳐 임무를 완수하려고 하는 고유한 군인으로서의 정체성"을 고양하면서, 동시에 장병 스스로가 "읽고 싶어 하는 자율성"을 보장해 주어야 한다.

병영 내에서의 독서가 군대의 가치를 전수하는 기능을 충족시키고 동시에 장병 스스로의 읽고 싶은 욕구를 충족시키면서 복지를 보장해 주는 온전한 기능을 수행할 수 있고, 나아가 병영 내 독서문화를 정착하기 위해 다음 몇 가지를 제언한다. 첫째, 독서 자체에 대한 제대별 지휘관의 관심이 제고되어야 한다. 대체로 군대의 지휘관들의 전투력 향상에 직접적인 도움이 되지 않은 행동은 권장하지 않는다. 독서를 함으로 해서 초급간부들은 부하 장병들의 지휘관리를 위한 경험과 정보를 체득할 수 있을 것이며, 병사들은 무료할 수 있는 자유시간을 유익하게 보낼 수 있게 된다.

둘째, 독서 권장을 확산할 수 있는 대책을 강구해야 한다. 국방부장관에서부터 직속상관에 이르기까지 스스로 감명깊게 읽었거나 다른 사람들이 읽었으면 좋은 책의 목록을 소개하는 공간이 많이 마련되어야 할 것이다. 현재 국방일보 등 군관련 매체를 통해서 이러한 기회가 다소나마 마련되고 있지만, 보다 적극적인 노력이 필요하다. 예컨대 통상적으로 지휘관들이 신년초나 특정 사안에 대한 의견을 보내는 '지휘서신'이 있는데 여기에 독서관련 내용을 전파하는 것도 한 방안이 될 수 있을 것이다. 별도의 '독서서신'을 마련하는 것도 고려해 볼만하다.

셋째, 체계적인 도서제공 프로그램을 마련할 필요가 있다. 병사들이 본인의 봉급으로 책자를 구매해서 읽기란 현실적으로 어렵다. 현재 군 장병에게 제공되는 책자는, 상급부대에서 제공하는 각종 교육참고자료, 사회단체로부터의 기증 책자, 그리고 부대 장병 스스로가 기증한 책자 등으로 구분된다. 병사들의 기호와 교양을 충족시킬 수 있는 수준에는 충족되지 못한 실정이다.

넷째, 병사들의 교양을 위해 국방부에서 예산을 투입하여 지원하는 '진중문고' 사업에 대한 세심한 배려가 필요하다. 우선 앞서 언급한 『도서관및독서진흥법』 개정안에서 '병영문고'라고 하는 용어를 참조하여, '진중문고'를 '병영문고'로 변경하는 좋을 듯하다. 다음으로 책자 선정을 위한 타당한 기준을 마련할 필요가 있다. 이 기준은 크게 두 가지로 구분할 수 있는데, 사회화를 위한 책자들은 국가와 군대의 정체성을 반영하는 다양한 덕목(예를 들어, 애국심, 명령에 대한 복종심, 동료애, 희생정신 등)을 구현할 수 있어야 하며, 장병 개개인의 자율성 계발을 위한 책자들은 현재의 삶에 유익한 것과 전역후의 삶을 설계하는 데 도움이 되는 것들이 포함되어야 할 것이다. 자율성 계발을 위한 책자의 경우, 개별 병사들의 의견 개진이 매우 중요한데, 국방부 인터넷 홈페이지에 병사들의 의견을 수렴할 수 있는 블로그를 제작하여 활용하는 방안도 생각해 볼 수 있다. 한편 기증도서일 경우 특정 종파·교파의 편견이 지나치게 두드러지거나 사회풍속에 반하는 내용 등에 대해서는 차단할 수 있는 방안도 마련해야 할 것이다.

다섯째, 올 10월이 되면 군 전용 위성방송인 『국군방송』이 개국하게 되는데, 이를 활용한 다양한 독서문화 확산 프로그램을 마련해야 할 것이다.

여섯째, 군 장병을 대상으로 하는 정신교육에 독서기법을 활용하는 방안을 마련해야 할 것이다. 현재 군 정신교육은 그 정체성의 권위에 비해 실제로는 상당히 열악한 실정에 놓여있다. 즉 최근 문헌정보학 분야와 국어교육 등에서 활용되어지고 있는 '독서치료법(bibliotherapy)'은 정신교육에 시사하는 바가 많을 것으로 생각한다.

일곱째, 병영 내 독서문화를 정착하기 위한 관련 규정을 재정비할 필요가 있다. 현재의 『도서관및독서진흥법시행령』 제4조에 따르면, "병영도서관에 두어야 할 사서직원의 배치기준은 따로 대통령령으로 정한다"

고 명시되어 있다. 하지만 군관련 대통령령 어디에도 이러한 내용이 구체화되고 있지 못하다. 현재 독서의 중요도와는 별개로 군 정서를 고려해 볼 때 별도의 대통령령을 마련하기는 무리라고 본다. 따라서 대통령령인 『군인복무규율』(제17158호)에 그 내용을 구체화하고, 국방부의 『정훈홍보활동규정』에 이와 관련된 내용을 상세히 기술할 필요가 있다. 또한 '사서직원'이라는 내용에 국한해서는 병사들의 직능을 구분하는 주특기에 '사서'를 포함하는 방안을 생각해 볼 수 있겠다. 그 자격은 관련 법령과 규칙에 명시된 내용을 준용하되, 관련 분야 전공한 병사들에게 사서주특기를 부여할 수도 있을 것이다.

마지막으로, 독서문화를 정착하기 위해서는 그 자체 문제를 포함하는 총체적인 병영문화 개선을 위한 노력을 해야 할 것이다. 국방부가 시설물을 건축할 때 기준으로 삼는 '국방시설기준'에 '병영문화쉼터'(가칭)를 포함할 필요가 있다. 부대막사의 연장이 아닌 별도의 문화공간으로서의 복합문화공간(culture complex)이 필요하다는 것이다. 이러한 건축물을 구축하는 것은 병영 내 병사들뿐만 아니라 군인가족들의 복지향상에도 큰 기여를 하게 될 것이다.

독서는 문화의 척도이다. 독서라고 하는 행위는 다른 사람들의 의견을 들어주는 것이다. 한 발 앞서 길을 간 사람들의 경험의 농축체가 책자라고 한다면, 독서는 그들의 진지한 삶의 여정을 경청하는 것이다. 우리나라 군대에서 독서문화를 정착시키는 것은 정책적 슬로건을 통해서가 아니라 장병들이 병영생활 속에서 독서를 생활화를 통해서 가능하다.

시 론

군사적 신뢰와 장병 정신교육

(『국방일보』, 2004. 7. 6)

　지난 6월 초 설악산에서 개최된 남북 장성급 군사회담 결과에 따라 최전방에 설치된 시각 선전물과 방송 시설 등이 제거되고 있다. 이와 같은 일련의 작업이 남북한 간의 군사적 신뢰구축을 거쳐 통일이라고 하는 국가적 사업에 긍정적으로 기여함은 주지의 사실이다.

　그동안 최전방에서 우리의 대북 방송은 여러 가지 목적으로 실시됐지만 북한 장병들에게 자유와 평화의 메시지를 전하는 것과 우리 장병들의 무료함을 달래 주는 데 주 목적이 있었다. 이런 점에서 대남 체제 비방을 일삼던 북한의 대남 방송과는 내용 면에서 상당한 차이가 있다.

　대북 방송이 중단되면서 각종 유행가나 군 매체인 국방일보에서 접할 수 없는 다양한 소식 등을 들을 수 없게 된 우리 장병들이 많이 적적할 것 같다는 느낌이 든다. 이러한 심리적 무료함이 지속된다면 큰 병이 될 수도 있을 것이다. 따라서 국가적 차원에서의 군사적 신뢰구축도 매우 중요하지만 동시에 최전방 장병들의 심리적 무료함을 극복할 수 있는 대비책 또한 강구해야 할 것이다.

　차제에 군 장병의 정서 함양에 관계되는 부서에서는 이와 관련된 발전 방안을 조속히 수립·시행해야 할 필요가 있다. 우선 교육을 위한 조치로는 군사적 신뢰구축과 남북한의 통일과업이 자신이 수행하고 있는 군사적 임무수행과 배치되는 것이 아님을 인식케 할 필요가 있다. 정훈·인사·군종·정보(심리전) 등 관련 병과(또는 직능)의 협조를 통해 '전방 지역 장병 정신 수양 프로그램'(가칭)을 만들어 보급·시행해야 할 필요가 있다.

　이와 같은 국방부 차원의 노력과 동시에 전방 지역의 지휘관·지휘자는 이 문제에 대한 중요성을 인식, 여느 때보다 더 많은 관심을 가져야 할 것이다. 한편 경계근무를 서고 있는 우리의 장병들은 맡은 바 임무에 최선을 다해야 한다. 국가적 정책 차원에서 추진되고 있는 군사적 신뢰구축 과정 속에서 각개 장병들이 견지해야 할 사실상의 모든 임무는 직속상관의 명령 속에 포함돼 있다. 즉 군인의 행동 근거는 순간순간 일어나는 환경에 의해서가 아니라 상관의 명령으로부터 비롯되는 것임을 잊지 말아야 하겠다.

따라서 최전방의 우리 장병들은 추호의 심리적 동요 없이 맡은 바 임무를 묵묵히 수행하는 데 전념해야 할 것이다.

新독서당 제도

(『국방일보』, 2004. 8. 18)

교육은 국가의 백년을 보장한다. 특히 간부교육은 국가전략적 차원에서 매우 중요한 의의를 갖는다. 대체로 교육은 '목표로 하는 인간상(educated person)'이 정해져 있는 양성교육과 그것이 정해지지 않은 보수교육으로 나뉜다. 교육기획자의 입장에서 볼 때, 전자는 능력(capability)을 중시하여 '무엇을 가르칠 것인가'의 주제가 중요하며, 후자는 비교적 품성 또는 소양(character)을 중시하여 '덕성의 내면화와 신념화를 어떻게 잘 할 것인가'가 중요하다.

정부의 중앙공무원연수원 교육 등이 후자의 전형적인 예이다. 이들 학교의 교육사명은 국가적 엘리트를 양성하는 것이 주된 목표이다. 전형적으로 고급간부들에게 필요한 덕목은 겸손, 절제, 창의성, 융통성 그리고 타인에 대한 배려와 포용 등이라고 할 수 있다. 보통의 덕목과는 달리 이와 같은 덕목은 '능력의 차원'에서 구비되기에는 제한이 있다. 이들 덕목은 아무리 적극적으로 가르친다고 해도 스스로 체득하지 않는다면 피상적인 사실(facts)에 불과할 뿐이다.

그러나 적극적으로 학습하지 않는다고 해서 반드시 부정적이라고 할 수는 없다. 즉 교육과정은 있으나 통제된 교육내용이 없는 경우를 말한다. 그 예는 우리의 전통 속에서 찾을 수 있다. 조선시대의 독서당(讀書堂)이 대표적인 예이다. 이 제도는 성종(成宗) 23년(1492)에 국가의 인재를 길러내기 위해 건립한 전문독서연구기구이다. 전액국비로 운영되었고, 선발은 엄격하게 하면서도 교육과정 운영은 매우 융통성 있게 했다. 이 제도는 정조(正祖)에 의해 규장각(奎章閣)이 설치될 때까지 기초적인 독서를 권장하는 것만으로 국가적 인재를 훌륭하게 양성한 좋은 본보기였다.

교육은 국가의 백년을 보장하는 중요한 기제임에 틀림없다. 하지만 교육기획자의 지나친 욕심은 본원적인 교육사명을 벗어나게 할 수 있다. 간부교육은 '여유의 내공을 쌓는 작업'이라고 생각한다. 따라서 간부교육은 효율성이나 양적인 축적보다는 여유와 품성의 신념화에 주안점을 두어야 한다. 별도의 교육과정이 없이도 국가최고의 간부를 양성한 선현의 지혜를 잘 참고하여, 우리나라를 이끌 현대판 독서당 제도를 제안한다.

건강관리와 국가안보

(『국방일보』, 2004. 9. 8)

우리는 스스로의 건강관리를 위해 헬스클럽에 간다거나 택견을 배운다거나 걷기운동을 하곤 한다. 또한 질병에 걸리기라도 하면 진료를 받고 약을 먹기도 한다. 국가의 안전보장을 위해서도 군대를 육성하고, 무기를 만들고, 교육훈련을 한다.

이렇듯 개인의 건강관리와 국가의 안전보장 활동은 유비구조를 갖는다. 즉 개인이 인간다운 육체적·정신적 생존을 보장받기 위해 노력하는 것처럼 국가도 그에 상응하는 노력을 하는 것은 당연한 것처럼 보인다.

최근 종교적 이유로 병역의무 불이행을 주장하고 있는 사람들에게도 이 같은 논리는 설득력이 있다고 본다. 예를 들어 자신의 신체에 중대한 해악을 초래할 수도 있는 특정 질병이 창궐하고 있는 곳에서 자신의 종교적 신념을 위해 계속해서 거주할 수 있을지를 가정해 보자. 이것이 다소 추상적이라면, 모기 한 마리가 빠른 속도로 왱왱 소리를 내면서 자신의 눈동자로 돌진해오는 장면을 생각해 보자. 아마도 소위 '양심적 병역거부자'들은 이 상황에서 분명히 자신의 신체적 안위를 위해 적극적 회피행동을 할 것으로 생각된다.

따라서 정상적인 사고를 하는 사람이라면 마땅히 자신이 삶을 영위하고 있는 국가 공동체 속에서 자신의 안위를 보장받을 수 있는 조치를 해야 하는 것이다. 그렇지 않은 것은 이미 그러한 의무를 행한 사람들에 대한 약속위반이요, 다음에 의무를 행할 사람들에 대한 책임회피다.

현재 우리가 지향하고 있는 대적관 확립을 통한 국가안보도 이러한

312

측면에서 생각해 볼 필요가 있다. 물론 절차야 어떻든 국가안보를 걱정하는 마음은 높이 살만하다. 하지만 이러한 논리는 여러 가지 오해의 소지가 있다는 사실적인 측면도 있을 뿐만 아니라 현실적으로도 현저한 맹점을 안고 있다.

예컨대 자신의 건강을 유지하기 위해서 "특정한 질병만을 경계하는 건강관리"(＝대적관을 확립을 통한 국가안보)를 누군가가 고집한다고 가정해보자. 그런데 오늘날 얼마나 많은 질병들이 있는가. 암(癌)의 종류만도 폐암, 위암, 간암, 림프암 등 매우 다양하다. 하나의 방식만으로 전부를 대응하기는 한계가 있다.

각 개인에게 있어서 자기방어와 건강관리를 위한 노력이 본능적이면서도 필수적이듯이, 국민 개개인에게 있어서 국가의 안전보장을 위한 노력은 마땅히 해야 할 바다. 더불어 특정 질병(＝주적) 제거식의 소극적 안보의식보다는 자체역량 확보라는 보다 적극적이고 포괄적인 안보의식을 견지해 나가야겠다.

晚秋와 觀光

(『국방일보』, 2004. 10. 27)

가을이 깊어간다. 산마다 울긋불긋 단풍이 가득하다. 상강(霜降)을 전후한 이즈음은 해마다 단풍이 절정을 이룬다. 며칠 전이 상강이라서인지 주변에서는 단풍구경 얘기가 주류를 이룬다.

관광(觀光)이라고 하는 말이 우리 사회에 본격적으로 사용되게 된 것은 '○○관광'이라고 이름이 크게 붙은 관광버스가 등장하면서부터였다. 이 관광버스는 한때 시골 아낙들의 소망이요, 사는 낙(樂)이기도 했다. 전통놀이문화가 전멸하다시피하고 마을 공동체의 문화가 사라지면서, 관광버스는 농번기의 그 어려움을 달래주었던 거의 유일한 수단이었다. 우리 사회의 급격한 변동이 빚어낸 부작용이었을 것이다.

요즈음의 관광버스는 이와 같은 삶의 애환을 달래기 위한 것이기보다는 여유시간을 보내기 위한 한 방편으로 이용되고 있는 경우도 많은 듯하다. 이를 반증이라도 하듯 많은 행락지에는 눈요기와 입맛 즐기기에 좋은 시설물들을 쉽게 찾아볼 수 있다.

원래 관광이라는 말의 어원은 《주역(周易)》 관괘(觀卦) 중 "觀國之光"(나라의 빛남을 본다)이라는 구절에서 찾을 수 있다. 따라서 관광을 글자 그대로 풀이하자면 '"빛남을 본다"는 뜻으로 직역된다. 가을 풍경에 맞는 '빛남'의 의역은 '본체' 또는 '있는 그대로의 모습'이 될 것이다. 그리고 '본다'는 뜻의 '관'은 송대의 거유 이천(伊川) 정이(程頤)가 〈역전(易傳)〉에서 "가까이 보는 것보다 더 밝은 것이 없다(觀莫明於近)"고 말한 바와 같이, 스쳐지나가듯 구경하는 것이 아니라 매우 신중한 자세로 바라보는 것을 말한다.

가을 풍경을 구경하는 진정한 모습은 "가을의 있는 그대로의 모습을 진지하게, 온 몸으로, 천천히 느끼는 것"으로 이해할 수 있다. 우리의 일상이 바빠서 그냥 보는 것만으로도 위안을 찾고자 한다면, 빠른 관광버스의 이동 속도는 차치하고서라도, 목적지에 도착해서는 늦가을의 있는 그대로의 모습을 어루만지고 보듬고 더 나아가서 서로 대화할 수 있는 마음을 가져야겠다.

사실 만추가 더욱 위대한 것은 받은 만큼을 남김없이 모두 돌려주고서 새로 채워짐을 기다린다는 데 있다. 또한 이 가을의 정취를 더욱 적나라하게 관광하기 위해선 반드시 하산길에 산채 '비빔밥'을 먹어야 한다. '잡탕 또는 짬뽕'을 먹어서는 안 된다. 왜냐하면 산채로 만든 비빔밥은 자연으로 돌려보내준 것들을 모아서 만든 '혼합물'이라고 한다면, 잡탕 또는 짬뽕은 인간이 작위적으로 만든 '화합물'이기 때문이다. 우리 몸 또한 자연의 일부라고 한다면 아무래도 갚아야 할 짐이 적은 혼합물인 산채비빔밥이 더 몸에 맞을 것이다.

가을의 소탈함과 깊이만큼이나 인생의 겸허함과 깊이를 더하고 싶다.

군인의 죽음

(『국방일보』, 2004. 11. 24)

　모든 인간은 죽는다. 하지만 군인의 죽음은 단순한 육체적 죽음 이상의 의미를 가진다. 군인은 스스로 군인이 되기를 시작한 순간부터 국가의 부름에 응하는 것이고, 여기서부터 원초적인 숭고성을 부여받는다. 스스로에게 부여된 본분을 다하기 위해 최후의 순간에는 자신의 목숨을 바침으로써 군인의 행위는 최고의 숭고성을 입증받게 된다.

우리의 곁에 또 한 명의 위대한 군인이 새롭게 탄생했다. 고 김칠섭 중령이 그 주인공이다. 고인은 지난 11월 21일 작전수행 중 두 명의 부하를 고전압의 감전위기에서 구하고 스스로 산화하였다.

　고인은 일찍이 "GOP에 올라서면 조국을 가슴에 품은 것 같다. 내가 살아 있음을 저 산맥을 보며 느낀다"(본보, 2004. 11. 22. 1면)라고 후배 장교에게 말한 바가 있다. 고인은 살아생전에 군인으로서의 숭고한 기품을 벌써 품고 있었던 것이다.

　이와 같이 국가의 부름에 자신의 모든 것을 희생한 봉사자들에 대한 현양은 마땅하고, 바람직스러운 일이다. 일회성이어서도 안될 것이고, 또한 다른 어떤 추념사업보다 소홀히 되어서도 안 될 것이다.

　하지만 우리 사회 일각에서는 우리가 스스로 지키기로 약속한 국가와의 각종 의무를 저버리는 경우를 종종 접하게 된다. 특히 병역의 의무를 회피하기 위해 갖은 수단을 동원하는 경우를 보게 된다. 심지어는 자신 또는 특정 단체의 이익을 위해 국가이익에 운운하면서 국가의지에 반하여 일방적으로 병역의무를 유예한다거나 회피하려고 했었던 사례가 있는데 이는 비난받아 마땅하다.

또한 우리 국민은 국가 공동체에 대한 한없는 충성으로 산화한 분들을 위한 추모와 현양함에 있어서 한때 소홀했던 적이 있었다. 올 6월 29일 서해교전 2주기 때의 일이다. 당시 우리 국민들은 한 민간인의 테러에 의한 죽음을 애도하는 데 바빠, 2002년 6월 29일 오전 10시 서해 연평도 14마일 해상에서 북방한계선(NLL)을 넘어 온 북한 경비정의 선제공격을 격퇴하기 위한 처절한 전투에서 장렬히 전사한 고 윤영하 소령, 고 한상국 중사, 고 조천형 중사, 고 황도현 중사, 고 서후원 중사, 고 박동혁 병장을 기리는 추도행사에 무관심했던 일이 있다.

그렇다고 해서 그 민간인의 죽음을 비하하고자 하는 것은 아니다. 군인에 대한 명령은 주관적으로 평가될 수 있지만, 군인의 죽음 자체는 숭고하며, 마땅히 국민적 차원에서 추념되어야 함을 말하고자 하는 것이다.

국가에 대한 의무는 단순히 자신과 국가 공동체와의 계약을 행하는 것만이 아니다. 선대의 많은 구성원들이 행했던 것에 대한 보답의 의미도 가지고 있으면서, 동시에 후대의 구성원들이 바르게 성장하고 번성할 수 있도록 책임을 다하는 것이다.

다시 한 번 위민군대(爲民軍隊) 부하사랑의 표본을 보여준 위대한 영웅 고 김칠섭 중령의 명복을 빈다.

체험적 삶의 각오

(『국방일보』, 2005. 1. 4)

올해는 몸소 체험(體驗)하고, 이를 실천하는 삶을 살고 싶다. 체험과 관련된 일상 속의 용어는 많다. 모 TV 프로그램의 '체험 삶의 현장'이나 초·중등학교의 '체험학습' 등이 그 예이다. 한편 매우 철학적인 쓰임새도 있다. 현재 가톨릭 교황으로서가 아니라 현상학자로서의 카롤 보이티야도 고차적 종교이론으로서의 '행동하는 인격'이라는 용어를 사용하여 숭고한 신적 사랑을 속세적 삶을 통해서 직접 '체험(Erlebnis)' 하고자 했다.

이와 같은 주장과 그 쓰임새는 비록 현실이 고달프다고 할지라도 오히려 삶의 전기로 삼고 더욱 노력하면 언젠가는 행복한 삶을 살 것이라는 메시지를 담고 있다.

하지만 우리의 주변의 환경은 이러한 단순하기 짝이 없는 각오에 커다란 시련을 안겨주기도 한다. 최근 동남아시아를 강타한 대규모 해일과 같은 천재지변으로 수십 만 명이 갑작스러운 죽음을 맞은 것이 그 예이다. 이러한 상황에서는 일을 당한 당사자와 가족들에게 어떠한 위로도 충분하지 못할 것이다.

그렇다고 해서 살아남은 자들이 마냥 탄식에 빠져있을 수는 없다. 망자에 대한 추념을 하고 그들의 유지(遺志)를 자신의 삶 속에서 실천하기 위해서는 오늘의 삶을 꿋꿋이 살아가지 않으면 안 된다.

국제적으로뿐만 아니라 국내적으로도 수많은 시련과 아픔이 있었다. 일일이 열거하지 않더라도 우리의 가슴과 뇌리에 남아 있는 사건들이 많이 있다. 큰 성공을 했다가도 잘 되지 않아 깊은 실망에 빠져 있는 사람도 있을 것이다. 그럼에도 불구하고 현재 우리는 여기에 존재하고 있다. 이것이 곧 우리가 현재를 살아갈 수 있는 밑천이고, 또한 근거이기도 하다.

이와 같이 우리가 스스로 주체적인 삶을 살기 위해서는 가장 중요한 것은 '시간' 자체에 대해 맹목적으로 의지하는 버릇을 버리는 일이다. 사실 현행 서기년 월력은 1582년 교황 그레고리우스 13세에 의해 처음 공표되었는데, 이것이 각 나라별로 정착된 것은 나라별 사정에 따라 각기 다르다. 우리나라의 경우도 서구문명의 유입에 따라 본격적으로 사용된 것은 1945년 미군정 이후로 보는 것이 맞을 듯하다. 그리고 실제 날짜도 각 문명권별로 다르다.

현재의 서기 2005년 1월 1일은 그리스도 기원을 기준으로 하는 율리우스력으로는 2004년 12월이며, 유대력으로는 5765년 4월 말이며, 이슬람력으로는 1425년 9월 말이며, 동양전통의 육십갑자에 의한 월력으로는 아직 을유(乙酉)년이 아닌 갑신(甲申)년 11월 21일이다. 이렇듯 특정 날짜는 그 자체가 어떤 의미를 갖고 있는 것이 아니라, 거기에 우리 인간이 의미를 부여하고 공감한 바를 공유하기 때문에 중요성을 가지는 것이다.

따라서 새해 스스로 다짐할 일은 "남들이 하니까 또는 정해져 있으니까"라는 식보다는 "나의 삶은 내가"라는 자율적인 삶의 자세가 필요하다고 생각한다.

책 속에 삶의 지혜 있다

(『국방일보』, 2005. 8. 23)

책은 삶의 샘물과도 같다. 책 속에는 삶의 지혜와 길이 담겨져 있다. 2003년 5월 개정된 『도서관및독서진흥법』 제37조의2에 의하면 병영 내 '병영도서관'을 설치 · 운영할 수 있도록 규정하고 있다. 국방부에서는 이전 시기에도 장병들의 독서문화 정착을 위해 다양한 도서를 지원해 오고 있었지만, 특히 이 법의 개정에 따라 2005년의 경우 『정훈홍보활동규정』에 이와 관련된 내용을 포함하여 예하부대에 하달한 바 있다.

병영 내 독서를 위한 제도적인 큰 틀은 마련된 셈이다. 그런데 병영 내 독서문화를 정착시키고 모든 장병들이 독서를 생활화할 수 있도록 여건을 만들기 위해서는 몇 가지 보완해야 할 점들이 있다. 첫째, 체계적인 도서 선별 기준을 마련해야 할 것이다. 국가와 군대가 추구하는 가치와 장병들이 스스로 구현할 수 있는 가치에 대해 균형 있는 가치의 범주화를 통해 양서를 선별 · 지원해야 할 것이다. 또한 대외로부터 제공되는 도서에 대한 선별기준도 보다 세부적으로 마련해야 할 것이다.

둘째, 병영 내 독서 문화 정착을 위해 관련 규정을 재정비해야 할 필요가 있다. 현재 『도서관및독서진흥법시행령』 제4조에 의하면 "병영도서관에 두어야 할 사서직원의 배치기준은 따로 대통령령으로 정한다"고 명시되어 있는데, 이에 대해 국방부는 적극적인 입법노력을 하지 않고 있다. 『군인복무규율』(대통령령제17158호)에 명시하고, 『정훈홍보활동규정』에서 구체화하는 방안도 생각해 볼 수 있다. 이와 더불어 동법에서 명시하고 있는 병영 내의 '사서직원'으로는 대학에서의 유관 전공 병사에게 '사서 주특기'를 부여하여 운영하는 방안도 생각해 볼 수 있다.

셋째, 올해 10월이 되면 군 전용 위성방송인 『국군방송』이 개국하게 되는데, 이를 계기로 한 다양한 독서문화 확산 프로그램을 개발·시행해야 할 것이다. 도서 자체가 군이 요구하는 가치에 부합될 경우 정신교육 현장에 그대로 도입하여 적용하는 방안도 생각해 볼 수 있을 것이다. 이 경우 사안에 따라서는 고답적인 교재 중심의 교관 전달방식보다 오히려 교육효과가 더 높을 수도 있을 것이다.

현 단계에서 군대에서의 독서문화 정착은 양적인 노력을 선행하는 데 있다. 우선 간부에서부터 각개 병사에 이르기까지 책을 좋아하고, 책 읽는 분위기를 만드는 것이 중요하다. 이와 병행하여 정신교육을 기획하는 관계관은 군의 핵심가치가 자연스럽게 구현될 수 있도록 세심한 준비를 해야 할 것이다.

부 록

[부록 Ⅰ]

질문지 작성을 위한 참고문헌

연 구 자	자 료 명	출 판 기 관	연 도
강광식 외	통일 후유증 극복방안 연구	한국정신문화연구원	1994
강성윤	"북한 주민의 가치관 형성에 관한 연구", 안보연구	동국대 안보연구소	1975
국토통일원	북한 주민의 의식구조 변화실태	국토통일원	1983
김경동	한국사회 60년대 70년대	법문사	1982
김경동·이온죽	사회조사연구방법	박영사	1998
김영수	"대학생 및 고등학생들의 탈북자관 조사", 전략논총 제Ⅵ권 제2호	한국전략문제연구소	1998
김태길	한국인의 가치관 연구	문음사	1982
김태길	한국 대학생의 가치관	일조각	1967
박명선	"구동독지역 청소년의 재사회화에 관한 연구", 「한국사회학 제30집 겨울호	한국사회학회	1996
박재규	"북한사회에 있어서 가치관 형성의 메카니즘: 북한주민의 가치관 형성의 저변과 그 내용·특성·목표에 대한 분석적 규명", 정경연구	한국정경연구소	1973
배진수 외	'98 국방현안 인식조사 -예비역 장군·대령이 보는 오늘의 군과 국방-	한국군사문제연구원	1998
백종천 외	한국의 군대와 사회	나남출판	1994
밴 크레벨트, 주은식 역	전투력과 전투수행	한원	1994
서재진	북한 주민들의 가치의식 변화: 소련과 동구와의 비교	민족통일연구원	1994
여숙동	한국 육사생도의 가치관에 관한 고찰	고려대학교 석사학위논문	1980
옥태환·김수암	통일 한국의 위상	민족통일연구원	1997
이강효	공사생도의 가치관에 관한 실증적 연구	국방대학원 석사학위논문	1994
이동훈	"한국 군대문화 연구", 「한국사회학 제29집 봄호	한국사회학회	1995
이온죽	북한사회연구	서울대출판부	1988
이온죽	"북한주민의 의식구조와 남북관계의 전망(제3편)", 북한사회의 체제와 생활	법문사	1995
임순희	"북한 새 세대의 가치관", 통일과 북한사회문화(상)	민족통일연구원	1995
임창희	"신세대 가치관 변화와 군 지휘·통솔 개선방안", 국방학술논총 제10집	한국국방연구원	1996
임희섭	"남북한 가치관 비교"(국토통일원 연구보고서)	국토통일원	1976
정석홍	"북한 주민의 의식구조 변화실태: 귀순자조사중심", 통일문제연구	목포대학교	1984
최봉대외	"은어·풍자어를 통해 본 북한체제의 탈정당화 문제", 「한국사회학 제32집 가을호	한국사회학회	1998
최평길	"남·북한 주민의 정치·사회의식 비교연구", 연세논총	연세대 대학원	1985
카르스텐 뵐	"독일인의 정신적 통합", 평화문제연구소·한스자이델재단 편, 변화된 세계 새로운 통일론	평화문제연구소	1994
한만길 외	민족통합을 위한 교육대책연구 Ⅱ	한국교육개발원	1998
홍두승	한국 군대의 사회학	나남출판	1996
화랑대연구소	한국군의 이미지 조사	육군사관학교	1992
Hofstede, G. H.	Scoring Guide for Values Survey Module	Arnhem: Iric	1982
Roakeach, Milton	The Nature of Human Values	N. Y.: Free Press	1973
Soeters, Joseph L.	Value Orientations in Military Academies: A Thirteen Country Study	Armed Forces & Society, Vol.24, N0.1	Fall 1997

[부록 Ⅱ]

질 문 지

안녕하십니까? 저는『통일 한국의 군대문화』에 대한 연구를 추진 중에 있습니다.
이 설문은 익명으로 순수 연구목적으로만 활용될 것입니다.
여러분들의 솔직한 의견을 말씀해주시면 감사하겠습니다.

1999. 9.
서울대학교 대학원 박사과정 朴均烈 올림

【특별한 안내문이 없는 한, 반드시 하나에만「√」표시해 주십시오.】

※ 현재의 남북한 상황에 대한 질문입니다.

1. 남북한 각각 체제 내에서의 군대와 일반사회의 관계는 어떠하다고 보십니까?

〈남한체제〉

① 매우 가깝다	② 가까운 편이다	③ 보통이다	④ 다소 먼 편이다	⑤ 매우 멀다

〈북한체제〉

① 매우 가깝다	② 가까운 편이다	③ 보통이다	④ 다소 먼 편이다	⑤ 매우 멀다

2. 현재 남북한 주민들은 다음 각 항목에 대해 어느 정도 호감을 갖고 있다고 생각하십니까?

〈남한주민〉

① 매우 강함	② 대체로 강함	③ 보통	④ 별로 강하지 않음	⑤ 전혀 강하지 않음		① 매우 강함	② 대체로 강함	③ 보통	④ 별로 강하지 않음	⑤ 전혀 강하지 않음
					가족의 안녕					
					관 용					
					예절바른 태도					
					용 기					
					자립정신					
					자제력					
					전쟁없는 평화					
					정직과 성실					
					책임성					
					평 등					
					행 복					

〈북한주민〉

3. 다음 항목에 대해 <u>현재의 남북한 군대</u>는 어느 정도 그 성향이 강하
   다고 보십니까?

〈남한 군대〉

① 매우 강함	② 대체로 강함	③ 보통	④ 별로 강하지 않음	⑤ 전혀 강하지 않음

〈북한 군대〉

① 매우 강함	② 대체로 강함	③ 보통	④ 별로 강하지 않음	⑤ 전혀 강하지 않음

남한①	남한②	남한③	남한④	남한⑤	항목	북한①	북한②	북한③	북한④	북한⑤
					개인주의					
					권위주의					
					단기성과주의					
					명예주의					
					무사안일주의					
					물질만능주의					
					보수주의					
					실적주의					
					연고주의					
					완전무결주의					
					진취성					
					집단책임성					
					출세지향주의					
					특권의식					
					합리주의					
					향락주의					
					형식주의					
					획일성					
					효율성					
					희생·봉사정신					

※ <u>통일과정 및 통일 직후</u> 군대와 관련되어 여러 가지 문제가 발생할 수
   있다고 합니다. 다음에 열거된 각각의 문제는 <u>어느 정도 심각할</u> 것이라
   고 생각하십니까?

	① 매우 심각함	② 대체로 심각함	③ 별로 심각하지 않음	④ 전혀 심각하지 않음
4. 북한지역 핵처리 문제				
5. 생화학무기 파기 문제				
6. 주한 미군의 (계속 주둔, 감축 등) 문제				

	① 매우 심각함	② 대체로 심각함	③ 별로 심각하지 않음	④ 전혀 심각하지 않음
7. 주한 유엔사 해체 문제				
8. 북한출신 장병의 재교육 문제				
9. '군 교범 및 교리'(군사훈련 등에 관련된 규칙이나 규정) 등의 통합 문제				
10. 군 전문용어 및 속어의 상호 이해부족 문제				
11. 전쟁영웅 등 국가 및 군의 상징 재평가 문제				
12. 군대 내 생활풍습의 차이				
13. 남북한 군인들의 가치관의 차이				
14. 지휘통솔상의 문제(상하 급자 간의 갈등 등)				

	① 적극 선호함	② 대체로 선호함	③ 별로 선호치 않음	④ 전혀 선호치 않음
15. 통일 후 귀하께서는 군인으로서 북한지역으로 부대배치를 받는 것에 대해 어떻게 생각하십니까?				

15-1. 만약 원하신다면 그 이유는 무엇입니까?

____① 진급에 유리하기 때문에　　____② 위험수당 등 경제적 요인

____③ 군대재편과정에 대한 자부심　____④ 명령으로 인해 어쩔 수 없이

15-2. 만약 원치 않는다면 그 이유는 무엇입니까?

____① 신변 위협 때문에　　　____② 가족의 만류 때문에

____③ 북한체제를 잘 몰라서　　____④ 북한군인을 상대하기 힘들어서

①	②	③	④
적극 선호함	대체로 선호함	별로 선호치 않음	전혀 선호치 않음

16. 통일 후 귀하(또는 자녀)께서 <u>결혼을 하신
다면</u>, 북한출신 배우자감과 결혼하시(또는
권하시)겠습니까?

※ 통일 후 (남북한 간) 정착단계에서의 군대문화 형성에 관련된 질문입니다. 다음의 항목들은 어느 정도 영향을 미칠 것으로 보십니까?

17. <u>군 내부의 단합</u>을 위해 다음의 요소들은 어느 정도 중요하리라고 생각하십니까?

	①	②	③	④
	매우 중요함	비교적 중요함	별로 중요하지 않음	전혀 중요하지 않음
개인자질(지휘관 및 장병 등)				
병영문화(진중놀이, 군가 등)				
원만한 민군관계				
국가정책적 지원				

18. 통일단계는 대체로 다음 보기와 같이 설정해 볼 수 있을 것입니다. 이 중에서 <u>어려운 일들이 가장 많을 것으로 추정되는 단계</u>는 어디라고 생각하십니까?

　　____① 통일이전 단계: <u>현재~통일선언</u>

　　____② 통일과도기 단계: <u>통일선언 직후~내적 통합이전</u>

　　____③ 내적 통합 단계: <u>하나의 체제로서 기능을 수행하는 단계</u>

19. 군대문화의 하위요소로는 다음 보기와 같이 설정해 볼 수 있을 것입니다. <u>통일 군대문화 형성에 중요한 관건이 될 것으로 보는 문화요소로는 어떤 것이 될 것이라고 보십니까?</u>

    ____① 지휘통솔   ____② 정신교육   ____③ 군종(military religion)

    ____④ 진중놀이(병영 내 장병들이 하는 레크레이션 등 문화활동)

    ____⑤ 군가   ____⑥ 군 공보(군을 대내외에 알리는 홍보활동)

    ____⑦ 군대용어   ____⑧ 기타(기재요망: _____)

20. 통일 군대문화를 형성해 나가기 위한 주체로는 다음 항목과 같이 설정할 수가 있을 것이다. 이 중 <u>가장 중요한 문화형성의 주체</u> 역할은 어느 쪽이라고 생각하십니까?

    ___① 개인(통일군대의 군인) __② 군 조직(통일군대) __③ 국가(통일국가)

※ 귀하 <u>자신 및 환경</u>에 관한 질문입니다.

21. 귀하의 <u>성별</u>은 어디에 해당되십니까?

    ____① 남자   ____② 여자

22. 귀하의 <u>출신지역</u>은 어디입니까?

    ____① 서울·경기   ____② 강원   ____③ 부산·경남

    ____④ 대구·경북   ____⑤ 광주·전남 ____⑥ 전북

    ____⑦ 대전·충남   ____⑧ 충북   ____⑨ 제주

    ____⑩ 기타

22-1. (탈북 귀순자의 경우) 귀하의 <u>출신지역</u>은 어디입니까?

    ___① 평양   ___② 강원   ___③ 함경   ___④ 양강

    ___⑤ 자강   ___⑥ 평안   ___⑦ 황해

23. 귀하가 믿는 <u>종교</u>는 무엇입니까?

    ____① 기독교   ____② 천주교   ____③ 불교

    ____④ 기타 종교   ____⑤ 종교 없음

24. 다음 중 귀하가 <u>해당되는 사항</u>은 어느 것입니까?

　　___① 일반 대학생(□학년)　___② 사관생도(□학년)　___③ 장교후보생

　　___④ 훈련병　　　___⑤ 탈북 귀순자

　24-1. (사관생도의 경우) 소속되어 있는 학교는 다음 중 어느 것입니까?

　　___① 육군사관학교　　___② 해군사관학교　　___③ 공군사관학교

　　___④ 국군간호사관학교　　___⑤ 육군 제3사관학교

25. 귀하의 병역관계는 어떠합니까?

　　___① 군필　　___② 미필　　___③ 면제　　___④ 복무 중

　　___⑤ 사관생도 또는 장교후보생

　25-1. 귀하가 군 복무를 마쳤다면 다음 중 어디에 해당됩니까?

　　___① 병사(전경/공익근무 포함)　___② 하사관　___③ 준사관　___④ 장교

26. 귀하가 <u>성장한 곳</u>은 다음 중 어디에 해당됩니까?

　　___① 읍·면 단위　___② 중소도시　___③ 대도시　___④ 외국

27. 귀하의 <u>부모님의 최종 학력</u>은 어디에 해당되십니까? <u>(　)안은 귀순자용</u>

　27-1. 아버지

　　___① 초등학교(인민학교)　___② 중학교　___③ 고등학교(고등중학교)

　　___④ 2~3년제 대학(1~3년제 대학)　___⑤ 4년제 대학(4~5년제 대학)

　　___⑥ 대학원(6년제 대학 이상)

　27-2. 어머니

　　___① 초등학교(인민학교)　___② 중학교　___③ 고등학교(고등중학교)

　　___④ 2~3년제 대학(1~3년제 대학)　___⑤ 4년제 대학(4~5년제 대학)

　　___⑥ 대학원(6년제 대학 이상)

28. 기타 통일 군대문화 형성을 위해 제언하고 싶은 사항이 있으시면, 기
    재해 주십시오.

끝까지 설문에 응해주셔서 대단히 감사합니다.

[부록 Ⅲ]

질문지 발송 및 회수 현황

구 분	대상 학교		발 송	회 수
일반 대학	소 계		550	467
	서울대학교		50	50
	인천대학교		50	41
	부산대학교		50	45
	경상대학교		50	54
	대구효성가톨릭대학교		50	49
	광주교육대학		50	55
	전북대학교		50	50
	공주대학교		50	39
	서원대학교		50	54
	강원대학교		50	46
	제주교육대학		50	39
군 대	소 계		690	510
	사관생도	육군사관학교	100	0
		해군사관학교	100	0
		공군사관학교	100	109
		국군간호사관학교	55	56
		육군 제3사관학교	150	150
	장교 후보생	육군 제3사관학교 (학사장교과정)	50	50
		육군여군학교	35	35
	훈련병	육군 훈련소	100	110
탈북 귀순자	소 계		7	7
	민 간	C-1, 2, 4	3	3
		C-3	1	1
	군복무	M-1, 3	2	2
		M-2	1	1

주: 1) 탈북 귀순자의 경우 직접 면담자에 대해서는 대면 설명해 주었고, 전화면담과
　　　병행하여 설문을 실시한 현역복무자에 대해서는 전화로 설명해 줌.
　　2) 발송한 것보다 많이 회수된 것은 예비분까지 포함되었기 때문이며, 육군여군학
　　　교의 경우 자료가 지연 도착하여 분석대상에서 제외함.

[부록 Ⅳ]

응답자의 인구통계학적 자료

배 경 변 인	N	%	배 경 변 인	N	%
성별			**사관학교별**	106	41.1
남자	606	70.4	공군사관학교	52	20.2
여자	255	29.6	국군간호사관학교	100	38.8
			육군 제3사관학교		
출신지역별					
서울-경기	211	24.7			
강원	34	4.0	**병역필한 종류별**	151	96.2
부산-경남	161	18.9	병사(전경/공익근무 포함)	2	1.3
대구-경북	132	15.5	하사관	4	2.5
광주-전남	86	10.1	장교		
전북	81	9.5			
대전-충남	74	8.7			
충북	34	4.0	**성장지별**	189	22.0
제주	40	4.7	읍-면단위	278	32.3
제주	1	.1	중소도시	393	45.6
(탈북 귀순자)			대도시	1	.1
평양	2	28.6	외국		
강원	1	14.3			
함경	1	14.3			
평안	2	28.6	**아버지의 최종학력별**	119	13.9
황해	1	14.3	초등학교(인민학교)	148	17.2
			중학교	359	41.8
			고등학교(고등중학교)	20	2.3
종교별			2~3년제 대학(1~3년제 대학)	168	19.6
기독교	264	30.7	4년제 대학(4~5년제 대학)	44	5.1
천주교	98	11.4	대학원(6년제 대학 이상)		
불교	154	17.9			
기타종교	13	1.5			
무종교	332	38.6			
			어머니의 최종학력별		
			초등학교(인민학교)	196	22.8
신분별			중학교	231	26.9
일반대학생	434	50.4	고등학교(고등중학교)	363	42.3
사관생도	258	30.0	2~3년제 대학(1~3년제 대학)	15	1.7
장교후보생	57	6.6	4년제 대학(4~5년제 대학)	48	5.6
훈련병	105	12.2	대학원(6년제 대학 이상)	5	.6
탈북 귀순자	7	.8			

주: ( )안은 탈북 귀순자에 해당되는 내용임. 이들에 대한 통계처리는 타 응답자들과 묶어서 실시함.

[부록 Ⅴ]

탈북 귀순자 면담계획 및 실시 현황

1. 면담계획

  가. 일시/장소: 관계기관 위임

  나. 면담방법

   (1) 면담 대상자들과의 부담없는 분위기를 위해 식사를 병행하여 실시

   (2) 최근 근황에서부터 과거 생활 순으로, 일반적인 주제에서 군대 및 정치관련 사안 순으로 진행하여 부드러운 대화 유도

   * 선행조사: 면담 대상자의 연령, 성별, 계급, 탈북 귀순년도, 학력, 당원경력 여부, 거주지, 근무제대, 탈북 귀순시기, 탈북 귀순동기, 특이경력사항, 부모학력 및 직책 등에 대한 기본적인 자료 입수

  다. 세부 질의내용

   (1) 본인의 생각으로 현재의 남한 사람들이 북한 군대의 특성을 잘못 파악하고 있는 부분이 있다면 어떤 것입니까?

   (2) 북한의 군대문화가 가지고 있는 근본적인 문제점이 있다면 어떤 것입니까?

   (3) 북한의 군대문화가 남한의 군대문화보다 나은 점이 있다면 어떤 것입니까?

   (4) 북한군 내에서 간부와 병사 간의 갈등은 없습니까? 있다면 어떤 것이 있습니까?

   (5) 북한군 내에서 간부가 업무추진에 있어서 중압요인이 있다면, 어떤 것입니까?

   (6) 북한 군대 내 놀이문화는 어떤 것이 있습니까?

   (7) 주로 부르는 군가는 어떤 것이 있습니까?

   (8) 최근 고위층의 탈북 귀순자(또는 망명자)들에 따르면, 북한 최고위층에 대한 평가가 다른 것으로 보도되고 있는데, 그 이유는 무

엇입니까?

(9) 북한군인들이 느끼는 훌륭한 군인상이란 어떤 것이 있습니까?

(10) 북한군인들의 실제 병영생활 속에서 느끼는 애환은 어떤 것이 있습니까?

(11) 통일이 된다면, 북한군인들이 통일군대 상황에 가장 적응하기 힘든 점은 어떤 것이라고 생각하십니까?

(12) 북한의 군대문화 중에서 통일 한국군의 군대문화에 기여할 수 있는 점이 있다면 어떤 점이라고 생각하십니까?

(13) 북한 군대에서 사용되어지고 있는 은어들이 최근 학술지나 언론매체에 보고되고 있는데, 그중에서 "군단은 군데군데 떼어먹고, 사단은 사정없이 떼어먹고……" 하는 등의 말이 있는데, 실제로 이러한 것들이 사실입니까? 등.

2. 면담실시 현황

구 분		직접 면담	전 화 면 담	비 고
민간인	C-1	1999. 8. 27. 18:00~21:00	·	면담시 질문지 작성 병행
	C-2	1999. 8. 27. 18:00~21:00	·	
	C-3	1999. 8. 26. 12:00~17:00, 18:00~21:00	·	
	C-4	1999. 8. 27 12:00~17:00	·	
현 역	M-1	·	1999. 8. 2~10. 30간 총 6회 통화	질문지 개별 발송
	M-2	·	1999. 8. 2(월)~9. 18(토)간 총 5회 통화	
	M-3	·	1999. 8. 2(월)~9. 18(토)간 총 2회 통화	

[부록 Ⅵ]

(확고한 대적관 정립 100문 100답)
『더 넓은 가슴으로 조국을』목차 구성

❏ 제1장 무엇을 잘못 알고 있는가

절	제 목
왜곡된 반미관	1. 미국이 남북분단의 원흉이며, 분단을 영구화·고착화시키고 있다? 2. 미국은 우리의 안보에 가장 위협적인 나라다? 3. 주한 미군은 통일의 장애물이며, 즉각 철수해야 한다? 4. 6·25전쟁은 북침이며, 미국이 고의적으로 유도했다? 5. 미군 없이 우리의 군사력만으로도 북한의 침략을 막아낼 수 있다? 6. 전시 작전통제권을 행사하지 못하는 한국군은 자주성이 없으며, 한국은 미국의 식민지다? 7. 연합전시증원(RSOI) 연습과 독수리(FE) 연습 등 한·미 연합훈련은 북침을 위한 준비다? 8. 주한 미군 지위협정(SOFA)은 불평등하다? 9. 주한 미군 재배치 비용을 우리가 지불하는 것은 부당하다? 10. 이 땅의 주류가 여전히 친미반북이기 때문에 반미운동이 더욱 확산되어야 한다?
오도된 친북관	1. 북한의 핵무기는 체제 생존용이며, 통일이 되면 우리의 것이 된다? 2. 북한이 개발한 핵무기는 미국과의 협상용이다? 3. 북한 핵문제는 남북의 문제이므로 다른 나라가 간섭하는 것은 옳지 않다? 4. 미국은 핵무기를 가지고 있는데 왜 북한은 가지면 안 되나? 5. 한·미동맹보다 민족공조가 더 중요하다? 6. 외세의 간섭없이 남북 당사자들끼리 통일문제를 해결하자는 북한의 주장이 옳다? 7. 북한은 우리가 포용하고 도와주어야 할 동족이며, 적이 아니다? 8. 친북단체 및 좌경용공세력은 적이 아니다? 9. 진보세력을 좌익세력으로 매도하고 있다? 10. 북한과 미국이 직접 불가침 조약을 체결해야 한다?
왜곡된 국가관	1. 군의 대적관 교육은 시대착오적인 발상이다? 2. 양심적 병역거부는 허용되어야 한다? 3. 6·25전쟁은 민족해방전쟁이다? 4. 자유민주주의 체제이든 공산주의 체제이든 통일만 이루면 된다?
오도된 진실	1. 보천보 전투는 김일성이 주도한 역사적인 항일투쟁이다? 2. 해방 후 북한이 실시한 '무상몰수, 무상분배'의 토지개혁으로 지주가 사라지고 빈농이 줄어들었다? 3. 1930년대 만주지역 항일운동은 한인 공산주의자들이 주도하였다? 4. 북한의 '우리식 사회주의'란 당면한 문제를 자체적으로 해결하자는 것이지 독재체제유지 수단이 아니다? 5. 해방 직후 한반도에 주둔한 미군은 점령군이었다? 6. 한반도 분단의 책임은 미국에게 있다? 7. 해방 후 미군정의 경제원조는 국내 농업구조를 파괴시켰으며, 한국경제를 미국에 종속시켰다? 8. 친일파 청산에 실패한 남한은 민족사적 정통성이 없다? 9. 1949년의 김일성 신년사와 이승만 대통령 기자회견 내용은 6·25전쟁 발발의 책임이 남한에도 있다는 증거다? 10. 1946년 9월 철도 노동자들의 총파업은 미군정의 실정 때문이다?

❏ 제2장 나의 조국, 자랑스런 대한민국

절	제 목
대한민국 정통성/ 자유민주주의를 수호하기 위한 부모세대들의 노력	1. 대한민국의 정통성은 무엇이며, 북한은 왜 정통성이 없는가? 2. 남한이 단독정부를 수립할 수밖에 없었던 배경은 무엇인가? 3. 자유민주주의를 수호하기 위해 선배 전우들은 어떻게 싸웠는가? 4. 탱크 한 대 없던 우리 국군, 지금 어떤 모습으로 바뀌었는가?
대한민국의 자랑스런 업적/세계 속의 위상	1. 세계 11위의 경제강국을 이룩한 부모세대의 노력에 대해 우리는 얼마나 알고 있는가? 2. 대한민국을 왜 IT강국이라 하는가? 3. 한국인이 지닌 잠재력과 저력은 무엇인가? 4. 대한민국의 국제적 위상은 어느 정도인가?

❏ 제3장 우리의 적! 북한의 실체

절	제 목
북한 독재정권의 실체	1. 김일성정권은 어떻게 탄생했는가? 2. 북한정권은 왜 사회주의가 아닌 봉건 독재국가인가? 3. 주체사상은 인민이 주인되는 사상인가? 4. 북한에서 체제비판은 가능한가?
북한 독재정권의 반민족적 범죄행위	1. 6·25전쟁은 누가 일으켰고, 누가 민족적 적인가? 2. 북한정권은 과거 50여 년 동안 북한주민에게 어떤 고통을 주었는가? 3. 북한의 인권탄압 실상은?
북한의 변함없는 군사위협	1. 북한군의 최종목표와 대남군사전략은 무엇인가? 2. 북한의 군사력과 전쟁지속 능력은 어느 정도인가? 3. 북한군의 사상교육은 어느 정도인가? 4. 북한은 왜 거대 병영국가가 되었는가? 5. 북한의 왜 대남무력적화통일을 포기할 수 없는가? 6. 김정일은 왜 선군정치, 강성대국을 외치는가? 7. 6·15남북정상회담 후 과연 김정일은 전쟁의지를 포기했는가? 8. 북한군은 누구를 위해 존재하는가? 9. 북한은 못 먹고 못 살기 때문에 더 이상 전쟁을 일으킬 만한 군사적 능력이 없다? 10. 6·25전쟁 이후 전쟁이 없었던 것은 북한이 전쟁을 포기했기 때문이다? 11. 북한군의 병영생활은 어떠한가? 12. 북한군의 실상과 군기상태는? 13. 북한군은 한국군을 어떻게 보고 있으며, 그들 스스로가 보는 취약점은 어떤 것들이 있는가? 14. 북한은 핵문제의 평화적인 해결을 원하는가? 15. 우리의 적은 누구인가?
북한의 대남공작/ 선전활동	1. 남과 북의 체제경쟁은 과연 끝났는가? 2. 북한의 통일전선전술이란? 3. 북한과 좌익세력이 주장하는 '자주', '민주', '통일'의 진정한 의미는 무엇인가? 4. 북한이 줄기차게 선전하는 '민족공조' 실체와 저의는 무엇인가? 5. 북한은 대남적화공작을 위해 '민족공조'를 우리 사회에 어떻게 확산시키고 있는가? 6. 민주주의 가면을 쓰고 대한민국 전복을 시도하는 우리 사회의 내부의 적은 누구인가?

❒ 제4장 우리는 왜 이 나라를 지켜야 하는가, 이를 위해 어떻게 해야 하는가?

절	제 목
자유민주주의 체제의 우월성	1. 왜 공산주의 체제는 몰락할 수밖에 없는가? 2. 자유민주주의 체제의 우월성은 무엇인가? 3. 용천참사 시 우리는 왜 인도적 지원을 하였는가? 4. 북한의 식량난이나 경제난은 미국의 경제봉쇄로 인한 것이다? 5. 북한의 식량난은 왜 발생하였는가? 6. 북한은 가난하지만 평등하다? 7. 북한은 왜 지구상에서 가장 못사는 나라가 되었는가?
미래 조국의 비전	1. 우리의 평화번영정책이란 무엇인가? 2. 대북 평화번영정책을 추진하면서 왜 북한을 적으로 보는가? 3. 우리가 추구하는 통일방안은 무엇인가? 4. 북한의 고려연방제 통일방안이 민족의 행복한 미래를 보장하는 대안이다? 5. 우리 후손들에게 물려주어야 할 조국의 미래상은 어떤 것인가?
한·미동맹의 중요성	1. 한반도에 전쟁이 일어난다면 누가 제일 먼저 우리를 도와 줄 것인가? 2. 한반도에 미군이 주둔하게 된 배경은 무엇인가? 3. 한·미 상호방위조약 체결 배경 및 의의는 무엇인가? 4. 한·미 안보동맹, 왜 중요한가? 5. 주한 미군, 우리 안보와 경제의 기여도는 어느 정도인가? 6. 왜 우리는 강력한 한·미공조가 필요한 것인가? 7. 미국은 우리의 통일을 원하는가? 8. 반미감정이 사회적으로 확산된 근본적인 원인은 무엇인가? 9. 왜 우리는 협력적 자주국방을 추진해야 하는가? 10. 우리나라는 방위비 분담금을 과도하게 지출하고 있다는 주장에 대하여 11. 북한은 왜 주한 미군 재배치에 대해 신경질적인 반응을 보이는가? 12. 주한 미군의 재배치는 한반도의 안보공백을 초래하는가? 13. 미국은 왜 주한 미군을 감축하는가? 14. 이라크 파병이 미국의 압력 때문이라는 주장에 대하여
왜 우리는 이 나라를 지켜야만 하는가?	1. 휴전일 뿐! 전쟁은 끝나지 않았다 2. 미국이나 우리나라가 먼저 북한을 공격하지 않는 이유는? 3. 왜! 우리는 조국 대한민국을 뜨겁게 사랑하고 목숨으로 지켜야만 하는가? 4. 우리는 적과 싸워 반드시 이길 수 있다

참고 문헌

[1]

『고등교육법』

『교육기본법』

『국방일보』

『군인복무규율』

『근로자』

『김일성 선집 補권』, 평양: 조선로동당출판사, 1954.

『김일성 저작선집 1권』, 평양: 조선로동당출판사, 1967.

『김일성 저작집 32권』, 평양: 조선로동당 출판사, 1986.

『김일성 저작집 6권』, 평양: 조선로동당출판사, 1980.

『남북사이의 화해와 불가침 및 교류·협력에 관한 합의서』

『독립신문』

『로동신문』

『문화일보』

『북한이탈 주민의 정착 및 지원에 관한 법률』

『세계일보』

『연합통신』

『조선문화대사전』

『조선민주주의인민공화국 당규약』

『조선민주주의인민공화국 사회주의 헌법』

『중앙일보』

『초·중등교육법』

『평생교육법』

『헌법』

[2]

강광식 외,『통일 후유증 극복방안 연구』, 한국정신문화연구원, 1994.

강광식, "통일에 대비한 사회과학적 성찰: 그 필요성과 과제",『통일 한국
　　　의 삶의 양식과 가치체계』, 한국정신문화연구원, 1993.

강신창,『북한학 원론』, 을유문화사, 1998.

강영선 외,『세계철학대사전』, 교육출판공사, 1989.

강영안, "문화 개념의 철학적 배경", 한국철학회 편,『문화철학』, 철학과현
　　　실사, 1996.

고범서, "통일 한국의 삶의 양식",『통일 한국의 삶의 양식과 가치체계 탐
　　　색』, 한국정신문화연구원, 1993.

고태우, "월남 귀순자 현장 경험사례", 강광식 외,『통일 후유증 극복방안
　　　연구: 민족사회적 가치체계의 융화』, 한국정신문화연구원, 1994.

국가안전기획부,『독일 통일모델과 통독후유증』, 1997. 9.

국군정보사령부,『귀순자 신문종합집』(미간행), 1992.

국군정보사령부,『귀순자 신문종합집』(미간행), 1993a.

국군정보사령부,『귀순자 신문종합집』(미간행), 1994.

국군정보사령부,『귀순자 신문종합집』(미간행), 1995a.

국군정보사령부, 『귀순자 신문종합집』(미간행), 1996.

국군정보사령부, 『귀순자 신문종합집』(미간행), 1997.

국군정보사령부, 『북괴군 군사사상』, 1995b.

국군정보사령부, 『북괴군 군사용어집』, 1993b.

국군정보사령부, 『북괴군 정치제도』, 1993c.

국군정보사령부, 『북한군 용어집』, 1998.

국방군사연구소, 『국방정책변천사』, 1995.

국방군사연구소, 『역대병요(Ⅴ) - 군사문헌집 16』, 1994.

국방부, "2000년도 정훈공보활동(계획)", 1999. 12.

국방부, 『(교육지도서) 정신교육 교재(교관용)』, 2003.

국방부, 『(국정보고자료) 신 병영문화 창달』, 국방개혁추진위, 1999. 3. 29.

국방부, 『(정신교육기본교재) 위기극복을 위한 우리의 다짐』, 1999. 9.

국방부, 『1998~2002년 국방정책』, 2002.

국방부, 『국군정신교육 기본교재』, 1998. 8.

국방부, 『국방 주요자료집』, 2001.

국방부, 『국방백서』, 각 년도.

국방부, 『국방사: 1945. 8-1950. 6』, 전사편찬위원회, 1984.

국방부, 『신병 기본정훈교육 교재』, 2004.

국방부, 『우리 모두 하나가 되어: 군가 총록집』, 1996.

국방부, 『정훈홍보활동규정』(국방부훈령제769호), 2005. 1. 31.

국방부, 『참여정부의 국방정책』, 2003.

국방부, 『한국전쟁사 제1권』, 전사편찬위원회, 1967.

국방부, 『현대사 속의 국군 - 군의 정통성』, 전쟁기념사업회, 1990.

국제문제연구소, 『방위연감(1999~2000)』, 1999.

국토통일원 조사연구실, "북괴군 정신전력형성에 관한 연구", 1973.

국토통일원, 『언어이질화 실태조사』, 1978.

권영민, 『통일논의』, 민주평통, 1992.

권장희, "박정희 대통령의 정치성향과 안보환경 인지가 통일정책에 미친 영향에 관한 연구", 서울대학교 대학원 박사학위논문, 1999.

권태영 외, 『선진국방의 지평－21세기 국방발전의 비전과 방향』, 을지서적, 1998.

금성출판사 편, 『주체의 학습론』(평양: 1982), 서울: 미래사, 1989.

김경동, "사회변동의 전망과 진로", 『21세기와 한국교회』, 영락교회, 1994.

김경동, 『사회학의 이론과 방법론』, 박영사, 1991.

김경동, 『현대의 사회학』, 박영사, 1997.

김경동·이온죽, 『사회조사연구방법』, 박영사, 1998.

김광일, "해외동포의 문화적응과 정신건강", 『정신건강 연구 10』, 1991.

김구섭 외, 『한반도 평화체제 전환 시 군사적 영향 평가 및 대응방향』, 한국국방연구원, 1996.

김문환, 『민족동질성회복을 위한 통일 이후 독일의 문화통합과정 연구』, 한국문화정책개발원, 1996.

김문환, 『분단조국과 통일문화』, 서울대학교출판부, 1994.

김성철 외, 『북한이해의 길잡이: 전환기의 북한사회』, 박영사, 1999.

김순현, 『군사문화』, 을지서적, 1990.

김양명, 『한국전쟁사』, 일신사, 1981.

김영종, "군사문화가 부패를 구조화시킨다", 『월간 신동아』, 1988. 5.

김영준, "통일문화 창조과정에서 제기되는 문제점과 타개방안", 『통일문화 연구(하)』, 민족통일연구원, 1994a.

김영준. 『한국 가요사 이야기』. 아름출판사. 1994b.

김영탁. 『독일 통일과 동독재건과정』. 한울아카데미. 1997.

김용삼. "김정일의 탁월한 능력을 외면하면 곤란해진다.". 『월간 조선』. 1995. 6.

김재한. "주적(主敵)·국익·색깔 논쟁과 통일정책결정". 『국민의 정부 대북정책과 민간통일운동의 진로: 통일문제연구협의회 권역별 세미나』. 통일문제연구협의회. 1999.

김점도 편. 『한국군가전집』. 후반기출판사. 1985.

김정본. 『미학개론』. 사회과학출판사. 1991.

김정일. "주체사상 교양에서 제기되는 몇 가지 문제에 대하여(조선로동당 중앙위원회 책임일군들과 한 담화. 1986. 7. 15)". 조선로동당출판사 편. 『김정일 동지의 문헌집』. 평양: 조선로동당출판사. 1992.

김창순. "북한인민군의 창설과 그 실체". 박성수 외. 『현대사 속의 국군 - 군의 정통성』. 전쟁기념사업회. 1990.

김철환. "남북한 무기체계와 통일 한국군". 『한국군사 제5호』. 한국군사연구원. 1997. 7: 68-90.

김태길. 『한국인의 가치관연구』. 문음사. 1982.

김팔곤. "문화의 특수성과 보편적 인류문화 - 문화운동을 조명하는 관점에서". 한국철학회 편. 『문명의 전환과 한국문화』. 철학과현실사. 1997.

김학성. "독일 통일 이후 '내적통일'의 과정과 문제점". 『국민의 정부 대북정책과 민간통일 운동의 진로: 통일문제연구 협의회 권역별 세미나』. 통일문제연구협의회. 1999.

김한종. "남북한 역사교육의 통합방안". 『통일과 역사교육. 제41회 전국역사학대회』. 역사교육연구회. 1998. 5. 29-5. 30.

김혁, "한반도 통일을 위한 대안적 이론체계의 모색: 인식론과 방법론을 중심으로", 『통일경제』, 1997. 3.

도흥렬 외, 『민족사 입장에서 본 북한정권』, 남북문제연구소, 1997.

도흥렬, "남북한 문화체제의 비교", 『통일이념 정립을 위한 연구』, 한국정신문화연구원, 1985.

독고순, "군 문화 연구의 새로운 지평", 『국방논집』 제27호, 한국국방연구원, 1994.

류동식, 『풍류도와 한국신학』, 전망사, 1992.

류재갑, "통일 한국의 군사통합 방안", 『통일 후 한반도의 사회 통합 방안(경희대학교 개교 50주년 기념학술대회 자료)』, 1999. 4. 30: 45-60.

문용린, "통일지향적 가치체계 형성방안 모색", 『통일 한국의 삶의 양식과 가치체계』, 한국정신문화연구원, 1993.

문형구, "군 지휘통솔 교육훈련의 발전방향", 『한국군 지휘통솔의 현재와 미래: 제8회 화랑대 국제심포지엄(행동과학분과)』, 육군사관학교, 1995. 10. 20.

문화방송, 『(통일방송연구) 정보화시대의 남북한 문화통합』, 1998.

민성일·전우택, "사람의 통일: 정신의학적 접근", 송자·이영선 편, 『통일 사회로 가능 길』, 오름, 1996.

민족통일중앙협의회, 『북한편람』, 1992.

박경석, 『오성장군 김홍일』, 서문당, 1984.

박균열, 『국가안보와 가치교육』, 철학과현실사, 2004.

박성수 외, 『현대사 속의 국군: 군의 정통성』, 전쟁기념사업회, 1990.

박영호, 『통일 이후 국민통합방안 연구』, 민족통일연구원, 1994.

박자숙, "독일 통일과정에 비추어 본 남북한 체제이행", 『국민의 정부 대북

정책과 민간통일운동의 진로: 통일문제연구협의회 권역별 세미나』,
통일문제연구협의회, 1999.

박재하 외, 『군 문화와 사회 발전: 현실과 이상』, 한국국방연구원, 1991.

박정희, 『민족의 저력』, 광명출판사, 1971.

박종철 외, 『북한이탈 주민의 사회적응에 관한 연구: 실태조사 및 개선방
안』, 민족통일연구원, 1996.

박주현 외, "남북한 군사통합 비용에 관한 소고", 『국방정책연구』 제45호,
한국국방연구원, 1999.

박형중, "남북한의 사회격차와 사회통합", 『남북한 사회통합 − 비교사회론적
접근(민족통일연구원·북한사회연구회 공동주최 학술회의자료)』,
민족통일연구원, 1997. 10. 20.

백종천 외, 『한국의 군대와 사회』, 나남출판, 1994.

북한연구소, 『북한군사론』, 1978.

사회과학원 력사연구소, 『력사사전 1』, 평양: 사회과학출판사, 1971.

사회과학원 언어학 연구소, 『현대조선말사전』, 서울: 백의, 1988.

서동익, 『인민이 사는 모습1』, 자료원, 1995.

서재진, 『또 하나의 북한사회: 사회구조와 사회의식의 이중성 연구』, 나남,
1995.

서재진, 『북한 주민들의 가치의식 변화: 소련 및 동구와의 비교연구』, 민족
통일연구원, 1994.

서재진, 『북한 주민의 인성 연구』, 민족통일연구원, 1992.

서주석, 『한·미안보협력 50년의 재조명』, 한국국방연구원, 1996.

서춘식, "남북한 군사교육훈련체계와 통일 한국군", 『한국군사 제5호』, 한
국군사연구원, 1997. 7: 111-126.

성경륭, "통일 한국의 사회통합을 위한 사회복지정책의 방향", 한국정치학

회 편, 『통일 한국의 새로운 이념과 모색』, 1993.

손기웅, "통일 한국의 군 통합 방안", 『통일연구논총』 제6권 1호, 민족통일 연구원, 1997a.

손기웅, "통일 한국의 사회통합과 군의 역할", 『한국과 국제정치』 12권 1 호, 경남대학교 극동문제연구소, 1996.

손기웅, "통일 한국의 사회통합을 위한 정치교육 기본방안", 『북한연구학회 보』 창간호, 북한연구학회, 1997b.

손기웅, 『통일 독일의 군 통합 사례 연구』, 민족통일연구원, 1998.

송자・이영선 편, 『통일사회로 가는 길』, 도서출판 오름, 1996.

수방사 제57사단, (사례보고)『언어순화운동 실시와 그 효과』, 1992. 7. 10.

안찬일, "북한군 정치기구에 관한 체계론적 연구", 국방대학원 안보문제연 구소, 1995.

양동안, "통일 한국의 정치구조와 정치과정", 『통일 한국의 미래상과 삶의 양식』, 한국정신문화연구원, 1991.

양병기, "한국의 군 직업주의와 민군관계", 『국방논집』 제44호, 한국국방연 구원, 1998.

여숙동, "한국 육사생도의 가치관에 관한 고찰", 고려대학교 대학원 석사학 위논문, 1980.

오점록 외, 『한국군 리더십』, 박영사, 1999.

오홍근, "청산해야 할 군사문화", 『월간 중앙』, 1988. 8.

옥태환・김수암, 『통일 한국의 위상』, 민족통일연구원, 1997.

우성대, "수렴론적 시각에서 본 남북한 통합모델에 관한 연구", 고려대 박 사학위논문, 1992.

우실하, 『오리엔탈리즘의 해체와 우리 문화 바로 읽기』, 소나무, 1997.

원재홍 외, 『한국 군대문화에 관한 실증적 연구: 공유가치, 업무행태, 분위기 및 용어를 중심으로』. 육군사관학교, 1993. 12.

육군 제9군단. (사례보고)『건전한 음주풍토 확립정착』. 1992. 7. 10.

육군본부 정훈공보실. 『(확고한 대적관 정립 100문 100답) 더 넓은 가슴으로 조국을』. 육군본부, 2004.

육군본부 정훈공보실. 『대적관 교재 활용 지침』. 2004.

육군본부. 『(장교교재) 한국의 군인정신』. 1981.

육군본부. 『건전한 오락문화 정착 추진』(주요 부대 인사참모회의록). 1992. 5. 13.

육군본부. 『국군의 脈』. 1992.

육군본부. 『답게 하기 운동 전개』(전체 참모회의 시 총장 훈시내용). 1992. 9. 25.

육군본부. 『동적인 군대육성』. 1987a.

육군본부. 『병영체육 활동 모델/ 레크레이션』. 1999b.

육군본부. 『술과 병영생활』. 1987b.

육군본부. 『신뢰받는 군대상 정립』(제30대 육군참모총장 취임사). 1993. 3. 9.

육군본부. 『신병교육지침서』(교참 25-3). 2003. 12. 1.

육군본부. 『육군 문화』. 1999a.

육군본부. 『육군의 총화단결』(육군참모총장 지휘서신 제1호). 1992. 2. 1.

육군본부. 『의식전환 행동실천과제 Ⅱ』. 1992. 2. 11.

육군본부. 『장교의 도』. 1997.

육군본부. 『정훈 50년사』. 국군홍보관리소, 1991.

육군본부. 『창군전사 - 병서연구』 제11집. 1980.

육군본부. 『한국적인 군인상 정립』. 1988.

육군본부. 『한민족의 용틀림: 위대한 각성과 웅비』. 1983.

윤덕희, "시민사회적 통일문화 이념의 체계화 연구", 『통일과 북한사회문화 (상)』, 민족통일연구원, 1995.

윤덕희, "통일문화의 개념 정립과 형성방향 연구", 『통일문화연구 (상)』, 민족통일연구원, 1994.

윤재근 외, 『북한의 문화정보 Ⅱ』, 고려원, 1991.

윤정원, "한반도 군사통합방안 논의", 이철희 편저, 『21세기형 국방·군사 정책의 모색』, 육군사관학교, 1998: 117-160.

윤종주 외, 『한국의 정신문화지표 개발을 위한 연구』, 한국정신문화연구원, 1990.

이강효, "공사생도의 가치관에 관한 실증적 연구", 국방대학원 석사학위논 문, 1994.

이기택, "북한의 정치변동과 군부의 조직적 동태", 『전략논총』 제1집, 한국 전략문제연구소, 1993.

이동훈 외, 『북한학』, 박영사, 1996.

이동훈, "한국 군대문화 연구", 『한국사회학』 제29집, 1995 봄호.

이동훈, 『위기관리의 사회학』, 집문당, 1999.

이동희, "군대문화에 관한 연구", 『성곡논총』 제3집, 1972.

이미숙, 『변화는 시작되었다』, 학민사, 1999.

이민룡, "남북한 군사전략과 통일 한국군", 『한국군사』 제5호, 한국군사연 구원, 1997. 7: 8-21.

이상철·지대남, 『남·북한 군 통합의 법적 문제』, 대청마루, 1995.

이서행, "남북한 사회관 및 일상적 사회생활 관련 가치관의 갈등양상", 강 광식 외, 『통일 후유증 극복방안 연구』, 한국정신문화연구원, 1994.

이선호, "한국군 성장 50년의 발자취와 사회발전", 『국방학술논총』 제10집, 한국국방연구원, 1996.

이성호, 『워카를 신고 인생을 배운다』, 양서원, 1997.

이신 외, 『항일독립군의 활동과 군인정신』, 국군정신전력학교, 1987.

이온죽, "남북한 사회통합의 이론적 탐색", 이온죽 편, 『남북한 사회통합론』, 삶과 꿈, 1997.

이온죽, 『북한사회연구』, 서울대출판부, 1988.

이온죽, 『북한사회의 체제와 생활』, 법문사, 1995.

이용필, "북한 정치체계 연구에의 접근", 이용필 편, 『북한정치체계』, 교육과학사, 1985.

이우영, "박정희 통치이념의 지식사회학적 연구", 연세대학교 대학원 박사학위논문, 1991.

이재전, 『군인복무규율 제정경위 및 해설』, 육군본부, 1967.

이정춘, 『현대사회와 매스미디어』, 나남, 1998.

이종석, 『분단시대의 통일학』, 한울아카데미, 1998.

이종인 외, 『軍 리더십』, 한국국방연구원, 1999.

이찬걸, "조선해방의 사변을 주동적으로 맞이하기 위한 길을 상세히 밝힌 역사적 회의", 『로동신문』, 1976. 8. 9.

이창욱, 『남북한 군사통합과 통일 국군의 역할』, 세종연구소, 1998.

이철수, "북한군의 정신전력에 관한 연구: 비행사 정치·사상교육을 중심으로", 공군대학 고급지휘관참모과정 졸업논문, 1999.

이춘근, "남북한 군사력과 통일 한국군", 『한국군사』 제5호, 한국군사연구원, 1997. 7: 22-37.

이학종, 『무한계시대의 전략경영』, 박영사, 1997.

이한림, 『세기의 격랑 – 회상록』, 팔복원, 1994.

이혁섭, 『한국국제정치론』, 일신사, 1987.

이홍구, "분단시대의 역사인식과 통일문화 창조", 『통일문화 창조를 위한

　　　　연구』, 한국정신문화연구원, 1985.

임은, 『북한 김일성왕조 비사』, 한국양서, 1982.

임종철, "통일 한국의 경제체제와 산업구조", 『통일 한국의 미래상과 삶의
　　　　양식』, 한국정신문화연구원, 1991.

임창희, "신세대 가치관 변화와 군 지휘통솔 개선 방안", 『국방학술논총』
　　　　제10집, 한국국방연구원, 1996.

임채욱, "북한의 미의식 연구", 『북한문화연구』 제1집, 한국문화예술진흥원
　　　　문화발전연구소, 1993.

임혁백, "남북한 통일정책의 비교분석", 이용필 외, 『남북한 통합론』, 인간
　　　　사랑, 1992.

임현진, "통일 한국의 이념과 체제: 자본주의와 사회주의를 넘어", 김재한
　　　　편, 『북한체제의 변화와 통합한국』, 소화, 1998.

장경섭, "통일 한민족국가의 사회통합 – 사회적 시민권의 관점에서 본 '준비
　　　　된' 통일 – ", 박기덕 · 이종석 편, 『남북한 체제비교와 통합모델의
　　　　모색』, 세종연구소, 1995.

장문석, "남북한 군 구조와 통일 한국군", 『한국군사』 제5호, 한국군사연구
　　　　원, 1997. 7: 38-55.

장준익, 『북한인민군대사』, 서문당, 1991.

장홍기 외, 『남북한 군사통합 연구』, 한국국방연구원, 1994.

전경수, 『문화의 이해』, 일지사, 1996.

전경수, 『한국문화론 – 현대편』, 일지사, 1995.

전경옥, "통일 한국의 민주시민교육", 『바람직한 통일문화』 통일문화시리즈
　　　　97, 민족통일연구원, 1997.

전상인, "정보화 시대의 남북한 문화통합 – 토론", 『정보화시대의 남북한 문
　　　　화통합』, 문화방송, 1998: 152-158.

전우택. "남한에 있는 탈북자들의 심리적 갈등구조 및 그에 대한 해결방
       안". 『탈북자의 보호 및 국내적응 개선방안』(제32회 국내학술회의
       발표논문집. 1999. 11. 30.). 통일연구원. 1999: 40-64.

전인영 편. 『북한의 정치』. 을유문화사. 1989.

전인영. "북－미 베를린 협상 타결과 남북관계 전망". 『통일환경의 변화와
       남북한 관계 전망』(1999년도 전국 대학통일문제연구소 협의회 호
       남지역 학술회의). 1999. 10. 21.

정범모. 『가치관과 교육』. 배영사. 1992.

정병호. "통일 한국의 군사구조". 『통일 한국의 군사체계』(국평연 연구자료
       집 95-11). 국제평화전략연구원. 1995.

정세구. "도덕·윤리과 교육의 당면과제". 『도덕윤리과교육』 제7호. 한국도
       덕윤리과교육학회. 1996. 7.

정세구. 『가치이론과 가치교육』. 교육출판사. 1991a.

정세구. 『변혁기의 국민정신교육』. 배영사. 1991b.

정세진. "북한의 이차경제 발흥과 정치적 변화에 관한 연구". ('99 신진연
       구자 북한 및 통일관련 논문집) 『북한실태·인도지원 Ⅱ』. 통일부.
       1999.

정신교육연구회. 『한국의 군인정신』. 삼화출판사. 1980.

정영태. "남북한 방위산업과 통일 한국군". 한국군사연구원. 『한국군사』 제
       5호. 1997. 7: 56-67.

정용길. "남북한 통일 후 동질성 회복을 위한 방안 연구: 정치·경제·사
       회·군사 분야". 『전략논총』 제6집. 한국전략문제연구소. 1995.

정원영. "남북한 동원체제와 통일 한국군". 『한국군사』 제5호. 한국군사문
       제연구원. 1997. 7: 127-148.

정재호. "독일 군사통합의 시사점". 『군사평론』 제323호. 육군대학. 1996.

정재호, "독일 군사통합의 시사점", 『한반도 군비통제』, 국방부, 1995.

정창현, 『곁에서 본 김정일』, 토지, 1999.

정천구, "통일준비 단계에서의 융화방안: 통일지향적 사회가치체계 형성방안", 강광식 외, 『통일 후유증 극복방안 연구』, 한국정신문화연구원, 1994.

정토웅, "군사 분야 - 건군 50년에 되돌아본 문헌연구 - ", 『국방연구』 제41집 제1호, 국방대학원 안보문제연구소, 1998.

조갑제, "내 무덤에 침을 뱉어라!", 『조선일보』, 1998. 1. 23.

조동기, "한국의 사회·문화지표 조사", 이재열 외, 『사회의식에 관한 사회조사연구: 세계 각국의 사례』, 한국정신문화연구원, 1999.

조승옥 외, 『육군 문화 발전방안 연구: 기본 발전방향 제안』, 화랑대연구소, 1998.

조승옥, "21세기를 대비한 군대문화", 『바람직한 21세기 군대문화의 재정립』, 국방정신교육원, 1997. 12. 4.

조승옥, "군대사회와 군대문화", 조승옥 외, 『군대윤리』, 봉명, 1998b: 67-139.

조승옥, "한국군 군대문화 조형방향: 반성과 전망", 『한국군 군대문화의 회고와 발전적 정립』, 육사 화랑대연구소, 1998a.

조영갑, 『한반도와 민군관계』, 병학사, 1988.

佐佐木春隆, 『韓國戰秘史』中卷, 兵學社, 1977.

주독일 한국대사관 무관부, 『통독과 동·서독군 통합과정 연구』, 1991.

주독일 한국대사관 무관부, 『통독 후 연방군 구조개편 방향』(통일관련연구자료: 군사 분야 200-75), 1992.

진교훈, "철학적 인간학에서 본 문화의 이념", 한국철학회 편, 『문화철학』, 철학과현실사, 1996.

진교훈, 『철학적 인간학연구 Ⅱ』, 경문사, 1994.

차영구, 『공존 및 통일 시대를 지향한 국방정책』(정책검토시리즈 91-1), 한국국방연구원, 1991.

차재호, 『북한문화연구』, 문화발전연구소, 1993.

차하순, "역사적 입장에서 본 문명권별 가치관의 특수성과 보편성", 역사학회 세미나 – 한국외국어대(1999. 8. 14-15), 『중앙일보』, 1999. 8. 16.

최광표, "남북한 병무인사제도와 통일 한국군", 『한국군사』 제5호, 한국군사연구원, 1997. 7: 91-110.

최광현 외, 『정신전력 육성방안』, 한국국방연구원, 1999.

최봉대 외, "은어·풍자어를 통해 본 북한체제의 탈정당화 문제", 『한국사회학』 제32집, 한국사회학회, 1998 가을호.

최종학, (군중들을 위한 강연자료) 『조선 인민군은 우리 인민의 강력한 무장력이며 조국방위의 성벽이다』, 평양: 조선로동당 출판사, 1954.

통일교육원, 『북한문제 이해: 실태와 변화 가능성』, 1999.

통일대비특별정책연수단, 『독일통합실태 연구』, 1992.

통일부, 『통일백서』, 2005.

통일연구원, 『북한동향』, 1999.

하정열, 『한반도 통일 후 군사통합 방안』, 팔복원, 1996.

한국국방연구원, 『미래환경대비 정신교육방향 연구』(미간행), 1995. 9. 19.

한국철학회 편, 『문화철학』, 철학과현실사, 1996.

한만길 외, 『민족통합을 위한 교육대책 연구 Ⅱ』, 한국교육개발원, 1998.

한용원, "건군과 한국군 군대문화: 전통과 유산", 『한국군 군대문화의 회고와 발전적 정립』, 육사 화랑대 연구소, 1998a.

한용원, "국군 50년: 창군과 성장", 『국방연구』 제41권 제1호, 국방대학원 안보문제연구소, 1998b.

한용원, "국군", 박성수 외, 『현대사속의 국군』, 전쟁기념사업회, 1990.

한용원, "대한민국 국군의 창설", 삼균학회, 『민족독립운동과 국군의 맥락』, 1989.

한용원, 『창군』, 박영사, 1984.

함택영·류길재, "북한의 변화 예측과 조기통일의 문제점", 김재한 편, 『북한체제의 변화와 통합한국』, 소화, 1998.

해군본부, 『해군 문화』, 해군 문화연구위원회, 1998.

허동찬, 『김일성 항일투쟁 공방』, 원일정보, 1989.

홍두승, "'군사문화'와 '군대문화'는 별개의 것이다", 『한국논단』, 1993. 10.

홍두승, "직업군인과 삶의 질 -정책대안의 모색-", 『한국정책학회보』 제6권 제2호, 한국정책학회, 1997.

홍두승, 『한국 군대의 사회학』, 나남출판, 1996.

화랑대연구소, 『군사학 학문체계 및 교육체계』, 육군사관학교, 1999.

화랑대연구소, 『세계의 군사 간부 학교』, 육군사관학교, 1994.

화랑대연구소, 『한국군과 국가발전』, 육군사관학교, 1992b.

화랑대연구소, 『한국군의 이미지 조사』, 육군사관학교, 1992a.

화랑대연구소, 『한국의 민군관계』, 육군사관학교, 1992c.

황성모, "남북한 사회변화와 통일문화 창조", 『통일문화 창조를 위한 연구』, 한국정신문화연구원, 1985.

황장엽, 『나는 역사의 진리를 보았다』, 한울, 1999.

황진환, "분단국 통일과 군사통합-정향과 안보정책 과제", 『합참』, 합동참모본부, 1997.

[3]

關川夏央·薰谷治 편, 김종우 역, 『김정일의 북한, 내일은 있는가』, 청정원, 1999.

교황 요한 바오로 2세, "신자유주의는 힘없는 자 지배를 정당화해 주는 이념적 근거", 『월간 중앙』, 1999. 3월호.

디르크 W. 외팅, 박정이 역, 『임무형 전술의 어제와 오늘』, 백암, 1997.

미 국방대학(NDU), "세계전략 분석 보고서", 『중앙일보』, 1999. 12. 6.

베르너 바이덴펠트·칼 루돌프, 임종헌 외 역, 『독일통일백서』, 한겨레신문사, 1997.

서독 국방부, 정재호 역, "독일 군사통합 관련자료", 『한반도 군비통제』, 국방부, 1995.

아리스토텔레스(Aristotle), 최명관 역, 『니코마코스 윤리학』, 서광사, 1984.

유 엔, "유엔 안보리 결의 84호"(유엔 S/1588호, 1950. 7. 7), 외무부 방교국, 『유엔한국문제 결의집(1947-1976)』, 외무부, 1976.

이순신, 최두환 역, 『난중일기』, 학민사, 1996.

카르스텐 푈, "독일인의 정신적 통합", 평화문제연구소·한스자이델재단 편, 『변화된 세계 새로운 통일론』, 평화문제연구소, 1994.

Almond, G.A. & Verba, Sidney, The Civic Culture(1963), revised, Boston Little Brown, 1980.

Armstrong, Charles K., "북한 문화의 형성, 1945-1950", 『현대북한연구』 2권1호, 경남대학교 북한대학원, 1999.

Barnard, C. I., The Function of the Executive, Cambridge: Harvard University Press, 1968.

Beiser, M. et al., After the Door Has Been Opened(Report of Taskforce *on Mental Health Issues Affecting Immigrants and Refugees)*, Ottawa: Multiculturalism & Citizenship and Health & Welfare, 1988.

Berry, J. W. et al., *Multiculturalism and Ethnic Attitudes in Canada*, Ottawa: Government of Canada, 1977.

BMVtdg Fue S Ⅳ 2-Az 10-01-00, "Vorlaeufige Auflistung vorrangig erforderlicher Entscheidungen zur Zusammenfuehrung der deutschen Streitkraefte", 1990. 9.

Boje, D. M., et al., "Mithmaking: A Qualitative Step in OD interviews", *Journal of Applied Behavioral Science* 18, 1982.

Brähler, E. & Richter, H. E. "Deutsche Befindlichkeiten im Ost-West-Vergleich", Aus Politik und Zeitgeschichte, B40-41, 1995.

Colton, Timothy, "Perspectives on Civil-Military Relations in the Soviet Union", Timothy Colton and Thane Gustafson, eds., *Soldiers and the Soviet State*, Princeton: Princeton University Press, 1990.

Colton, Timothy, *Commissars, Commanders and Civilian Authority*, Cambridge: Harvard University Press, 1979.

Dae-Sook Suh, 서주석 역, 『북한의 지도자 김일성』, 청계연구소, 1989.

Department of Army, FM 100-1, 1978.

Department of Army, FM 100-5, 1993.

Der Bundesminister der Verteidigung, Informationsstab, Öffentlichkeitsarbeit, *Informationen zur Sicherheitspolitik: Bundeswehr-Streitkräfte der Einheit*, Drei Jahre Bundeswehr in den neuen Bundesländern, Bonn, 1993.

Deutsch, Karl W., *The Analysis of International Relations, Englewood Cliffs*, N. J.: Prentice Hall, 1968.

Deutsch, Karl W., *The Nerve of Government: Models of Political Communication and Control*, NY: The Free Press, 1983.

Dion, K. et al., "The experience of being a victim of prejudice: An experimental approach", *International Journal of Psychology* 13, 1978: 290-303.

Drucker, P. F., 이재규 역, 『자본주의 이후의 사회』, 한국경제신문사, 1994.

Earle, Edward, "Notes on the Term Strategy," *US Naval War College Information Services For Officers*, vol.2, no.4, 1949.

Eisenstadt, S. N., "Social Institutions", *International Encyclopedia of Social Studies*, Vol.14, NY: The Macmillan Co. & The Free Press, 1968.

Engle, Shirley H. & Ochoa, Anna S., 정세구 역, 『민주시민교육』, 교육과학사, 1991.

Focus, "통독 6주년 기념 독일인 의식 변화 관련 설문조사(1996).", 『독일통일모델과 통독후유증』, 국가안전기획부, 1997: 477-484.

Gabriel, O. W., "Politische Orientierungen und Verhaltensweisen", Kaase, M. et al., Hrsg., *Politisches System*, Opladen, 1996.

Galtung, J., "A Structual Theory of Integration", *Journal of Peace Research*, Vol.5, No.4, 1968.

Galtung, J., "After Violence: 3R, Reconstruction, Reconciliation, Resolution Coping with Visible and Invisible Effects of War and Violence", in http://www.transcend.org/trrecbas.htm, 1999. 10. 5.

Galtung, J., *The European Community: A Superpower in the Making*, London: George Allen & Unwin, 1973.

Geertz, Clifford, *The Interpretation of Cultures*, N. Y.: Basic Books, 1973.

Genosko, Joachim, "독일의 내적 통일에 대한 중간결산", 『민족통일과 사회

통합: 독일의 경험과 한국의 미래』, 대한상공회의소, 1999. 10. 8.

George, Alexander L., "Strategies for Crisis Management", in George, Alexander L., ed., *Avoiding War: Problems of Crisis Management*, Boulder: Westview Press, 1991.

Goodenough, Ward H., *Description and Comparison in Cultural Anthropology*, Chicago: Aldine, 1970.

Gouldner, Alvin W., *The Dialectic of Ideology and Technology: The Origins, Grammer and Future of Ideology*, London: Macmillan, 1976.

Graves, Desmond, *Corporate Culture: Diagnosis and Change*, London: Frances Pinter, 1986.

Harrison, Roger, "Understanding your Organization's Character", *Harvard Business Review*, May-June 1972.

Hofstede, G. H., *Scoring Guide for Values Survey Module*, Arnhem: Iric, 1982.

Horowitz, Irving L., *Beyond Empire and Revolutions: Militarization and Consolidation in the Third World*, NY: Oxford University Press, 1982.

Huntington, Samuel, "The Erosion of American National Interests", *Foreign Affairs* vol.76, no.5, 1997.

Huntington, Samuel, *The Theory and Politics of Civil-Military Relations*, NY: Vintage Books, 1957.

Jakobson, Roman, "Lingüística y poética", *Ensayos de lingüística general*, Ariel, Barcelona, 1984.

Janowitz, Morris, The Professional Soldier: The Theory and Political Portrait, Revised ed., NY: Free Press, 1971.

Johnston, Alastair Iain, "Cultural Realism and Strategy in Maoist China", Katzenstein, Peter J., ed., *The Culture of National Security: Norms and Identity in World Politics*, NY: Columbia University Press, 1996: 216-268.

Kaase, Max, "Innere Einheit", *Handbuch zur deutschen Einheit*, hrsg., von W. Weidenfeld u. K.-R. Korte, Bonn: Bundeszentrale für politische Bildung, 1993.

Keesing, Roger, "Theories of Culture", *Annual Review of Anthropology* 3: 1974: 73-97.

Kier, Elizabeth, "Culture and French Military Doctrine Before World War Ⅱ", Katzenstein, Peter J., ed., *The Culture of National Security: Norms and Identity in World Politics*, NY: Columbia University Press, 1996: 186-215.

Kier, Elizabeth, "Culture and Military Doctrine: France Between the Wars", *International Security* 19, no.4, Spring 1995: 65-93.

Kluckhohn, F. & Strodtbeck, F., *Variations in Value Orientations*, Evanston, Ill: Row, Peterson, 1961.

Kolkovicz, Roman, *The Soviet Military and the Communist Party*, Princeton: Princeton University Press, 1967.

Koontz, H. & O'donnel, C., *Management*, 7th ed., Mcgraw-Hill, 1980.

Landmann, Michael, 진교훈 역, 『철학적 인간학: 역사와 현대에 있어서 인간의 자기이해』 경문사, 1991.

Lasswell, H. D. "The Structure and Function of Communication in Society", L. Bryson, ed., *The Communication of Ideas*, NY, 1948.

Lasswell, H. D. et al., *The Comparative Study of Symbol*, Stanford Univ. Press, 1952.

Lepingwell, John W. R., "Soviet Civil-Military Relations and the August Coup", *World Politics* 44, no.4, July 1992.

Lévi-Strauss, Claude, *The Elementary Structures of Kinship*, Boston: Beacon Press(orig. 1949), 1969.

Linton, Ralph, *The Cultural Background of Personality*, London: Routledge & Kagan Paul, 1945.

Linz, Juan J. & Stepan, Alfred, *Problems of Democratic Transition and Consolidation: Southern Europe, South Amerca, and Post-Communist Europe*, Baltimore and London: The Johns Hopkins University Press, 1996.

Messner, J., 강두호 역, 『사회윤리의 기초』, 인간사랑, 1997.

Moskos, Jr., Charles C., "From Institution to Occupation: Trends in Military Organization", *Armed Forces and Society* 5, Fall 1977: 41-50.

Moskos, Jr., Charles C., "Institutional/Occupational Trends in Armed Forces: An Up-date", *Armed Forces and Society* 12, Spring 1986: 377-382.

Murphy, H. B. M., "Migration and the major mental disorder: A reappraisal", M. B. Kantor, ed., *Mobility and Mental Health*, Springfield: Thomas, 1965.

Noland, Marcus, "Prospects for the North Korean Economy", Dae-Sook Suh and Chae-Jin Lee, eds., *North Korea after Kim Il Sung*, Boulder and London: Lynne Rienner Publishers, 1998.

Odom, William E., "A Dissenting View on the Group Approach to Soviet Politics", *World Politics* 28, no.4, July 1976a.

Odom, William E., "Militarization of Soviet Society", *Problems of*

Communism 24, no.5, May-June 1976b.

Odom, William E., "The Party Connection", *Problems of Communism* 22, Sep.-Oct. 1973.

Odom, William E., "The Pary-Military Connection: A Critique", Herspring, Dale R. & Vogyes, Ivan, eds., *Civil-Military Relations in Communist Systems*, Boulder: Westview Press, 1978.

Pascal, R. T. & Ethos, A. G., *The Art of Japanese Management*, NY: Penguin Books, 1981.

Peters, T. J. & Waterman, R. H., *In Search of Excellence*, NY: Harper & Row, 1982.

Rawls, J., 황경식 역, 『사회정의론』, 서광사, 1985.

Reeb, Hans-Joachim, "Eingliederung dhemaliger NVA-Berufssoldaten in die Bundeswehr", *Deutschland Archiv*, 1992. 8: 854-855.

Rokeach, M., *The Nature of Human Values*, NY: Free Press, 1973.

Schnabel, James F., *Policy and Direction, U.S. Army in the Korean War*, Washington: USOCMH, 1972.

Schoenbohm, Joerg, 육군본부 군사연구실 역, 『두 개의 군과 하나의 조국』, 육군본부, 1994.

Selznick, P., "Foundations of communitarian liberalism", *The Responsive Community* 4, 1994.

Selznick, P., *The Moral Commonwealth*, University of California Press, 1992.

Sharma, Anuradha & Sharma, Aradhana, "Leadership, Culture, and Corporate Success", *Paradigm* vol.2 no.2, Institute of Management Tech., Jan. 1999.

Simpson, D. P., *Cassell's New Latin Dictionary*, London: Cassell, 1975.

Smith, Robert B. & Manning, Peter K., *A Handbook of Social Sciences Methods*, Vol.2: Qualitative Methods, Cambridge, Mass: Ballinger, 1982.

Soeters, Joseph L., "Value Orientations in Military Academies: A Thirteen Country Study", *Armed Forces & Society*, Vol.24, N0.1, Fall 1997.

Stahl, M. J. et al., "An Empirical Examination of the Moskos Institution-Occupation Model: Independent, Demographic Differences and Associated Attitude", *Armed Forces & Society* 6, 1980.

Szilagy, A. D. & Walace, M. J., *Organizational Behavior & Performance*, 5th ed., NY: Harper Collins Publishers, 1990.

Tylor, E. B., *Primitive Culture*, NY: Holt, 1871.

van Peursen, C. A., 강영안 역, 『급변하는 흐름 속의 문화』, 서광사, 1994.

Verdery, Katherine, *National Ideology Under Socialism: Identity and Cultural Politics in Ceausescu's Romania*, Berkeley: University of Californial Press, 1991.

Williams, Raymond, "Culture is ordinary", in *Studying Culture*, Ann Gray & Jim McGuigan, ed., London: Edward Arnold, 1993.

Wright, Mills, C., *The Power Elite*, N. Y.: Oxford University Press, 1956.

[4]

http://home.pusan.ac.kr/~keea/

http://rinsa.kndu.ac.kr/

http://socialstudies.web.riss4u.net/cgi-bin/hspm00010.cgi?00211

http://www.amenetwork.org/

http://www.kedi.re.kr/

http://www.kethics.com/

http://www.kice.re.kr/

http://www.kida.re.kr/

http://www.kinu.or.kr/

http://www.kmeea.com/

http://www.nkorea.or.kr/

http://www.nkstudy.or.kr/

http://www.uniedu.go.kr/

http://www.unikorea.go.kr/kr/load/b21/b218.htm

http://www.warmemo.co.kr/

http://www.unikorea.go.kr/kr/load/a14/a14207.htm

찾아보기

· 저자 ·

박균열   · 약 력 ·

朴均烈   국방대학교 국가안전보장문제연구소 전문연구원

경상대학교 국민윤리교육과를 졸업하고, 서울대학교 대학원 국민윤리교육
과에서 '공동체 의식 및 국가안보(통일)'를 주제로 석·박사 학위를 취득
하였다. ROTC 정훈장교로 임관, 복무중 서부사하라에서 UN평화유지활동
을 하였고, 국방부 대변인실에서 내외신 공보장교직을 수행하였으며, 육군
제3사관학교 국제관계학과에서 순환직 교수로 복무하였다. 전역 후 서울대
학교와 청주교육대학교 시간강사, 북한연구소 비상근연구위원을 거쳐 현직
위에 근무하면서 국가안보와 가치교육의 연계성에 관심을 갖고 연구하고
있다.

· 주요 논저 ·

주요 연구물로는 『국가안보와 가치교육』(2004), 『국가윤리교육론』(2005)
등의 저서가 있고, 『한미관계의 새 지평』(공역, 2003), 『주역과 전쟁윤
리』(공역, 2004), 『국제정치에 윤리가 적용될 수 있는가』(공역, 2004) 등
의 역서가 있다.

통일 한국군의 문화통합과 가치교육

· 초판 인쇄 | 2006년 2월 28일
· 초판 발행 | 2006년 2월 28일

· 지 은 이 | 박균열
· 펴 낸 이 | 채종준
· 펴 낸 곳 | 한국학술정보㈜
　　　　　　경기도 파주시 교하읍 문발리 526-2
　　　　　　파주출판문화정보산업단지
　　　　　　전화　031) 908-3181(대표) · 팩스　031) 908-3189
　　　　　　홈페이지　http://www.kstudy.com
　　　　　　e-mail(e-Book사업부)　ebook@kstudy.com
· 등　　록 | 제일산-115호(2000. 6. 19)
· 가　　격 | 24,000원

ISBN　89-534-4754-2　93370 (Paper Book)
　　　　89-534-4755-0　98370 (e-Book)